軍事環境問題の政治経済学

林　公則
Hayashi Kiminori

日本経済評論社

目次

略語一覧

跡地利用推進補助金：大規模駐留軍用地等跡地利用推進費補助金
環境整備法：防衛施設周辺の生活環境の整備等に関する法律
基地経済：基地依存型地域経済
旧訴訟：横田基地公害訴訟
軍転特措法：沖縄県における駐留軍用地の返還に伴う特別措置に関する法律
新訴訟：新横田基地公害訴訟

AICUZ：航空施設周辺適合利用区域（Air Installations Compatible Use Zones）
BRAC：軍事基地再編・閉鎖（Base Realignment and Closure）
DERP：国防汚染除去プログラム（Defense Environmental Restoration Program）
DOD：米国防総省（Department of Defense）
EDC：経済開発譲渡（Economic Development Conveyances）
EIIB：環境事故調査委員会（Environmental Incident Investigation Board）
EPA：米環境保護庁（Environmental Protection Agency）
GAO：米政府監督局（Government Accountability Office）
IRP：軍事施設汚染除去プログラム（Installation Restoration Program）
ISE：緊急で実質的な脅威（imminent and substantial endangerment）
JEGS：日本環境管理基準（Japan Environmental Governing Standards）
KISE：一般に明らかになっている，緊急で実質的な脅威（known imminent and substantial endangerment）
Lden：時間帯補正等価騒音レベル（Day-Evening-Night Average Sound Level）
Ldn：昼夜等価騒音レベル（Day-Night Average Sound Level）
LRA：地域再開発機構（Local Redevelopment Authority）
MMRP：軍事兵器対応プログラム（Military Munitions Response Program）
NPL：全国汚染除去優先順位表（National Priorities List）
PCB：ポリ塩化ビフェニール（Polychlorinated Biphenyl）
POL：石油、油類及び潤滑油（petroleum, oil and lubricants）
RAB：汚染除去助言委員会（Restoration Advisory Board）
REPI：即応力及び環境保護計画（Readiness and Environmental Protection Initiative）
SACO：沖縄に関する特別行動委員会（Special Action Committee on Facilities and Area in Okinawa）
WECPNL（W）：加重等価平均感覚騒音レベル（Weighted Equivalent Continuous Perceived Noise Level）

はじめに——軍事環境問題とは何か

二つの世界大戦を経験した二〇世紀は「戦争と公害の世紀」であったといえる。とりわけ第二次世界大戦後以降、米国による軍事活動が引き起こしてきた環境破壊はすさまじく、とくにアジア地域では、他の環境問題に類をみないほどの深刻な被害が発生してきたし、現在もなお引き続き発生している。本書では、こうした軍事活動によって引き起こされる環境破壊を「軍事環境問題」(Military Environmental Problems) と呼んでいるが、この間、各種の軍事活動がきわめて深刻な環境破壊を引き起こしているにもかかわらず、一部の例外的な研究を除いて、この軍事環境問題が学術的な研究対象として取り上げられることはほとんどなかった。このため、軍事環境問題では、そこでの被害の実態すら未解明のままに放置され、また、検討されなければならない理論的・政策的な諸課題が数多く残されている。二一世紀に入っている今日、この空白状況を埋める研究が強く要請されている。

本書の目的は、第一に、これまでほとんど手つかずのまま放置されてきた軍事環境問題の実態を詳細なデータを基に明らかにすること、第二に、二一世紀における地球環境保全の達成にとっても避けて通ることのできない軍事環境問題の具体的な解決のために求められている理論的・政策的な諸課題を明らかにし、それらに対する建設的な公共政策を提示すること、第三に、その上で、「軍事の公共性」と「環境の公共性」とを対比的に考察することを通じて、現代的公共性を再検討することである。

これらの目的を達成するために本書では、軍事環境問題とは何かを明らかにした上で、第一章で、軍事環境問題を公共性や公共政策の観点から取り上げる理由を示している。続く第二章、第三章、第四章では、軍用機騒音問題、軍事基地汚染問題、軍事基地跡地利用にそれぞれ焦点をあて、被害の実態を明らかにするとともに、それらの問題に対応するための公共政策を示す。第五章では、これまでの軍事の公共性ではなく環境の公共性を重視した公共政策への転換が求められていることを示す。なお、補論1では、軍事環境問題発生の背景をより深く理解するために、軍事技術の発展を概観し、いま軍事環境問題を取り上げることが現代社会を生きる私たちにとってなぜ重要であるのかを論じている。

戦前・戦中に深刻な被害を発生させた足尾鉱毒事件や土呂久鉱毒事件といった公害・環境問題はあったものの[(1)]、日本において公害・環境問題が広く人々に認識されるようになり本格的に対策がとられるようになったのは、やはり水俣病をはじめとする戦後の四大公害事件（熊本水俣病事件、新潟水俣病事件、富山イタイイタイ病事件、四日市公害事件）を通してであろう。

これらの四大公害事件は、産業活動による水や土壌や大気の汚染問題であり、特に初期においては劇症の被害が問題とされ、局地的に問題が発生した。しかし、その後、今日の公害・環境問題をめぐる具体的な現実は、かつてとはかなり異なった、新たな様相や局面を伴うものになってきている。寺西俊一の整理によれば、①汚染に伴う諸問題のほかに自然保護問題やアメニティ保全問題が登場してきたという領域的な次元、②明白な健康被害や環境破壊だけでなく、不確実であったり見えにくかったりするリスクのような問題が登場してきたという質的な次元、③局地的なレベルだけでなく国際的、地球的なレベルに問題が広がったという空間的な次元、④現代世代だけではなく将来世代という観点が必要となったという時間的な次元、の四つの次元で多様化が進んでいるという（寺西 1997）。具体的にいえば、大阪国際空港（現伊丹空港）騒音やダム建設といった公共事業に伴う環境破壊、尼崎や東京をはじめとする各地での自動車大気汚染、リゾート開発等に伴う自然・アメニティ破壊、気候変動や生物多様性の喪失といった地球環境問題などの出現等があげられる。また、公害・環境問題が発生した地域での環境再生というテーマも近年議論されるようになってきている。

さて、軍事環境問題は、四大公害事件にみられるような典型的な産業公害と比較した場合、どのような特徴を有しているといえるだろうか。

第一に、被害を引き起こす主体が基本的には民間企業ではなく国家である点があげられる。そのため、軍事環境問題に対応するためには市場メカニズムを活用した政策手段は不向きであり、そこでは、国家による公共政策の内実そのものを問い直すことが重要となる。国家による環境破壊という点では、軍事環境問題は公共事業に伴う環境破壊と同様の側面を有している。この点では、第一章第四節で触れるように大阪国際空港公害訴訟で重要な争点となった「公共性」に関する議論が重要となる。

第二に、情報が秘匿されやすいことがあげられる。軍事活動には通常の産業活動では使用されないような有害性をもつ（またはどのような有害性を有するかさえ明らかでない）物質が使用される。その上、危険な物質の使用状況や管理状況が国家安全保障の名の下に秘匿される。情報が秘匿される最たるものは、原子力関係の資料である。

軍事が国の専管事項とされてきたことも加わって、長い間、軍事情報は一般の人々から遠ざけられてきた。このことは、軍事環境問題に関する研究が立ち遅れてきた一因であった。また、軍事情報が国家によって独占され、諸々の公共政策のなかでも軍事は特に聖域とされてきた。この結果、軍事環境問題の発生にもかかわらず、軍事活動に対する環境規制はほとんど実施されてこなかったし、軍事を優先するあまり被害さえ十分に明らかにされてこなかった。くわえて、軍事を重視するのか、それとも福祉をはじめとするその他の公共政策を重視するのかといった公共政策のあり方全体に関わる国民的な議論も、軍事の秘密性ゆえに妨げられてきた。軍事が特殊な問題として扱われてきた大きな要因に情報の秘匿性がある。しかし、①軍事が多くの人々に重大な影響を及ぼす公共政策である以上、②また東西冷戦の終結、地球環境問題の深刻化、安全保障概念の多様化、公共政策決定過程への市民参加の広がりといった時代の変遷によって、これまでのような情報の秘匿は許されなくなってきた。その結果、本書でみていくように実際、徐々にではあるが情報が公開されるようになってきている。

第三に、被害や対策における差別性が指摘できる。軍用機騒音や軍事基地汚染等の問題が生じている点では米国内も米国外も同様である。しかし、本書でみていくように米国内と米国外とでは明らかに被害の生じ方や対策に違いがある。また米国外でも日本の軍事基地とフィリピンの軍事基地とでは大きな差がある。たとえば、フィリピンでは、返還された米軍基地内で化学物質や燃料によって汚染された水が飲用に供されたために、二〇〇四年四月三〇日現在で二四六〇人（うち死者一〇六〇人）もの被害者がでている。このような深刻な汚染や被害が発覚しているにもかかわらず、米軍は基地協定を盾に汚染除去も被害補償も行っておらず、被害者は米比両政府から放置され続けている。[2] 一九九〇年代後半からは日本や韓国でも基地汚染問題が表面化してきているが、本書でみていくようにフィリピンほど深刻な被害は発生していないし、不十分ながら日本や韓国に対して米軍は一定の配慮を払っている。また日本においても本土と沖縄とでは被害の生じ方や対策が異なり、沖縄においては本土でみられないような深刻な軍事環境問題が引き起こされている。軍事環境問題においてはさまざまな場面でダブル・スタンダードがとられており、社会的弱者に被害が集中するという構図が他の公害・環境問題よりも顕著な形で現れている。被害や対策における差別性は軍事環境問題を考察する際の重要な一要素である。なお、この点に関しては補論2で取り上げている。そこでは、本土と比べて沖縄がいかに差別的な扱いを受けてきたかを明らかにしている。

第四に、被害の深刻性があげられる。前出の寺西（1997）の整理にしたがって検討してみると、軍事環境問題がすべての要素を備える深刻な問題であることが明らかになる。軍事環境問題は、基地汚染や軍用機騒音問題等の汚染問題、基地建設等による自然破壊の問題、戦争による歴史的遺産の破壊等のアメニティ保全問題等、すべての領域を覆っている。劣化ウラン弾や枯葉剤には、明白な健康被害や環境破壊はもちろん、将来世代にまで影響を及ぼす不確実で見えにくいリスクが存在している。また、軍事活動もかつては局地的な環境破壊であったが、現在では地球的な環境破壊を引き起こす可能性を最も有する活動になっている。

さて、大島他（2003）によれば、軍事環境問題は、①軍事基地建設、②軍事基地での活動、③戦争準備（軍事訓練、軍事演習）、④実戦の四つの局面で生じると整理されている。

まず、これらの四つの局面すべてに関係してくるものとして、軍隊による土地・大気の占領と資源の浪費について、述べておく。米国の場合、国土の約一・二％が軍事基地として使用されている。軍事活動に使われる土地は、農業、自然保護、レクリエーション、住宅供給等、他の分野のニーズと衝突するようになっている。広大な面積の土地が軍隊に与えられている結果、国民は土地を利用する機会を奪われている。米国の大気空間に至っては、三〇～五〇％が何らかの形で軍事目的に使用されている。軍隊は、戦闘機、戦車、軍艦等で大量のエネルギーを使用する。Ｆ16ジェット戦闘機は、一時間足らずの訓練任務で米国の平均的ドライバーが一年間に消費するガソリンのほぼ二倍の量を消費する（レンナー 1991）。また、世界各国の軍事活動による二酸化炭素の排出量は、年間七・九億トンにものぼり、世界の二酸化炭素排出量の三・四％を占めるものであり、国家単位の排出量では第六位のドイツを上回るという試算もある(3)（田中 2006）。これらは、気候変動問題への対策を台無しにしてしまう。

軍事基地は、しばしば自然の最も豊かな土地に建設されるので、貴重な生態系や希少種に対して致命的な影響を及ぼすことがある。基地建設による自然破壊の問題で現在アジアが抱える最大のものは、補論2でも触れているが、沖縄での普天間基地移設にともなう名護市辺野古沿岸での基地建設問題である。巨大基地の建設によって、珊瑚礁を破壊し、ジュゴンの生息域を奪おうとしている。

軍事基地内での諸活動による環境破壊は、軍事基地汚染という形で現れる。通常兵器、化学兵器、核兵器をはじめとする様々な軍備の生産、保守管理、貯蔵は、人間の健康と環境の質をむしばむ膨大な量の有害廃棄物を生む。軍事基地内での活動で生じる有害廃棄物の主なものは、燃料、塗料、溶剤、重金属、殺虫剤、ポリ塩化ビフェニール（Polychlorinated Biphenyl：PCB）、シアン化物、フェノール、酸、アルカリ、推進剤、爆薬、放射性物質である。これらの有害廃棄物は、誤飲、皮膚呼吸、吸入等によって体内に入ると、癌、奇形、染色体異常を引き起こしたり、肝臓、腎臓、血液、中枢神経系統の機能を著しく損なわせたりするおそれがあると考えられている。軍事基地内での活動による環境汚染は、平時における軍事活動による環境破壊で最も広範に生じており、深刻な問題である。

戦争準備による環境破壊は、離着陸訓練による軍用機騒音、実弾射撃訓練や射爆訓練等の演習による自然破壊および環境汚染という形で現れる。弾薬が環境破壊的であるからといって使用しないということはないし、騒音が発生するから速度規制するといったこともないので、各種訓練においても環境保全は無視されている。基地周辺に住む人々は、騒音によって睡眠妨害、難聴、耳鳴りをはじめとする身体的被害、心理的・情緒的被害、会話や思考等の日常生活上の障害といった様々な被害を被っている。軍用機騒音による被害は、日本では軍事空港や空母母港がある嘉手納基地、普天間基地、横田基地、厚木基地、横須賀基地、岩国基地、三沢基地、小松基地等で引き起こされている。演習による自然破壊が深刻な場所の一つが韓国の梅香里である。現在、演習は取り止められているが、爆撃の標的となった亀島は消滅、その後の標的となった濃島も三分の二が消滅してしまった（大島他 2003）。また、沖縄の射爆場では、米軍による劣化ウラン弾やクラスター爆弾の使用が問題となっている。自然破壊に加え、演習場では演習に使用した弾薬によって環境汚染が生じる。特に問題となるのが、不発弾である。不発弾が大量に残ることによって、演習場への立ち入りや跡地利用は困難になっている。

実戦では、兵器が実際に戦場で使用される。兵器が使用されれば、化学物質、重金属等は飛散し、戦場を汚染する。歴史的遺産は破壊され、地域の生態系も破壊される。軍事基地、戦争準備の環境破壊の特徴が全て集中的に現れ、環境破壊は究極の形をとって現れる。沖縄戦にみられるように、長年大切にされてきた歴史的な町並みが戦争によって一瞬にして破壊されつくすことがあるし、長期間かけて育まれてきた豊かな森林が草木一本ない荒地にされてしまうことがある。「戦争・軍事を認めながら環境を語ることは『自分は努力しました』という自己満足にしかならないことになる」（田中 2006）という言葉は、地球全体を破壊しかねない原子爆弾をはじめとする兵器がつくり出された現代において、非常に重い響きをもつ。「環境保全型の軍事活動などというものは本来ありえない。われわれはこの点にもう一度立ち返り、軍事活動を環境保全の立場から問い直していく必要がある」（大島他 2003）という言葉を私たちは真摯に受け止める必要がある。

第一の特徴（環境破壊の主体が国家）は公共事業が引き起こす環境破壊と同様の特徴であるし、第二の特徴（情報の秘匿性）、第三の特徴（差別性）は軍事環境問題で顕著に現れるものの軍事環境問題に固有の特徴とはいえない。第二、第三の特徴はたとえば原子力発電（原発）の問題でも同様に見出すことができる。第二、第三の特徴は、技術があまりにも高度化・大型化していくと必然的に現われる性質であるといえるだろう。

一方、第四の特徴（被害の深刻性）に関しては、軍事環境問題に固有の面がある。これまでにあげた産業公害や公共事業に伴う環境破壊でも深刻な被害が発生してきた。それらの問題は近代化以降、技術が高度化・大型化し生産力が大幅に上昇するにつれて顕在化してきたわけであるが、現在では対策の結果、かなりの程度被害は抑制されている。高度経済成長期を中心に経済活動によって諸々の公害が引き起こされてきたが、通常の経済活動の場合は、その主目的が人間や環境の破壊にあるわけではない。その意味で経済と環境とは必ずしも背反するものではない。しかし、軍事と環境とは基本的に対立するものである。なぜなら、軍事というのは基本的には人間や環境の破壊を主目的としているからである。補論1で詳述しているが、産業技術と軍事技術とを明確に区別することは、現在においてはかなり困難である。軍事の影響を受けながら発展した現代技術に環境破壊的な側面が付与されているのも確かである。しかしながら、技術に類似性があったとしても、軍事活動はその目的において産業活動と決定的に異なる。産業公害とは比べ物にならないほど軍事環境問題の被害が深刻化するのは、軍事活動が本質的に人間や環境を破壊することを主目的としているからである。自国民の基本的人権を守るために実施されていたとしても、軍事活動は直接的には「生の破壊」を目的とするものである。生の破壊を軍事の本質的な性格として最重要視している点が、本書の基本的立場となっている。

この点で、晩年、沖縄の軍事環境問題に取り組んだ宇井純が特に強調したように、「戦争は最大の公害」という言葉を改めて噛みしめる必要があろう（宇井 1991）。地球環境保全のためにも、前世紀の反省をいかして軍事環境問題を解決していかなければならない。同時に、今世紀は、「戦争と公害の世紀」の負の遺産である各地の汚染の除去、枯葉剤等によって破壊された自然の再生、そして、それらの地域社会の再生といった課題も背負わされているのである。

注

（1）土呂久鉱害事件については補論1第三節を参照されたい。

（2）詳しくは、大島（2003）、大島他（2003）、除本（2002）を参照されたい。

（3）ただし、この試算では軍事活動で使用された石油から発生した二酸化炭素のみを対象としており、爆撃によって発生した二酸化炭素を考慮していない。その意味では、控えめな試算となっている。たとえば、湾岸戦争での八万八〇〇〇トンの爆弾の投下により油井や製油関連施設が炎上し、一日で五七万トンの二酸化炭素が排出されることになったという試算がある（青山 1992）。

第1章　いま、なぜ軍事環境問題が重要なのか

本章では、軍事環境問題を公共性や公共政策といった観点から扱う理由を述べたい。第一節と第二節では、軍事経済が成立した第二次世界大戦後に軍事環境問題が大きな問題として現れるようになってきた原因を示す。第三節では、軍事基地周辺の軍事環境問題を取り上げる理由を述べる。第四節では、軍事による国家安全保障政策の公共性とは何かを考えた上で、軍事と環境をめぐる現代的公共性を再検討する理由について示す。

1　第二次世界大戦以降の軍事活動の特徴

戦争は太古の昔から生じてきたし、その意味で軍事活動の歴史も長い。しかし、本書では第二次世界大戦以降の軍事活動に焦点を絞ることとする。というのは、以下でみていくように軍事環境問題は第二次世界大戦期を境に深刻化したからである。補論1に詳しいが、両大戦を契機に、経済、産業、生産、技術のすべてが戦争遂行計画の中に組み込まれるようになり戦時と平時の連続性が深まったこと（総力戦）、政府の注文によって軍事産業に属する技術が特に保護、奨励されたこと（政府による意図的な発明）、化学兵器や核兵器をはじめとするきわ

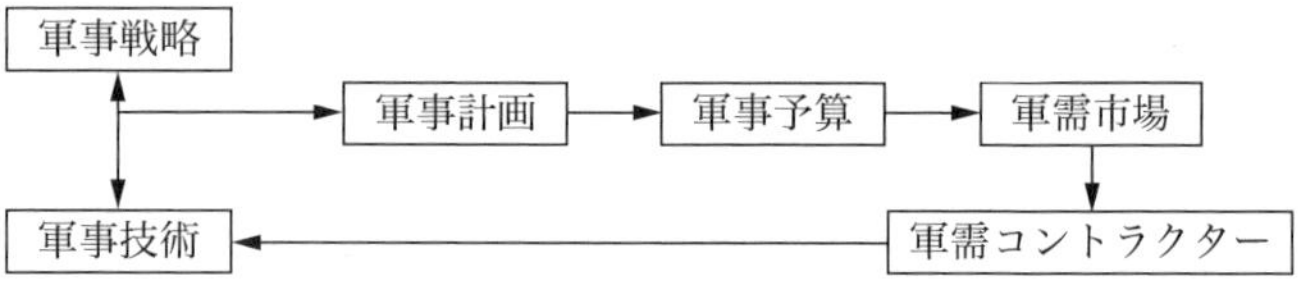

出所）島（1966）を参考に作成.

図1-1　軍事計画決定プロセス

めて環境破壊的な兵器が誕生したことが、軍事環境問題の深刻化と大きなつながりをもっている。以下、詳しくみていく。

第二次世界大戦の前後で軍事活動は、①軍事と経済のかかわりあい、②恒常的な戦時体制、③軍需の独占化、④軍事技術、⑤国際化、という点で大きく位置づけを変化させた。それらは現代の軍事活動の特徴となっている。冷戦終結以降、軍事の分野で絶対的な地位を築いている米国を中心にこれらの特徴をみていく。

①から③までの特徴は相互に密接に絡みあっているので、まとめて説明することとする。そのためには、まず軍事計画決定プロセスを説明する必要がある。軍事計画決定プロセスは軍事戦略、軍事技術、軍事計画、軍事予算、軍需市場（軍需品を調達する市場）、軍需コントラクター（米国防総省（Department of Defense：DOD）と軍需契約を結んだ事業者）により構成される（島 1966）。軍事計画決定プロセスにおける構成要素は相互に密接に関連しあっている。後述するように軍事戦略と軍事技術が相互に与えあう影響力の強弱は、時代とともに変化した。影響力が変化したとはいえ、軍事戦略と軍事技術は常に相互に深く関連するものである点を考慮に入れ、軍事計画決定プロセスの概念図を作成した（図1-1）。

軍事計画決定プロセスの構成要素と構成要素間の関係性とを説明する。

軍事戦略は、DODが国益を守るために立てる軍事上の作戦計画である。冷戦終結前の軍事戦略はソ連を最大の敵国とみなし、共産主義圏の拡大防止及びソ連からの攻撃の対処を目的としていた。相手国より強力な戦力を持つことにより相手国の攻撃を止まらせる抑止の理論が中心だったといえる。共産主義への脅威が薄れた冷戦終結以降で、また二〇〇一年の「9・11」以降で、米国は軍事戦略の方向性を大きく変えた。

本書における軍事技術は、補論1第一節で示しているような兵器のために開発されてきた諸技術を指す。たとえば、戦闘機や爆撃機、核兵器、弾道ミサイル、精密誘導兵器を製造するための技術や偵察衛星を利用するための技術である。軍事技術の優劣が抑止力を大きく左右するため、軍事技術は専門性の高い最先端技術を常に要求される。軍事技術は、軍需市場を通じて研究開発される。

軍事計画は、兵器と兵員とを組み合わせて運用する計画のことである。わかりやすく言えば、軍事戦略と軍事技術によって決定された数年間にわたる計画が軍事計画である。年度ごとの軍事計画を実現していくために軍事予算が組まれる。軍事戦略と軍事技術を軍事予算と結ぶ場所に位置する要素が軍事計画である（島 1966）。軍事予算は軍事計画により決定し、議会の承認を得て「軍事費」として支出される。[1] 軍事予算からの支出によって、軍事市場でDODは研究開発を依頼し軍需品を調達する。軍需コントラクターは軍需市場を通して研究開発と軍需品の生産とを請け負う。軍需コントラクターは、軍需市場を通じて手に入れた軍事技術を今後の軍事計画に反映させせようとする。

米国において軍需コントラクターが影響力をもっている原因を探るためには、一九三〇年代後半まで遡る必要がある。一九三七年から一九三八年にかけて米国を襲った不況の対策として、当時の大統領フランクリン・ルーズベルトは巨額の軍事費を支出した。不況対策として一九三〇年代に実施されていたニューディール政策の限界を認め、軍備拡張政策を不況の打開策として採用した。第二次世界大戦によって軍需品の受注が増大したこともあって、軍備拡張政策はニューディール政策がなしえなかった「繁栄」を米国にもたらした。軍備拡張政策としての巨額の軍事支出が不況打開策として有効に機能し軍需コントラクターに巨大な利潤をもたらした事実は、第二次世界大戦以降の不況時にも、軍需コントラクターが軍事支出に依存する体質と政府が不況対策として軍事支出に依存する体質とを生み出した（小原 1971）。

軍需コントラクターが軍産学複合体を形成しえた要因として、①軍事予算の大規模化、②軍事技術の高度化、

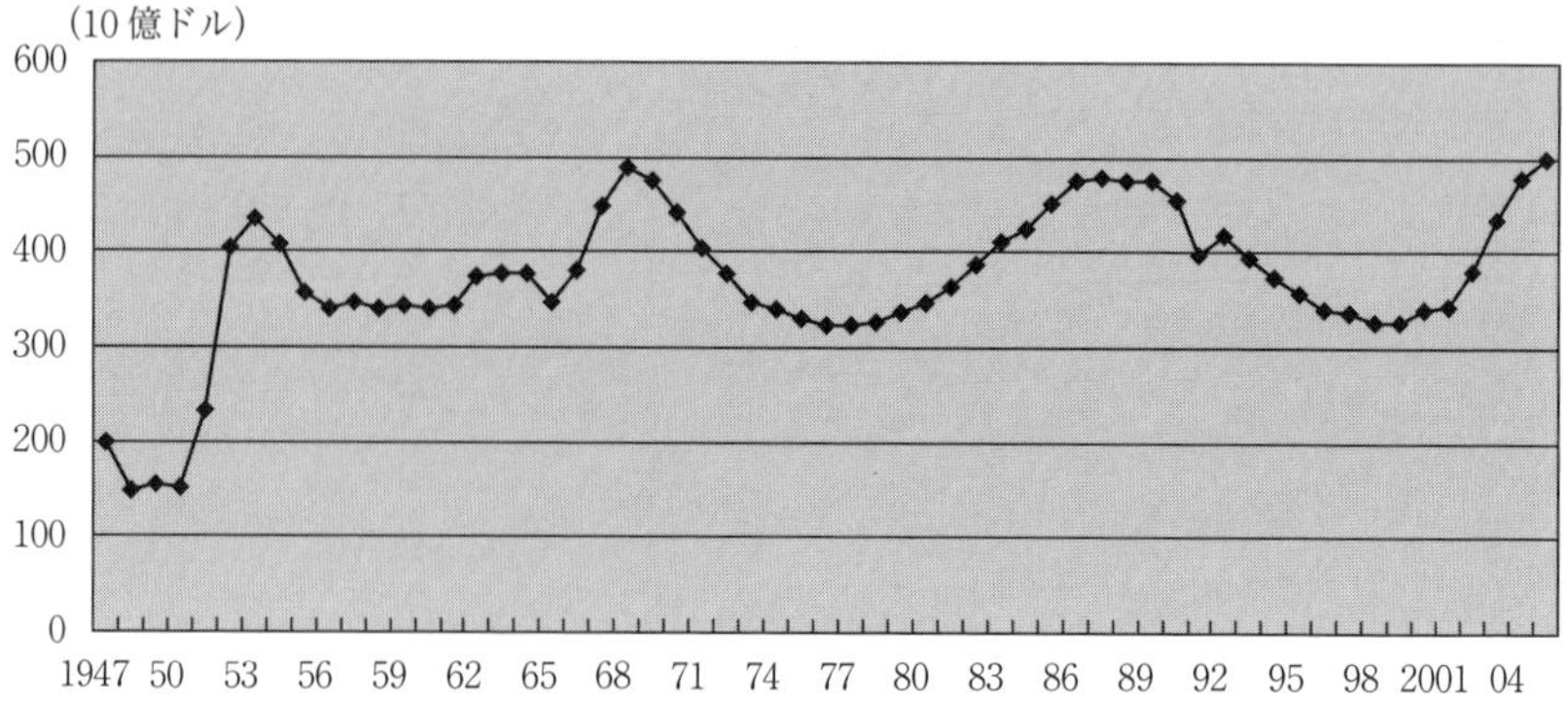

出所）Office of the Under Secretary of Defense (Comptroller) (2006) より作成.
注）支出ベースの数値であり，2007会計年度の貨幣価値に換算してある.

図1-2　DOD費の推移（1947-2005会計年度）

③平時における軍事産業の存在の要請、があげられる（坂井1980）。第一の原因である予算の大規模化は、図1-2を見れば明らかである。朝鮮戦争（一九五〇～五三年）の前後でDOD費は約三倍に増加し、その後、ベトナム戦争（一九六〇～七五年）、湾岸戦争（一九九〇年）、イラク戦争（二〇〇三年）時付近をピークとして、高水準のDOD費が支出されてきた。第二の原因は軍事技術の高度化である。兵器が複雑になるにつれて、一般的な財を生産している工場は兵器を生産する工場に即時に転換できなくなる。軍事技術の高度化は、専門的産業部門としての軍事産業を要求した。専門的産業部門としての軍事産業の成立と深く関わって、第三の原因である平時における軍事産業の存在が要請される。平時であっても有時に即時対応ができるようにされていなければならない。軍事技術の高度化によって兵器は専門的産業部門としての軍事産業によって生産される。また平時における大規模な軍部や軍備の存在は、第一には米国の防衛ないし国家安全保障という軍事目的のために、第二には共産主義に対して米国的生活様式を守るというイデオロギー的な目的のために政治的にも正当化された（坂本1982）。

国営工場における生産が非効率を理由に排斥されると、軍需コントラクターとして選定されるのは高い技術を有する大企業になる。平時における軍事産業の存在が必要とされているため、調達先とし

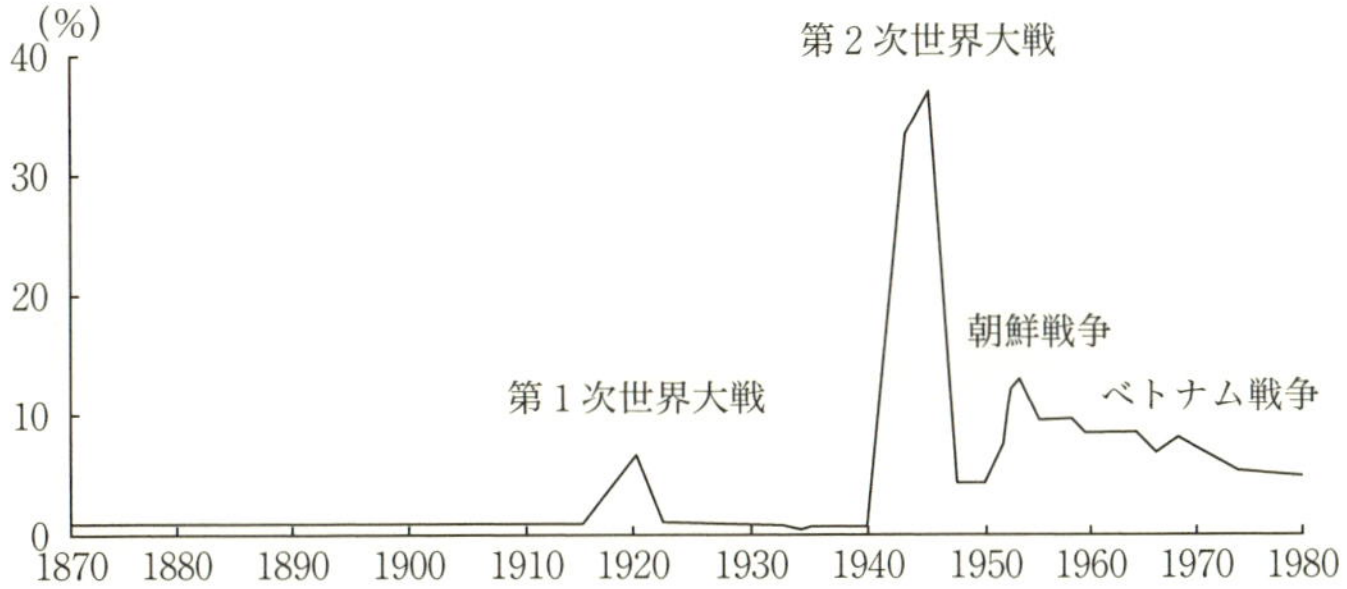

出所）Brewer（1980).

注）本図の軍事費は，DOD費に原子力開発費と軍事援助費を加えた「国家安全保障費」である．

図1-3　米軍事費の対GNP比の長期的推移（1870-1980年）

て選ばれた軍需コントラクターは巨額の利潤が見込める現在の資格を手放そうとしない。継続的な調達先とされた軍需コントラクターは、軍需市場における独占から生じる利潤と研究開発による技術開発のうまみを知り、さらに軍事支出への寄生を志向する。軍事産業・軍需コントラクターの利益を代弁する官僚層が誕生し、軍部も軍事産業・軍需コントラクターと密接に結びつく。軍産学複合体の誕生である。

軍産学複合体は、不況打開策という経済的な側面と反共産主義という政治的な側面から生じた。不況対策のためであれば、軍事経済は好況時には後退するはずである。しかし、米国の軍事費の変遷を俯瞰しても、景気感応的な増加は認められるものの景気感応的な減少は認められない（坂井 1984）。冷戦終結で軍産学複合体が存在する政治的な正当性は弱まった。軍事産業が米国経済にとって重要な位置を占めるようになった理由の一部を失ったにもかかわらず、巨額の軍事費は恒常化している。軍事費の対国民総生産（GNP）比の長期的推移を図1-3で示した。同図からわかるように、第一次世界大戦後は、戦前と同様に対GNP比で一%程度の水準に軍事費が戻った。一方、第二次世界大戦後は、第二次世界大戦以前にはなかった巨大な軍事経済が恒常化している。軍事経済の恒常化の原因は、第二次世界大戦期に形成された軍産学複合体が当初の意義を失いつつも、強大な影響力を持ち軍事経済を持続させようとしているからである。[2] 軍産学複合体が独自に発展する最大の原因は、軍事市場で手に入れた軍事技術を軍需コントラクターが軍事戦略に反映させようとすることである。軍需コントラクターが有している軍事技術を軍事戦略に反映できれば、軍需コントラクターは兵器の大量受注によって巨大な利潤を得られる。

以上から軍事と経済との深いかかわりあいと恒常的な戦時体制とが第二次世界大戦以降に本格的に成立し、以後も続いてきたことが分かる。また軍事技術の高度化、軍需品の調達方式、研究開発競争の激化、軍事機密、軍需生産によるうまみは、必然的に独占化を促し、軍産学複合体を形成した。これらが第二次世界大戦以降の軍事活動の第一から第三までの特徴である。

軍事技術の発展が第四の特徴であるが、この点については次節で扱う。

第五の特徴は、軍事活動が一国だけの動きとしてとらえられなくなったことである。特に第二次世界大戦後直ちに資本主義世界の盟主となった米国がグローバルな反共戦略を展開する下で、軍事は国際化の色を強く帯びるようになった。冷戦終結前後にかかわらず、米国は自らの強大な軍事力を中核にして、他の諸国を協同防衛体制に取り込んで米軍を補完する戦力の分担を求めつつ、全般的危機深化への対応を目指している（坂井 1984）。特に米国の軍事支出や軍事援助が直接的に国際収支を悪化させるとともに、非生産的な軍事支出が米国の成長を阻害しインフレの原因となり、間接的に国際収支を悪化させるようになった一九七〇年代以降には、米国の防衛費用負担の肩代わり政策が加速した。米国は、公共財や財政学の理論をもとに「財政負担国際的再配分基準論」を展開し、自身のリーダーシップの確保を前提とした上で費用負担のみを他国に転嫁する姿勢を貫いている（坂井 1976)。「思いやり予算」はその一環である。日本の国家安全保障政策は、米国の軍事力に大きく依存している。日本国内の軍事環境問題を考察する場合であっても、米国の動向を意識せざるをえない。

軍事活動は第二次世界大戦を境に大きく性質を変化させた。本書では軍事環境問題を素材として扱うのであるが、それは以上にあげた点を意識した上で論じられなければならない。

2　軍事環境問題の発生

軍事技術の発展が独占化や恒常的な軍事経済化を招いた点については既に述べたが、そのことともに高度に発展した軍事技術が第二次世界大戦期を境に環境に対して重大な影響を与えるようになった[3]。

人類は長い間、戦争をすれば必ず死者の回収、埋葬をはじめ、兵器の処理や穴埋め等戦場の「清掃」を行ってきた。第二次世界大戦期以前には、戦争が生じても、しばらくすれば環境は復元した[4]。すなわち、かつての軍事活動は深刻な汚染を引き起こさなかったのである。しかし、兵器の性能のみを追求し環境への影響を本質的には無視した形で軍事技術が発展させられたことにより、第二次世界大戦期以降に軍事活動がさまざまな形で大規模に環境を破壊するようになった。軍事活動が環境に深刻な影響を与えはじめたのはたかだか半世紀ほどであるが、その影響は計り知れないものとなっている[5]。

第二次世界大戦後に開発された兵器には、自然回帰や再利用できないものが増えてきている。小型船舶のほとんどは、腐らないし燃やせば大量の黒鉛と有毒ガスを発生するガラス繊維強化プラスチックで構成されている。原子力潜水艦や原子力空母も、退役後に発生する放射性廃棄物の処理が考慮されずに製造された。原子力船から発生する放射性廃棄物の処理には、莫大な時間と費用を要する。劣化ウラン弾は、破壊力が高く、価格が安いため、使用後の処理を考慮しなければ理想的な兵器であった。しかし使用後の処理が深く考慮されなかったため、劣化ウラン弾によって重大な健康被害や環境破壊が引き起こされるようになったとの指摘がある（江畑 1994）。

軍事活動によって引き起こされた環境問題が、深刻な問題として国際的にクローズアップされるようになった主因として、冷戦期に二〇〇〇回以上行われた核実験とベトナム戦争時における枯葉剤使用とがあげられる。特に日本では、一九五四年に起こった第五福竜丸事件の影響が大きく、原水爆禁止運動の発端となった。その後、核実験によって、最大二四〇万人の癌による死者と放射性物質による地下水や土壌の深刻かつ超長期の汚染とが生み出されたという報告もなされている（International Physicians for the Prevention of Nuclear War and the Institute for Energy and Environmental Research 1991）。また、熱帯雨林に潜むベトナム軍を掃討するために使用された枯葉剤は、環境破壊そのものを目的としていたという点で、重大な意味をもっている。枯葉剤の環境への影響は「エコサイド」とも呼ばれ、二〇〇万ヘクタール以上に深刻な影響を及ぼした。いまだ植生は復元していない（大島他 2003）。枯葉剤の使用に対する批判は当時少なくなく、一九七二年の国連人間環境会議で議題にあげようとする動きもあったが、これは実現しなかった（宇井他 2003）。政治的な理由で軍事環境問題は表面化しにくく、現在でも枯葉剤被害の全容は十分に解明されているとはいいがたいものの、「ベトちゃん・ドクちゃん」に象徴される枯葉剤の人体や環境への影響を完全に覆い隠すことはできなかった。

湾岸戦争で初めて大規模に使用された劣化ウラン弾も国際的に大きな問題となっている。湾岸戦争後のイラクでは先天性異常児の出生率が三％と異常に高くなったといわれているし（大島他 2003）、湾岸戦争に参加した米軍兵士の間では、髪が脱毛したり、白血病の症状を訴えたりする者が戦争から一年ほどして出始めた（江畑 1994）。劣化ウラン弾と被害の関係をＤＯＤは否定しているが、国際的な非難は高まっている。

このほか、本書で主に取り上げる軍用機騒音は人体や環境への影響を無視して戦闘能力が高められた結果、基地汚染は新兵器によって自然の浄化能力をこえた汚染が蓄積させられるようになった結果、問題化するようになったのである。

3　本書の研究対象とその意義づけ――問題の凝縮的焦点としての軍事基地

「戦争は最大の公害」と言われるように、軍事環境問題がもっとも激しく現れるのは戦場においてであり、軍事環境問題による深刻な被害が一般にも注目されるにいたる。だが、実際には戦場でなくとも、戦場さながらの深刻な環境問題が発生する地域がある。それは軍事基地周辺である。軍事活動は、究極的には生の破壊を目的としているため、平時においても深刻な被害を生じさせる。

実験をせずに兵器が実戦で使用されることは滅多にない。製造、実験、訓練という過程を経て兵器が戦争に投入されるという観点からみれば、実戦において軍事基地、戦争準備の環境破壊の特徴が全て集中的に現れるのは当然の結果ともいえる。第二次世界大戦以降においては、戦時の被害と平時の被害とに連続性が特に生じている。見方を変えれば、平時の軍事環境問題を研究対象とすることは、戦時を含めた軍事環境問題全体の解明にも有意義な面が多いということになる。

製造、実験、訓練においては破壊を目的としないので環境破壊は究極の形をとって現れないものの、確実に周囲の環境を蝕む。すなわち、劇症でなかったとしても、人体や環境への被害はまず基地周辺で生じる。被害の兆候を読み取りできるだけ早期に対策をとることが公害・環境問題では重要であることを考えれば、軍事基地を対象とすることはこの点からも重要である。戦争が開始されてしまえば環境の観点は忘れさられかねないし、そのことを主張することさえ困難になりかねない。環境の観点から戦争を含めた軍事活動を「平時に」問い直すことが、どうしても必要である。

軍事基地周辺の軍事環境問題が有する固有の性格は、以下の二点にまとめられる。

第一に、深刻な被害が日常的に生じる点である。軍事訓練は常に戦時を想定して行われるため、基本的には実戦と訓練とで異なった兵器を使用しない。つまり、軍用機騒音問題に対応するために、実戦では騒音の大きな軍用機を、訓練では騒音の小さな軍用機を使用するということはない。軍事環境問題は戦時に限らず、平時においても深刻な被害を生じさせている。また、訓練は戦争が生じていなくても行われるのであるから、軍事基地周辺の軍事環境問題は日常的な被害を生じさせる。戦争が生じなくても全面的に日常生活の中に軍事が入ってきており、それが人間や環境に深刻な影響を与えているのである。

第二に、基地周辺住民が主な被害者となる点である。軍事による国家安全保障政策は、自国民を内・外的な脅威から守るために行われている。しかし、軍事基地周辺の軍事環境問題を見る限り、軍事による国家安全保障政策は、守られるはずの基地周辺住民の基本的人権を侵害し、安全を脅かしている。

以上にあげた軍事基地周辺の軍事環境問題に固有の性格を考慮すると、軍事による国家安全保障政策の問題点が浮き彫りになる。

戦時の軍事環境問題しか考慮されないのであれば、軍事環境問題を解決する手段として抑止論が正当化されかねない。なぜなら、「仮想敵国」の攻撃を抑止するために役立っているのであれば、どれほど巨大で高度になったとしても、国家安全保障の観点から軍事は正当化されてしまうからである。しかし、戦時でなくとも、軍事基地周辺では深刻な軍事環境問題が発生している。しかも、軍事基地周辺の軍事環境問題の被害者は、軍事による国家安全保障政策によって守られるとされている基地周辺住民である。このことは、多額の費用を割き、無制限に巨大化・高度化していく軍事による国家安全保障政策への強力な批判になりうる。また補論1で示しているような、多くの犠牲の上に成り立っている軍事経済からの脱却が必要であるという理由の一つにもなる。これは、戦時の軍事環境問題からだけでは明らかにならない点である。

以上の理由から、本書の次章以降では、軍事基地周辺における環境問題を取り扱う。

4　軍事による国家安全保障政策の公共性

すでに「軍事」という語をたびたび使用してきたが、その語の意味を「国防」との関係でまず整理したい。軍事は、他国からの侵略によって自国民の基本的人権が侵害されないようにするために必要とされる。すなわち、国家は軍事という手段を通して国防というサービスを提供しているということになる。

国防サービスの提供、換言すれば軍事による国家安全保障政策は、近代国家誕生以来、国家の主要な役割とされてきた。そして同時に高度の公共性を有する政策だとみられてきた。しかし、特に第二次世界大戦以後に軍産学複合体が強大な力を持ち始めると、軍事が国防サービスのためというよりも軍産学複合体の利潤確保のために利用されるようになっていった。そして軍事技術がますます高度化・専門化した結果、多量の資金や資源が浪費されたり、軍事環境問題が引き起こされたりしている。国防という名目でなされてきた政策によって各種の問題が生じている以上、軍事による国家安全保障政策が必ずしも高度の公共性を有しているとは言えない状況が現れている。国防がスローガンとして使われているだけで、軍事が軍産学複合体の利潤確保のために利用されているのであれば、軍事による国家安全保障政策の公共性はきわめて怪しくなる。

くわえて、二〇一一年三月一一日に生じた東日本大震災に伴う一連の災害によって、国民の基本的人権を守るためには他国からの侵略に備えるだけではなく、自然災害等のその他の脅威にも備えなければならないことがこれまで以上に明らかになった。第五章第二節でも触れるが、人間の安全保障、エネルギー安全保障、食糧安全保障、経済安全保障、そして災害からの安全保障といったように安全保障概念が多様化するなかで、軍事による国家安全保障政策は全体の安全保障政策のなかで、もっと言えば公共政策全体のなかでいかなる位置を占めるべきなのかを再考することが求められるようになっている。

高度の公共性を有するとして聖域化されてきた軍事による国家安全保障政策という公共政策を、具体的な事実に基づいて議論の俎上に乗せることは、国家が軍事による国家安全保障政策を専管事項とし、情報を独占し、軍事環境問題を引き起こしている現在において、また安全保障概念が多様化するなかで、非常に意義あることである。本書で公共性や公共政策の観点から軍事環境問題を扱うのは、以上の理由による。

それでは、軍事による国家安全保障政策にはどれだけの公共性があるとこれまでされてきたのかを、まずみていこう。

平和憲法をもつ日本では、軍事による国家安全保障政策に公共性があると無条件に認められるのかどうか疑問なしとしない。その一方で、軍事にはきわめて高度の公共性があると主張する軍事公共性論が歴然と存在する。こうした軍事公共性論は、特に横田基地や厚木基地等の軍用機騒音訴訟の判決のなかで展開されている。軍事公共性論には、①日米安全保障体制至上主義というべきもの（横田基地公害訴訟判決をはじめ他多数）と、②日米安保体制の存在に高度の公共性を認めるもの（厚木基地爆音訴訟高裁判決）とがある。①によると、米軍は日本のみならず極東の安全と平和の守護者であって、その存在価値は根本的であり、その公共性は何ものにもまして高いとされる。②の立場は、米軍に対する日本国内法の直接適用を否定し、米軍の日本国内法規遵守義務すらも否定する点では①と同じだが、米軍の活動に一定限度の違法性を認めるべきだとするものである（岩崎 1988）。日米安保体制及び米軍の駐留の継続が、日本を含むアジア・太平洋の平和と安全の維持という国益を確保する上で重要であり、高度の公共性を有するという判断は、沖縄における米軍用地強制使用（代理署名拒否）問題の公開審理でも主張された（新崎 2005）。日米同盟がアジア・太平洋地域において最高位の公共財としての国防サービスを提供するものだとし、軍事による国家安全保障政策に高度の公共性を認める主張がまかり通っていると言ってよい。また、貿易決済に使用できる貨幣の十分な供給や国際関係の安定が米国の軍事力によって実現している以上、たとえ米国の国益のためであるとはいえ、米国以外の国も米国の軍事活動から公共的な利益を受けているとする主張もある（藤原 2002）。

しかし、その一方で、米国ではかつてのベトナム戦争の経験から、軍事による国家安全保障政策を最高位の公共財とみなさない考え方も現れるようになった。ベトナム戦争の経費は、実は米国民の防衛のためではなく、むしろ軍産学複合体の私利私益のために支出されているのではないかという批判が生じたのである（宮本 1981）。また、本書で詳しくみていくように、特に冷戦終結後から、環境の観点からも軍事による国家安全保障政策の公共性が改めて問い直され、各方面から疑問が投げかけられるようになっている。

国家の公共政策には公共性があるといわれてきたが、実はそこでの「公共性」とはいったい何か、必ずしも明確にされてこなかったといえる。一九八〇年前後までは、多くの人々にとって「公共性」は、国が遂行する戦争や公共事業等によって生じる被害を一方的に受忍させられるときに使用されるマジック・ワードだった（齋藤 2000）。学問的には公共経済学の分野で「公共性」と関連した概念が取り扱われていたが、そこには一定の限界があった。

公共経済学における公共財の概念は、非排除性や非競合性（対価を払わずに消費でき、また誰かの消費が他者の消費を妨げることがないという性質）等の財の性質によって定義づけされるに留まっている。しかし財の性質による定義づけから「どのような財が公共的に供給されるべきか」の建設的規準が導き出されるわけではない（坂井 1980）。こうした公共経済学の見方によるならば、軍事による国家安全保障政策（国防）は最高位の公共財（純公共財）となる。なぜなら、国防という財（サービス）が、高度に非排除性かつ非競合性を有しているからである。この結果、最高位の公共財である国防は、最高の公共性を有すると主張される場合がある。しかし、軍事による国家安全保障政策が必ずしも無条件に公共性を有するとはいえない状況が出てきている。財の性質だけから公共性を主張することには限界がある。

公共性とは何かが問題になったのはきわめて具体的な政策現場においてである。すなわち、大阪国際空港をはじめとする公共事業によって環境破壊等の人権侵害が発生し、納税者としての住民がその事業の公共性の有無を問うたからである（宮本 1998）。

一九六九年からはじまった大阪国際空港公害訴訟で問われたのは、航空機騒音を出す公共事業には公共性があって、他方、住民の環境には公共性がないのかということであった。大阪国際空港公害訴訟が投げかけた問いに対して従来までの学問体系は有効な答えを出すことができず、訴訟を通じて「公共性」の内容が深められていった（宮本 1981）。たとえば、垂直的な権力（国家）―服従（国民）という従来からの考え方に拠っていた伝統的公共性論に対して、新古典派経済学者が考え出したのが、社会的有用性論であった。これは、社会全体での便益が社会全体での費用を上回れば（費用便益分析で社会的純益が出れば）、公共性を主張しうるとするものであった。しかし、この場合、社会的純益が出たとしても空港が存続する限り航空機騒音が続くのであるから、被害を金銭的に補償されても周辺住民の生活環境の安寧は確保されない。以上の見解に対して、宮本憲一は、「新古典派らしい静学的理論」としている（宮本 2003）。

大阪国際空港訴訟等での経験を通じて宮本は、「①公共事業・サービスは生産や生活の一般的条件、あるいは共同社会的条件であること、②公共事業・サービスは特定の個人や私企業に占有されたり、利潤を直接間接の目的として運営されるのでなく、すべての国民に平等に安易に利用されるか、社会的公平のためにおこなわれること、③公共事業の建設・改造・管理・運営にあたっては周辺住民の基本的人権を侵害せず、かりに必要不可欠の施設であっても、できるかぎり周辺住民の福祉を増進すること、④事業の設置・改善については、住民の同意をうる民主的な手続きを必要とすること。この民主的手続きには、事業の内容が住民の地域的な生活と関係するような場合には、たんなる同意だけでなく、住民の参加あるいは自主的な管理などをもとめることをふくんでいる」（宮本 2007）という公共事業が公共性を主張しうるための条件を示した。言い換えると、公共性は、①公共施設がその社会の存立にとって必要不可欠で、国民が平等安易に利用できる代替事業がないものほど高く、また、②私企業や私人の営利行為と関係のないものほど高い。その上で、③絶対的損失が発生したり、④住民の同意をうる民主主義的手続きがなされていなかったりする公共事業であれば、その公共事業は公共性を持たないということになる。ここで宮本が市民的公共性と呼んだ公共性は、伝統的公共性のような国家の絶対性によるものでも、新古典派経済学のような経済的な考量によるものでもなく、規範的なものであった。

新古典派経済学者が考えるように市場を自由放任にするだけでは環境問題の多くは解決しえないため、ある種の全体的な社会管理が必要である。環境規制はそのひとつである。そして、ある種の全体的な社会管理、換言すれば、公共政策を導入しようとするのであれば、説得力のある社会目標や目的を定式化しなければならない。公共政策を導入するために必要とされる説得力のある社会目標や目的とは、何を指しているのだろうか。これこそが、正当性規準としての公共性であろう。

国家と公共性とが同じものだと考える場合には、公共政策の正当性規準は存在しない。国家が行う政策はすべて公共性を有すると考えられるからである。しかし、公共事業や軍事活動を含め、国家の公共政策が必ずしも公共性を有すると考えられなくなった現在において、また冷戦が終結し安全保障概念が多様化した現在において、公共政策の正当性規準を再検討することが重要な課題となっている。公共性という語は、長い間、国家の行政活動を正当化するために使用されてきたのであるが、現代においては公共性を定義する権利を国家の独占から市民が奪還するために使われつつある。国家の判断とは別に、どのような公共性が現代において重要とされるようになっているのかといった視点から軍事基地周辺の軍事環境問題を検討していきたい。なお、「公共性」という語は多義的でさまざまな場所で使用されるが、[6]少なくとも本書において公共性という語を使用する場合には、それは正当性基準としての公共性を指すこととする。

公共性が一般的に認められている活動でも、具体的事例に照らせば必ずしも公共性がない場合もある。たとえば、消防は税金納付の多寡によってサービスに差別がでない点で高度の公共性を持つが、高層ビルのみに必要な高層消防隊やコンビナートのみに必要な化学消防隊を税金でまかなってよいかについては疑問が残る（宮本1974）。また、時代が移り変わり、公共政策の決定に影響を与える社会構成員の価値観が変化したり多様化したりするなかで、どんな公共性が現在において重視されるようになっているかを考慮に入れることも重要である。公共性の内容は、時代背景や個々の具体的事例に照らし合わせて判断されなければならない。このことは軍事に関しても当然言えることである。本書の最大の課題はまさにこの点であり、軍事基地周辺の軍事環境問題に関する被害や公共政策の具体的内容をみながら、軍事と環境をめぐる現代的公共性を再検討し、公共政策の優先度の序列を再考することにある。

さきにも述べたが、諸々の公共政策のなかでも軍事による国家安全保障政策はその情報の秘匿性から聖域とされ、特殊な位置づけを与えられてきた。国は軍事による国家安全保障政策を他の公共政策よりも優先し、たとえば軍用機騒音によって被害が発生したとしてもかつては受忍を強いてきた。しかし、次章以降でみていくように、時代が移り変わったことにくわえて軍用機騒音や軍事基地汚染による被害が広く顕在化した結果、軍事による国家安全保障政策をいつまでも聖域化しておけない事態が生じつつある。軍事による国家安全保障政策といえども環境政策を考慮に入れ、可能な範囲で政策を調整する必要が出ている。長期的にはともかく、短期的には軍事をゼロにするのは不可能であるので、そのような制約のなかでどのような軍事環境問題にかかわる公共政策がとられていくのが望ましいのかについても本書では検討していく。

注

（1）島（1966）は、様々な国防概念によって国防費を分類している。国防概念によって軍事費は、大きく変わる。軍事費の概念については、中馬（1986）を参照されたい。

（2）「軍事経済」という語の意味については、補論1第四節を参照されたい。

（3）以後に述べるような環境破壊的な兵器は第一次世界大戦時には登場していたが、大規模に実戦に投入されるようになったのは第二次世界大戦以降である。補論1第一節を参照されたい。

（4）ただし、人命や歴史的な建造物をはじめとする人工物はこの限りではない。

（5）環境に焦点を当てているものの、環境さえ復元すれば戦争を容認するわけではない。アメニティ・環境の質の悪化が公害問題につながり、その最たる被害が人命の喪失であるという宮本（1989）の「被害の連続性」の考え方に立つなら、人命優先か環境優先かという二分法は受け入れられない。人命が守られるためには、環境が守られていることが不可欠なのである。このことは、本書を読み通していただければよくわかることと思う。

（6） たとえば齋藤（2000）は、「公共性」という語の主要な意味合いを、①国家に関係する公的な（official）ものという意味、②特定の誰かにではなく、すべての人々に関係する共通のもの（common）という意味、③誰に対しても開かれている（open）という意味に大別して説明している。

第2章　軍用機騒音問題

軍事環境問題は戦時でも平時でも深刻であるが、前章でみたように、軍事環境問題の解決を目指すには、まず軍事基地周辺の軍事環境問題にどう取り組んでいくかがきわめて重要となる。軍事環境問題として、資源の浪費、自然破壊、基地汚染等をあげたが、本章では、軍用機騒音を分析対象とする。というのは、被害が見えにくい資源浪費や冷戦終結後ようやく明らかになってきたストック（蓄積性）公害である基地汚染に比べ、フロー公害である軍用機騒音では反対運動も比較的早期に起こり、被害を減らすための取り組みがすでに長期にわたって存在しているからである。本章では、小松にやや遅れて[1]、そして厚木、嘉手納、普天間、岩国に先駆けて訴訟が提訴された横田に焦点をあて、横田基地公害訴訟が軍事基地周辺の軍事環境問題の解決に果たしてきた役割を見ることを通じて、環境の観点から軍事を問い直すことの意味を明らかにする。

1　横田基地における軍用機騒音訴訟の成果

日本は、米軍が外国におく基地の約二〇％が置かれている国である[2]。特に、首都圏に、外国軍の大規模な空軍基地、海軍基地、空母母港がおかれているのは日本しかないといってもよく、世界的にみても異例である。このことが日本における軍事環境問題を一層複雑なものにしている。

在日米軍再編は、軍事環境問題にも大きな影響を及ぼすものである。憲法第九条や日米安全保障条約を脅かす大問題と並んで各地で軍事環境問題に対して反対運動が生じたことは、戦時だけではなく平時の軍事活動も深刻な環境破壊を引き起こし、基地周辺住民の生活を脅かしていることの証左である。補論2で触れられている沖縄の例はその典型である。また、岩国基地では在日米軍再編に伴い厚木基地の空母艦載機と普天間基地の空中給油機とが移転してくるため、新滑走路の沖合への移設にもかかわらず、軍用機騒音被害の拡大が危惧されている。(3)このこともあって、岩国基地では、二〇〇九年三月二三日に、保守的だった同地域では初めて軍用機騒音訴訟が提訴された。

このように、米軍の戦略のもとで在日米軍基地が再編成され、一層広範囲に軍事環境問題が発生する危険性が増している。このなかでいえるのは、日本政府は米国とともに軍事による国家安全保障政策を支持し、日米安全保障体制を維持・強化するために、日常的に起こっている軍事環境問題を軽視しているということである。これに対し、基地周辺住民は、日米安全保障の名目で軍事環境問題を無制限に拡大させてきた日本政府の政策の正当性を問い続けてきた。横田基地軍用機騒音問題では、この構図が典型的に現れている。本章ではまず第一節で、横田基地における軍用機騒音訴訟の成果をみていく。

(1) 横田基地公害訴訟の特殊性

横田基地は、新宿副都心から西へ約三〇キロメートルの場所にある米軍基地で、福生市、昭島市、羽村市、立川市、武蔵村山市、瑞穂町の五市一町にまたがっている。独立国の首都に置かれた外国軍の空軍基地であるという点で、横田基地は世界的にみて特異である。人口密集地に基地があるため、米軍機の騒音による周辺住民への被害が絶えない。横田基地を離着陸する米軍機による騒音被害を受けている住民は、東京都、埼玉県の約五万人に及んでいる。離発着の飛行コースの直下に存在する昭島市や瑞穂町での被害は特に深刻で、現在も環境基準（住宅地域七〇W）を上回る区域が多く存在する。(4) 騒音被害のほかにも、軍用機の墜落や軍用機からの落下物の危険性による精神的な被害、健全なまちづくりの妨害といった被害を横田基地周辺住民は受けている。

横田基地の始まりは、一九四〇年に日本陸軍によって多摩飛行場が設置されたことに遡る（滑走路一二六〇メートル）。多摩飛行場は敗戦に伴い、一九四五年に米軍に接収されることとなる（滑走路一三〇〇メートル）。一九五〇年以降、横田基地の機能が次々と強化されていく。一九五〇年には基地拡張のため五日市街道が分断された（滑走路二四四〇メートル）。これ以降、横田基地は朝鮮戦争に出撃するB29戦闘機の出撃基地とされる。一九五六年には滑走路が三〇五〇メートルに延長され、大型機やジェット戦闘機の頻繁な離発着が可能となった。一九六〇年には第四一航空師団第三爆撃部隊が横田基地に移駐することになる。一九六二年には、再度の基地拡張が実施され、国道一六号線と八高線が曲げられることになった（滑走路、オーバーランを含めて三八七〇メートル）。一九六七年に強行配備されたF4ファントムや、一九七〇年に就航したC5Aギャラクシーは他の軍用機と比べても激烈な騒音を引き起こしたため、横田基地周辺の騒音公害は深刻化した。一九七一年には戦術基地から輸送中継基地へ横田の機能が変更されたため、戦闘機であるF4ファントムは沖縄や米本土に移駐したが、その分、大型輸送機の離発着訓練が激増した。くわえて、ベトナム戦争が激化したことで、F4ファントムが再び横田基地に飛来することになった（横田基地公害訴訟団・横田基地公害訴訟弁護団 1994）。

横田基地の南端で米軍機の飛行コース直下にあった昭島市堀向地区は、かつて都営住宅、社宅、商店街等、約八〇〇世帯が居住する町であった。しかし、ベトナム戦争時、窓ガラスが割れるほどにまで深刻となった激烈な騒音により、一九六八年には社宅の二二〇世帯が集団移転し、一九七四年には残りの都営住宅、商店等、五七〇世帯も移転した。軍用機騒音被害は、睡眠妨害、精神的情緒的被害、電話や会話の中断等による日常生活妨害、難聴や耳鳴り等の身体的被害にまで及んだ。堀向地区の事態は、軍用機騒音によるそれらの被害によって町が完全に崩壊させられたという最も深刻な被害の一例である。堀向地区は、現在では灌木・緑地帯となっており、町があった当時の面影はまったくない。

横田基地周辺の住民たちは、一九七六年に訴訟を提訴するまで騒音被害を甘受していたわけではない。一九五〇年にはすでに「自主的接収反対同盟」が結成され、基地拡張への反対運動が起こされている。第四一航空師団第三爆撃部隊の移駐やF4ファントムの移駐に対しても、騒音の激しかった昭島市や瑞穂町の住民たちを中心に、移駐反対や騒音軽減等の要請がなされてきた。深刻な被害を受けつつも、住民のほとんどが米軍基地や関連会社で働いていたり、米軍に対しては訴訟で勝てる要素が一つもないと考えていたり、提訴自体に対する抵抗感があったりしたため、運動は要請に留まった。要請を中心とした運動が変化していくきっかけとなったのが、一九七二年一月に合意された関東計画（関東地区の米軍施設の横田基地統合計画）で、それは「米軍はいずれ日本から引き上げるだろう。それまでの我慢だ」という住民の意識を大きく転換させるものだった。同年一一月には住民運動体としての「横田基地爆音をなくす会」が発足している。要請行動の限界を住民に特に感じさせたのが、関東計画に伴う一九七五年八月の三四五部隊の強行移駐で、訴訟を現実的に模索していく直接的な契機となった（横田基地公害訴訟団・同弁護団 1994）。

横田基地の運動に特に大きな影響を与えた出来事として、一九七二年九月に美濃部亮吉都知事が提訴した横田基地内都有地返還訴訟と、一九七五年一一月の大阪国際空港高裁判決とがあげられる。前者は、基地の騒音が都民を苦しめていることを理由に、横田基地滑走路下を東西に横切る都水道用地を都が返還要求したものであり、米軍を被告にした訴訟を周辺住民が提訴するアレルギーを緩和する役割をもった。後者は、対民間空港であったものの騒音による被害をなくすための訴訟で、損害賠償と夜間・早朝の飛行差止めとが認められたことにより、被害救済という視点から訴訟が必要であるという意識を高める役割をもった。

横田基地公害訴訟の特殊性を明らかにするために、それ以前の代表的な基地反対裁判闘争である砂川事件と恵庭事件、長沼ナイキ事件についてふれたい。砂川事件では、一九五九年三月三〇日に伊達秋雄裁判長によって画期的な地裁判決が下された。すなわち、日米安全保障条約と行政協定にもとづく米軍の駐留が憲法に違反するという理由で、米軍基地内侵入の際に被告に科された刑事特別法違反を無罪としたのである（宮岡 2005）。また一九六七年三月二九日の恵庭事件地裁判決は、結局憲法判断は避けられたものの、自衛隊そのものの合憲性が争われ被告が無罪とされた点で画期的であった（長谷川 1968）。長沼ナイキ事件では、一九七三年九月七日に札幌地裁で福島重雄裁判長によって、憲法第九条で保持を禁止されている戦力にあたるため自衛隊は違憲だという初の判決が下された。しかし、これらの成果にもかかわらず、日米安全保障条約や自衛隊法の憲法違反を真正面から争った訴訟は、その後、国家の統治行為に関する高度の政治問題を裁判所は判断しないという裁判所の態度により、停滞していく。そのため、訴訟はイデオロギーの対立の場となり、結局米軍または自衛隊による被害者が救済されないいまま放置されていくことになってしまった。

横田基地公害訴訟がそれまでの基地反対裁判闘争と決定的に異なっていたのは、イデオロギーではなく、実際の被害を基礎にした訴訟を提訴したことである。換言すれば、憲法第九条から安保条約や行政協定、自衛隊法を判断するのではなく、実際の被害からそれらの正当性を問うたのである。実際の被害から現在の法制度のあり方を問い直すという方法は、大阪国際空港訴訟や水俣病訴訟をはじめとする公害訴訟の典型的な方法であった。その意味で、横田基地公害訴訟は、軍事という高度に政治的な面をもつとはいえ、典型的な公害訴訟であったといえる。それと同時に、高度の公共性をもつとされていたがゆえに高度の受忍限度が無条件に認められていた軍事活動に対して、環境の観点から初めて異議を唱えた点で、横田基地公害訴訟は画期的な意味をもっており、多くの重要な成果をあげてきている。

表 2-1　横田基地公害訴訟判決一覧（2011 年 3 月末現在）

判決名	年月日	差止請求	損害賠償額（月）	将来請求
旧一・二次訴訟地裁判決	1981. 7.13	却　下	85 W 未満 1,000 円，90-95 W 5,000 円	棄　却
旧一・二次訴訟高裁判決	1987. 7.15	棄　却	75-80 W 2,500 円，95-100 W 15,000 円	却　下
旧三次訴訟地裁判決	1989. 3.15	却　下	75-80 W 3,000 円，90 W 超 1,2000 円	却　下
旧一・二次訴訟最高裁判決	1993. 2.25	上告棄却	原審どおり	上告棄却
旧三次訴訟高裁判決	1994. 3.30	控訴棄却	75-80 W 3,000 円，旧 95 W 17,000 円	控訴棄却
新対米訴訟地裁判決	1997. 3.14	却　下	—	—
新対米訴訟高裁判決	1998.12.25	控訴棄却	—	—
新対米訴訟最高裁判決	2002. 4.12	上告棄却	—	—
新対国訴訟地裁判決	2002. 5.30	棄　却	75-80 W 3,000 円，90 W 超 12,000 円	却　下
新対国訴訟高裁判決	2005.11.30	棄　却	同上	部分容認
新対国訴訟最高裁判決	2007. 5.29	棄　却	—	原審破棄

出所）新横田基地公害訴訟団の資料を基に作成.
注）損害賠償額では最高額と最低額のみを表記しているが，両者の間には W 値に応じた賠償額が設定されている.

(2)　新訴訟高裁判決までの経緯

横田基地で軍用機騒音被害に対し訴訟が提起されたのは、一九七六年四月二八日になってのことで、以来、数次にわたる訴訟が提起されている（表2-1）。最初に提起された第一次から第三次の訴訟は横田基地公害訴訟（旧訴訟）と呼ばれ、一九九四年までの一八年間、周辺住民約七五〇人を原告とし、夜間・早朝の飛行差止めと損害賠償とを日本政府に求めたものである。最高裁判決では、過去分の被害についての損害賠償は認められたものの、夜間・早朝の飛行差止めと将来分の損害賠償とは認められなかった。だが、訴訟の影響もあり、旧三次訴訟高裁判決直前の一九九三年一一月一七日に、午後一〇時から翌日午前六時までの飛行活動を米軍の運用上の必要性に鑑み緊急と認められるものに制限するという合意事項（騒音防止協定）が日米合同委員会で確認され、軍用機騒音問題の解決に一定の効果が期待された。

しかし、日米合同委員会の合意事項があったにもかかわらず、軍用機騒音被害は続いた。そのため、周辺住民により再度訴訟が提起されることとなった。一九九六年四月一〇日に提訴されたこの訴訟は、新横田基地公害訴訟（新訴訟）とよばれている。[5] 原告は約六〇〇〇人におよび裁判史上に例をみない規模であった。新横田基地公害訴訟では、日本政府のほかに米政府に対して提訴がなされたのも新しい動きであった。

新訴訟の地裁判決は二〇〇二年五月三〇日に下され、過去分の損害賠償の支払いが日本政府に命じられた。ところが、原告、被告とも控訴したため、新横田基地公害訴訟は高裁で争われることになった。

(3) 新訴訟高裁判決の内容

二〇〇五年一一月三〇日にだされた高裁判決の主な内容(夜間・早朝の飛行差止めと損害賠償)は次の通りである。

まず、差止めに関しては、米軍基地内には日本政府の権限が及ばないとして、棄却された。原告側の要求は午後九時から翌日午前七時までの夜間・早朝の飛行差止めに限ったものであって、そもそも米軍機の飛行禁止を求めてはいなかった。つまり、騒音被害を受けつつも米軍基地の存在そのものは否定しないものであった。にもかかわらず、夜間・早朝の飛行差止めは認められなかった。騒音被害を緩和するにあたって、差止めは決定的に重要な措置である。夜間・早朝の飛行差止めが認められなかったことにより、横田基地周辺における騒音被害の根本的解決は難しくなったといえる。

次に損害賠償については、過去分と将来分の双方にそれぞれ判断が示された。これまでの騒音被害裁判においては、口頭弁論終結日までに発生した過去分の被害に対してのみ損害賠償が認められてきた。過去分の損害賠償は、高裁判決で従来どおり認められた。将来分の損害賠償は、これまで認められてこなかったのとは異なり、初めて一部が認められた。認められた将来分とは、口頭弁論終結日から判決日までの間の騒音被害による損害賠償である。ここで原告がいわゆる将来分の損害賠償を求めていたのは、民法第七二四条により、提訴日から三年以上さかのぼる過去の損害賠償を求めることができないためである。つまり、騒音被害が続く中、継続してその被害補償を得るためには、被害者は口頭弁論終結日から三年以内に再度提訴しなければならないのである。米軍機による騒音が違法であることについては、すでに旧訴訟最高裁判決で認められている。このような事情を汲み、高裁判決では、将来分として損害賠償の期間を判決日まで延ばす措置がとられたのである。[6] ただし、騒音が続く限り、三年をたたずに何度も訴訟を提起しなければならないという点で、現行の法律のもとでの判決には大きな限界があることも事実である。

同じ地域に居住していれば、騒音はほぼ等しい程度で生じる。騒音にさらされている地域の全員が被害者であるにもかかわらず、損害を賠償されるのは、訴訟に参加した被害者だけである。この点は重大な問題である。日本政府及び米政府は本来支払うべき費用を被害者に支払っていない。この点については、次節で詳述する。このような状況に対して、江見弘武裁判長が高裁判決文の「おわりに」で注目すべき発言をしているので、これを引用する（江見 2005）。

「国の防衛のために基地を提供する政策が国民大多数の支持に基づくもので、近隣国による軍備の増強等による脅威の下では、現下においてこれを終結する選択肢がないとしても、このことは、当然には、基地の騒音等による被害を近隣住民に耐え忍ばせることを正当化するものではない。いわゆる横田基地の騒音についても、最高裁判所において、受忍限度を超えて違法である旨の判断が示されて久しいにもかかわらず、騒音被害に対する補償のための制度すら未だに設けられず、救済を求めて再度の提訴を余儀なくされた原告がいる事実は、法治国家のありようから見て、異常の事態で、立法府は、適切な国防の維持の観点からも、怠慢の誹りを免れない。

…（中略）…本件は、国の存立の基本となる国防に関する論点を含み、中心的な法的論点については、既に最高裁判所の判断が示されていることを考慮すると、住民の提訴する訴訟によるまでもないように、国による適切な措置が講じられるべき時期を迎えているのではあるまいか。」

高裁判決の意義は、以下の二点にまとめられる。第一に、軍事による国家安全保障が不可欠なものだとしても、それが原因で住民が被害を受けるのであれば、それを補償するのは当然であることを指摘した。米軍機の夜間・早朝の差止めができないのであれば、誰が費用負担するかはともかくとして、訴訟によらなくても被害者全員が補償を受けられるように、行政もしくは立法による救済制度を日本政府は創設する必要がある。これは短期的な目標として重要である。第二に、裁判長が意図したかしなかったかにかかわらず、憲法第九条の精神に反して日本政府が進めてきた軍事による国家安全保障政策に対して、騒音被害の実態から一石を投じた。このことは、高裁判決の最大の意義であったと言えるだろう。

(4) 成果

横田基地公害訴訟の成果としては、①軍事環境問題による被害の実態を多くの人々に明らかにしたこと、②日米両政府の責任を明らかにしたこと、③軍事活動に一定の制限をかけるとともに、被害救済を実現したこと、の大きく分けて三つがあげられる。以下、それぞれについて詳しくみていく。

旧訴訟では、訴訟の弁論を通じて、被害の実態が明らかにされていった。判決で認められた騒音被害は、睡眠妨害、心理的、情緒的被害（気分がいらいらする、不愉快である）、難聴、耳鳴り、頭痛、肩こり、めまい、胃腸障害、高血圧、動悸、ホルモン系への影響、日常生活の妨害（会話妨害、電話の聴取妨害、思考の中断や読書妨害等）であり、多岐にわたる人権侵害が明らかにされた。しかし、旧訴訟では原告が基地南側の約七五〇名に絞られていたことから、国側には横田基地公害訴訟はほんの一握りの住民が文句を言っているに過ぎないという認識が強かった（横田基地公害訴訟団・同 2006）。この認識を覆し軍用機騒音被害の深刻さを社会に示すために行われたのが、新訴訟である。約六〇〇〇名の原告が被害を訴えた新訴訟は、日米両政府を動かす大きな要因となった。

横田基地公害訴訟の第二の成果は、日米両政府の責任を明らかにしたことである。横田基地公害訴訟では、受

表 2-2　横田基地における軍用機騒音回数（1971-2010 年）

年	総回数	22～6 時の回数	土日回数	90dB 以上の回数
1971	32,019	n.a.	n.a.	22,841
1976	13,690	871	1,810	3,925
1980	13,586	515	2,111	4,882
1985	11,843	110	1,989	3,537
1990	12,085	204	1,696	3,245
1995	11,100	69	1,208	2,036
2000	8,470	13	828	850
2005	6,864	51	671	453
2010	6,353	40	394	221

出所）昭島市『横田基地航空機騒音調査結果』各年版より作成.

注 1）1971 年は，5～12 月のデータより年間騒音回数を推計した.

2）騒音測定場所は，昭島市大神町 2-5-1（滑走路延長南 3km 地点）である．ただし，1998 年 10 月 24 日より昭島市役所庁舎屋上（滑走路延長南3 km 地点）である.

3）70 デシベル以上の騒音が 5 秒以上継続した時に，騒音機は作動する.

忍限度を超えた騒音被害が生じているとして、新旧をあわせてこれまで八回もその違法性が認められている。特に、新訴訟高裁判決では、騒音被害を放置し続けている日本政府の怠慢が厳しく批判された。また、外国政府の民事裁判権についての最高裁の初めての判決が出された新訴訟では、「米軍機の飛行は、米軍の公的活動で、その活動の目的ないし行為の性質上、主権的行為であることは明らかで、国際慣習法上、民事裁判権が免除される」とされ原告は敗訴したが（榎本・加藤1997）、米国を訴えることで大きな政治的圧力をかけることに成功したといえる。米政府の法的責任は認められなかったとはいえ、軍用機騒音被害の責任の所在を横田基地公害訴訟は十分に明らかにした。

横田基地公害訴訟の第三の成果として、軍事活動に一定の制限をかけるとともに、被害救済を実現したことがあげられる。いずれの判決でも住民の悲願である夜間・早朝の飛行差止めは認められなかったものの、訴訟の影響を受けて日米両政府は軍用機の飛行回数を減少させざるをえなかった。とくに旧訴訟が確定した後の一九九五年以降の被害減少は著しい。旧訴訟提訴時の一九七六年と比べて新訴訟高裁判決時の二〇〇五年では、総騒音回数で約五〇％に、土日の騒音回数で約三七％に、二二時から六時までの騒音回数で約六％に、九〇デシベル以上の騒音回数で約一二％に減少している[7]（表2-2）。このデータを見る限り、判決では認められなかったものの夜間・早朝の飛行差止めはかなりの程度実現したといえる。被害救済に関しても、いずれの判決でも過去分の損害賠償が認められたことから、一定の成果があった。ただしこの点に関して言えば、将来分の損害賠償が認められず、また恒久的な被害補償制度が確立されていない等、重大な問題も残っている。

横田基地公害訴訟で明らかにされた最も重要な点は、自軍の基地周辺住民の人権や環境を侵害するような軍事活動が許されなくなっているということである。現代においては、訴訟をはじめとする運動の結果、軍事活動といえども人権や環境の観点から制限を受けざるをえなくなっており、軍事活動が何よりも優先されるという従来までの国家安全保障の考え方を押し通すことが不可能になっている。

2　横田基地における軍用機騒音被害の社会的費用

前節でみたように、軍用機被害に対して、横田基地周辺では、旧訴訟と新訴訟が提訴されてきた。[8]訴訟の結果、旧訴訟（第一次から第三次）では八億八四七五万円が、新訴訟（第一次から第三次）では三九億五九四〇万円が損害賠償として日本政府から原告らに支払われた。[9]しかし、「爆音のない静かな夜を返せ」というスローガンの下で原告が強く求めていた午後九時から翌日午前七時までの軍用機の飛行差止め請求は、被告（日本政府）に対して支配の及ばない第三者（米軍）の行為の差止めを請求するものとして、棄却され続けている。新訴訟では、日本政府にくわえて米政府を相手どって差止め請求を起こしたが、外国の主権的行為には裁判権が及ばないとして、却下されている。軍用機被害に対する損害賠償は認められるが、根本対策である差止めは国家安全保障上や法律上の理由から認められないという状況である。

日米安全保障条約に基づく日米地位協定第三条によって、米軍の軍用機は日本国内の管理区域で自由な飛行を認められていることになっている。地位協定第一六条では日本法令の尊重義務が、第一八条では米軍への賠償請求権が規定されているものの、米軍は環境基準を超過する軍用機騒音を発生させ続けてきたし、軍用機騒音被害

音回数の経年変化（1971-2010 年）

（単位：回）

年	測定回数	夜間・早朝回数	W値	主要な出来事
1991	10,914	1,847	83	
1992	13,623	2,527	82	
1993	14,171	2,584	82	2 月 25 日，旧訴訟第 1・2 次最高裁判決．11 月 17 日，日米合意．
1994	11,639	2,192	81	1 月 12 日，旧訴訟第 3 次高裁結審．3 月 30 日，高裁判決．
1995	11,100	2,167	80	
1996	11,155	2,263	82	4 月 10 日，新訴訟第 1 次提訴．3140 人．
1997	11,494	2,011	83	2 月 14 日，新訴訟第 2 次提訴．2780 人．
1998	9,696	1,704	82	4 月 20 日，新訴訟第 3 次提訴．37 人．10 月 24 日，測定場所変更．
1999	7,883	1,496	78	
2000	8,470	1,512	80	
2001	8,330	1,730	77	5 月から翌年 6 月まで滑走路の改修工事．
2002	6,082	1,120	75	5 月 30 日，新訴訟地裁判決．4 月 12 日，対米訴訟最高裁判決．
2003	9,340	1,708	78	
2004	7,431	1,844	76	12 月 8 日，新訴訟高裁結審．
2005	6,864	1,673	76	10 月 20 日，新騒音コンター告示．11 月 30 日，新訴訟高裁判決．
2006	6,667	1,579	76	
2007	6,225	1,476	75	5 月 29 日，新訴訟最高裁判決．
2008	7,017	1,745	74	
2009	6,683	1,551	75	
2010	6,353	1,565	73	

弁護団（1994），横田基地公害訴訟団元役員提供資料より作成．

24 日より昭島市役所庁舎屋上（滑走路延長南 3km 地点）である．

分だけが分離・進行され，2002 年に最高裁判決を受けることとなった．

に関する賠償金も一切負担してこなかった。一方、日本政府は、日米関係や国家安全保障政策の方が高度の公共性を有するとし、軍用機騒音被害の抜本的対策をとらず、米軍に基地施設及び区域を提供しつづけている。日本政府は、軍用機騒音被害に関する賠償金を負担しているが、直接の加害者は米軍であるから被告国を訴えるのは本来筋違いだということを前提にしたうえで、第三者である日本政府が米軍に肩代わりして損害賠償することを認めた民事特別法の規定があるから特別に賠償しているに過ぎないという立場をとっており、軍用機騒音に対する責任を真っ向から否定している。責任の所在が明らかにされないまま、日

表 2-3　横田基地における軍用機騒

年	測定回数	夜間・早朝回数	W値	主要な出来事
1971	32,019	10,766	n.a.	1975 年までベトナム戦争.
1972	24,407	n.a.	n.a.	1 月，日米両政府が関東地区の米軍施設の横田基地統合に合意.
1973	15,373	n.a.	n.a.	
1974	9,917	n.a.	n.a.	11 月，在日米軍司令部及び第 5 空軍司令部開設.
1975	10,341	n.a.	n.a.	8 月，沖縄の C 130（345）部隊強行移駐.
1976	13,690	2,955	n.a.	4 月 28 日，旧訴訟第一次提訴．原告 41 人.
1977	13,724	2,854	n.a.	11 月 17 日，旧訴訟第二次提訴．原告 112 人.
1978	13,325	2,857	n.a.	
1979	14,133	n.a.	n.a.	8 月，85 W 以上の区域の旧騒音コンター告示.
1980	13,586	n.a.	n.a.	9 月，80 W 以上の区域の旧騒音コンター告示.
1981	11,996	2,117	n.a.	7 月 13 日，旧訴訟第一・二次地裁判決.
1982	12,718	2,263	n.a.	7 月 21 日，旧訴訟第三次提訴．原告 599 人.
1983	12,645	2,373	n.a.	
1984	12,776	2,190	n.a.	3 月，75 W 以上の区域の旧騒音コンター告示.
1985	11,843	2,300	n.a.	
1986	12,069	2,336	n.a.	
1987	12,187	2,487	85	1 月 28 日，旧訴訟第一・二次高裁結審．7 月 15 日，高裁判決.
1988	12,131	2,273	85	
1989	10,804	2,272	85	3 月 15 日，旧訴訟第三次地裁判決.
1990	12,085	2,441	85	

出所）昭島市企画部基地・渉外担当『横田基地航空機騒音調査結果』各年版，横田基地公害訴訟団・同
注 1）1971 年は，5 月～12 月のデータより年間騒音回数を推計した.
2）夜間・早朝とは 19 時から翌朝 7 時までの間を指す.
3）騒音測定場所は，昭島市大神町 2-5-1（滑走路延長南 3km 地点）である．ただし，1998 年 10 月
4）70 デシベル以上の騒音が 5 秒以上継続した時に，騒音機は作動する.
5）新訴訟では，第 1 次から第 3 次までの訴訟が併せて審議されることとなった．また，対米訴訟部

本政府が賠償金を全額負担しているという構造があり、この結果、被害者への補償も不十分なままに留まっている。

本節の目的は、上記の日米安全保障体制の下、軍用機騒音被害が横田基地周辺住民にどの程度押し付けられてきたのかを、社会的費用という概念を利用して明らかにすることである。以下、軍用機騒音の状況を確認し、損害賠償額に関する訴訟の争点を整理し、社会的費用を推計した上で、社会的損失の更なる発生を防ぐための政策ついて若干言及する。

(1)　軍用機騒音の状況

表2-3の騒音測定回数に注目して、一九七一年以降の傾向

をとらえてみよう。一九七一年はベトナム戦争の激化に伴って騒音測定回数が激増したが、その後、急激に減少していき、昭島市役所付近で、一九七四年には九九一七回、一九七五年には一万三四一回となった。しかし、一九七六年以降は一万三〇〇〇回以上の年が五年ほど続いている。このことから、本項では、一九七五年以前をベトナム戦争に伴って騒音測定回数が激しく上下した特殊な時期と位置づける。一九七六年から一九九三年までは、年によって増減を繰り返しながらも、一万二〇〇〇回から一万三〇〇〇回でほぼ一定の騒音測定回数を保っている。本項では、今後の議論の展開のために、この時期を第一期とする。一九九四年以降は、第一期に比べて騒音測定回数が二〇〇〇回から三〇〇〇回ほど減少している。一九九八年一〇月に騒音測定の場所が変更したことで騒音測定回数が急激に減少したように見えるが(10)、住民の被害感が数値ほど軽減していないこと、新訴訟高裁判決で一九九四年から二〇〇五年までの間で騒音被害はそれほど変化がなかったと認定されていることから、一九九四年以降の時期を第一期と比べて騒音が一定程度軽減した第二期と考えることとする。

一九四〇年に日本陸軍によって多摩飛行場が設置され、一九四五年に米軍にそれが接収されて以来、横田基地周辺の住民たちは騒音被害に苦しめられてきた。新旧訴訟の成果もあり、第一期に比べて近年は騒音被害が軽減してきたとはいえ、二〇一〇年でも六三五三回の騒音が測定されているし、一五六五回の夜間騒音が測定されている。このことは、人々が静かにゆっくりと休息をとる時間帯に毎日約四回の深刻な騒音を受けていることに他ならない。

(2) 損害賠償額に関わる争点

本項では、社会的費用の推計と関連する範囲の損害賠償の問題に絞って、訴訟の争点を整理していく。各争点は、各判決によって多少の違いがある。それらの違いを考慮した上で、本項では、横田基地公害訴訟で最新の判決である新訴訟高裁判決、最高裁判決の内容を重視することとする。

共通被害

軍用機による騒音被害は、広範囲性と均質性という特徴をもっている。すなわち、侵害行為は同一、原告らの権利も基本的部分においては同一であるから、原告らの被害も相当部分まで同一内容だとみなされている。そのため、被害の立証においても、原告らの全員について各人別にそれぞれ個人的な被害を立証する必要はなく、一部の原告に被害が生じていることを立証すれば、同様の被害が及んでいるとされている区域に居住するほかの原告についても同種同等の被害が立証されたと考えられている。軍用機騒音訴訟が他の公害訴訟と大きく異なる特徴として、個別立証ではなく、共通被害の立証が採り入れられている点があげられる。

横田基地公害訴訟では、すべての判決において共通被害の考え方が採用されており、それに基づいて損害賠償が行われてきた。訴訟において、原告らは、各自様々な被害を受けているが、各原告が受けた具体的被害の全部について損害賠償を求めているのではなく、それらの被害のうち原告ら全員に共通する最小限度の被害について、各自につきその限度で慰謝料という形での損害賠償を求めている。ここでは、①全員に共通する最小限度の被害を一律に賠償させようとしていることと、②身体的被害に対する治療費等としてではなく、あくまで軍用機騒音による各種被害で生じさせられた精神的苦痛に対する慰謝料として損害賠償を求めていることとが重要なポイントとなる。

共通被害といっても、完全な共通性が求められているわけではない。軍用機騒音による被害は、原告ら各自の生活条件、身体的条件等の相違に応じて、内容及び程度が異ならざるをえない。そこで、たとえば生活妨害の場合についていえば、被害の具体的内容において若干の差異はあっても、静穏な日常生活の享受が妨げられるという点においては原告ら全員同様であって、これに伴う精神的苦痛の性質及び程度においては差異がないと認められるものも存在するので、このような観点から同一と認められる性質、程度の被害を共通被害とすることができると考えられている。

軍用機騒音による被害としてあげられるのが、睡眠妨害、身体的被害、心理的・情緒的被害、日常生活の妨害である。横田基地公害訴訟の場合、睡眠妨害は新旧訴訟ともに認められている。身体的被害のうち、①胃腸障害、②高血圧、心臓病、③頭痛、めまい、肩こり、④ホルモン系への影響、⑤呼吸器系への影響については、旧訴訟では、その危険性や可能性が認められる傾向にあったが、新訴訟では否定された。⑥難聴、耳鳴りについては、旧訴訟や新訴訟地裁では八五W以上の区域において危険性、可能性が認められたが、新訴訟高裁では共通被害と認めるには足りないとされた。⑦胎児及び妊婦に及ぼす影響については、旧訴訟では認めるものもあったが、新訴訟では共通被害ではないとされた。心理的・情緒的被害である不安感、恐怖感、苛立ち、集中力の欠如、飽きっぽさは、すべての判決で認められている。日常生活の妨害である会話の妨害、電話・テレビの聴取妨害、知的作業に対する妨害（思考の中断、読書の妨害、学習の妨害）はすべての判決で認められているが、育児妨害は共通被害でないとする判決が多い。

全体としてみると、旧訴訟では様々な被害を共通被害として認定していたものの、新訴訟では共通被害の範囲を狭める傾向がある。ただ、だからといって旧訴訟の損害賠償額が新訴訟のそれに比べて高額であるわけではなく、同水準である。少なくとも損害賠償額という観点から見た場合、共通被害として上記のどの被害が認められるかは、これまでの判決を見る限りではそれほど重要な意味をもっていない。このことは、具体的被害に対する補償としてではなく、原告らに共通する最低限の精神的苦痛に対する慰謝料として損害賠償が求められていることと関係していると言えるだろう。

受忍限度

損害賠償が認められるためには、第一に軍用機の騒音によって被害が引き起こされたという事実が認定されなければならない。その上で、それが受忍限度を超えるものであれば、違法な騒音と認められ損害賠償がなされる。

新旧訴訟では、最終的な損害賠償額が確定した両高裁判決で、七五Wを超える航空機騒音を違法な騒音としている。軍事公共性が過剰に評価されたことから、国家安全保障のためにはいかなる騒音被害も受忍すべしとして、損害賠償がまったく認められなかった第一次厚木基地爆音訴訟高裁判決のケースや、八五W以上の区域しか損害賠償が認められなかった新嘉手納基地爆音訴訟地裁判決のケースもあるが、厚木や嘉手納の訴訟のその後の経過をみると七五W以上の区域で損害賠償が認められるようになっているので、軍用機騒音の受忍限度が七五W以上というのは、現在では判例上確立しているものとしてよいだろう。

損害賠償額は、W値に応じて決められている。被害が受忍限度を超えて深刻になるにつれて損害賠償額が増える。横田基地公害訴訟の場合、判決によって多少の変動はあるが、月額、七五W以上八〇W未満の区域で三〇〇〇円、八〇W以上八五W未満で六〇〇〇円、八五W以上九〇W未満で九〇〇〇円、九〇W以上で一万二〇〇〇円が損害賠償額と決められた。旧訴訟第三次高裁判決や新訴訟高裁判決でもこの損害賠償額が採用されており、近年の他の基地騒音訴訟判決をみてもこの損害賠償額が採用されることが多い。ただし、この損害賠償額は一九七五年の大阪国際空港高裁判決の損害賠償額とほぼ同等であり、当時からみて消費者物価指数が約二倍になったにもかかわらず、近年においても同等の水準の損害賠償額しか認められていないことには注意が必要である。(11)

騒音コンター

騒音コンター（等音線）は、被害区域を確定させる際、きわめて重要な役割を果たす。というのは、ある道路に沿って七五Wの騒音コンター線が引かれた場合、その道路を挟んで向かい合う家であるにもかかわらず、騒音コンター線の外側に位置する片方の家は受忍限度内の区域に位置するとして、訴訟を起こしたとしても損害賠償を得られない可能性が高くなってしまうからである。すなわち、受忍限度を超える被害を受けているかが騒音コンターによって判断されてしまう。

横田基地周辺で初めて騒音コンターが告示されたのは一九七九年八月で、一九八四年三月には七五W以上の区域の騒音コンターが確定することとなった（以上の騒音コンターを旧騒音コンターと呼ぶ）。前項で述べたように、旧騒音コンターが告示された第一期に比べて、その後の第二期は騒音測定回数が減少している。現状の騒音測定回数に合致した騒音コンターを引きなおす必要があるとして新たに二〇〇五年一〇月二〇日に告示されたの

表 2-4　横田基地における 75W 以上の区域内の世帯数

（単位：世帯数）

	75-80W	80-85W	85W 以上	計
旧騒音コンター	24,400	16,400	6,300	47,100
新騒音コンター	13,800	5,300	1,700	20,800

出所）2009 年 4 月 17 日に北関東防衛局によって情報開示された行政文書より作成。

が新騒音コンターである。旧騒音コンターと新騒音コンターとを比べると、騒音の激しい八〇W以上の区域内での世帯数の減少が著しい。全体でみると、新騒音コンター内の世帯数（二万八〇〇〇世帯）は旧騒音コンター内の世帯数（四万七一〇〇世帯）に比べて半分以下になっている（表2-4、図2-1）。

旧訴訟においては、一九七四年一二月に関係自治体に示されたが告示に至らなかった騒音コンターと旧騒音コンターの二つの騒音コンターが併用して採用された。一方、新訴訟においては、二〇〇〇年六月に関係自治体に示されたが自治体の反発等で告示に至らなかった騒音コンターが採用された。本節ではこの騒音コンターを、騒音調査がなされた年をとって、一九九八年騒音コンターと呼ぶこととする。一九九八年騒音コンターは告示されなかったため区域内の世帯数等の詳細なデータが存在しないが、旧騒音コンターと新コンターの中間に位置するものである。

危険への接近

「危険への接近」論とは、横田基地の騒音問題が社会問題化して以降に騒音コンター内で居住を開始した者は、騒音被害区域への転入にあたって、騒音被害の危険を認識しており、または認識しなかったことにつき過失があるから、減額の法理としての危険への接近が認められて、損害賠償額の減額事情として考慮されるべきだという論理である。

これに対して、新訴訟高裁判決は、危険への接近を明確に斥けている。その理由として、①原告らのうち騒音被害を受けることを積極的に容認する意図を持ってコンター内での居住を開始した者がいるとは認められないこと、②違法と評価される程の騒音による被害を受ける居住地で生活基盤を形成した原告らが、転居を経て元の居住地に戻ることや、近接地に転居することを避けるべき義務を負ういわれはないこと、③原告らが受ける騒音被害の深刻性、重大性、④騒音被害が違法な水準に達している旨の司法判断が確定していたにもかかわらず、違法状態が解消されないままであること、⑤国民を騒音等から守るべき責務を負う立場にある日本政府が、被害地域に転入した原告らの行動を理由に損害賠償義務の減免を主張することが不当であること等をあげており、結論として、「衡平の見地に照らし、本件において危険への接近の法理を適用して被告の損害賠償責任を否定又は減額することは、相当でないというべきである」としている。

危険への接近論は他の基地騒音訴訟判決でも多くの場合斥けられるようになっている。近年では危険への接近論によって、損害賠償は減額されなくなっているとみてよいだろう。

周辺対策

日本政府は軍用機騒音による被害に対して何ら対策を講じていないわけではなく、各種の周辺対策を実施してきている。国家安全保障という国民全体の利益のための政策から生じる騒音をはじめとする被害は、国民全体が等しく負うべきものであると日本政府が考えているにもかかわらず、立地条件等から防衛施

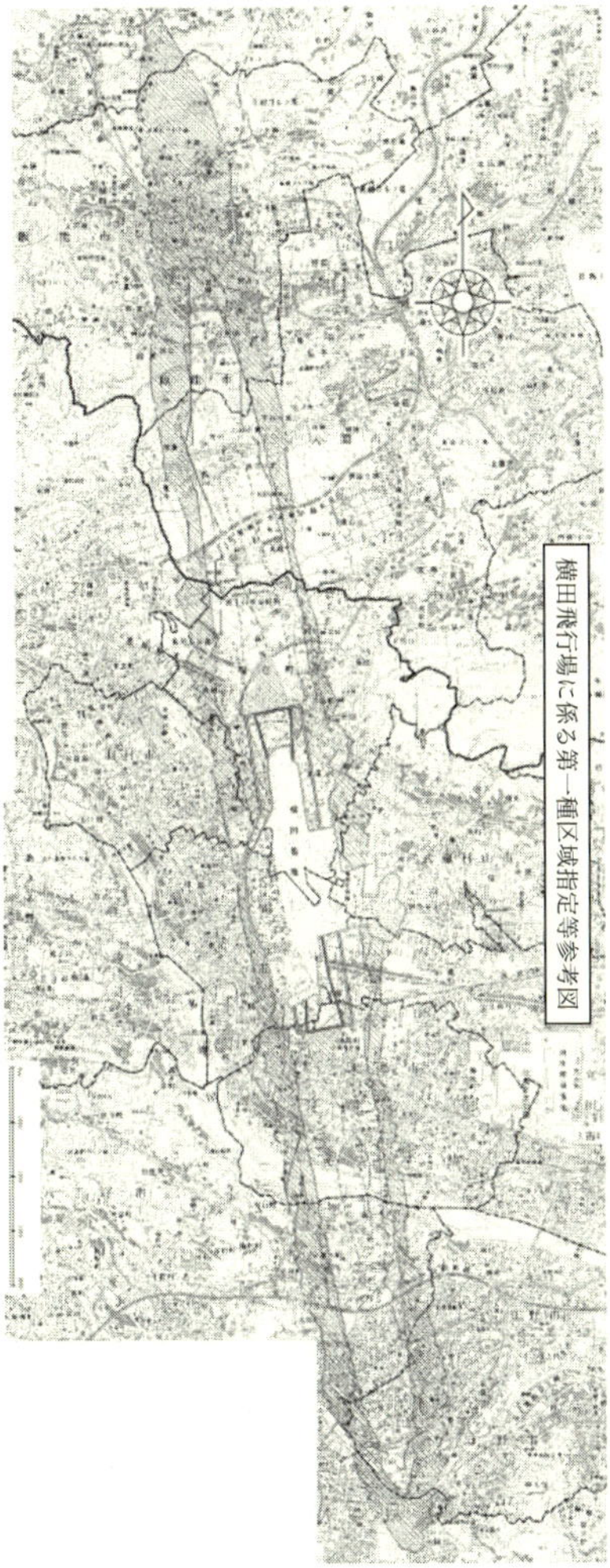

出所）横田防衛事務所資料.
注）線の内側が75W以上の区域である．外側の線が旧騒音コンター線，内側の線が新騒音コンター線であり，その間の斜線部分は新騒音コンターによって75W以上の区域から外れた区域を示している.

図2-1　横田基地周辺の75W以上の区域図

設の設置場所が限定されるため、特定地域の住民のみが負担せざるをえない。こうした不公平を是正し、防衛施設の設置、運用に伴う諸々の影響を防止、軽減、緩和することを目的として、日本政府は、一九六六年に「防衛施設周辺の整備等に関する法律」を施行した。この法律は、一九七四年に施行された「防衛施設周辺の生活環境の整備等に関する法律」（環境整備法）に引き継がれ、現在に至っている。

環境整備法による周辺対策は、いずれも防衛施設が周辺地域に与えている影響を防止、緩和することを目的としており、補償的性格を有する。これらの施策には、個人に対するものと自治体に対するものとがある。個人に対するものとしては住宅防音工事、住宅等の移転補償等がある。また、自治体に対する施策としては、障害防止のための河川、道路等の改修や学校、病院の防音工事のほか、民生安定のための地域の集会所等の施設整備等がある。軍用機の騒音対策については、周辺対策、音源対策、運航対策を総合的に講ずる必要があり、可能な限りそれらの対策に努めているとしているが、軍用機の運用上の所要等から音源対策や運航対策をとることには自ずと限界があるため、日本政府は周辺対策を主に推進してきた（飛行場周辺における環境整備の在り方に関する懇談会 2002）。

損害賠償との関係で重要なのが、住宅防音工事である。横田基地に係る住宅防音工事の実績をみてみると、二〇〇六年度末までで、東京と埼玉を合わせて合計七万七九九〇世帯、約一七四四億円の資金が投入されていることがわかる（表2-5）。被告である日本政府は、周辺対策に要した多額の費用をもって騒音被害が軽減されていると主張し、また、受忍限度や危険への接近という争点でも判断材料の一つとすべきだと主張した。

これに対して、新訴訟高裁判決では、防音工事には一定の騒音軽減効果があることを認めた上で、①窓を閉め切っていたとしても、防音工事に大した効果がないと訴える原告がかなり多いこと、②防音工事による遮音は窓を閉め切らなければ期待した効果が得られないが、窓を閉め切って生活することによる不快感、換気や室温調節に必要な空調機器の稼動に伴う電気料金の問題もあって、常に窓を閉め切った状態で生活することは現実的では

表 2-5　横田基地に係る住宅防音工事の実績

（単位：世帯，100 万円）

	東京都分		埼玉県分	
年度	世帯数	助成額	世帯数	助成額
1975	49	115	0	
1976	287	732	5	13
1977	657	1,709	6	15
1978	1,234	3,315	0	0
1979	1,459	3,518	45	121
1980	1,683	3,736	195	514
1981	1,984	4,972	216	530
1982	2,607	6,183	391	960
1983	3,717	8,548	325	721
1984	3,710	7,481	370	671
1985	4,177	7,194	517	911
1986	4,266	7,460	934	1,507
1988	2,785	5,796	1,084	1,768
1989	3,416	6,417	1,011	1,701
1990	1,890	4,830	374	1,029
1991	1,713	5,361	422	1,239
1992	1,417	4,881	288	1,171
1993	2,697	5,756	447	1,196
1994	2,850	5,873	730	1,891
1995	2,489	5,667	654	1,612
1996	2,496	5,624	671	1,633
1997	1,956	4,764	664	1,483
1998	1,654	3,707	671	1,502
1999	1,027	3,091	159	590
2000	1,324	3,195	258	657
2001	1,464	3,520	173	537
2002	1,396	3,330	231	717
2003	1,317	3,584	124	394
2004	1,515	4,075	86	302
2005	1,529	3,398	85	286
2006	1,052	1,928	84	277
1993 まで	43,565	94,928	7,766	15,824
1994 以降	22,069	51,756	4,590	11,883
合計	65,634	146,683	12,356	27,706

出所）2009 年 4 月 17 日に北関東防衛局によって情報開示された行政文書より作成.

注）助成額は，建設工事費デフレーター（2000 年度基準）「住宅建築」で実質化した.

なく、また、防音工事に伴う結露や湿気等の問題も生じていること等から、「原告らが受けている騒音被害を根本的に解消し、又はそれに近い効果を上げているとは到底いえないから、騒音被害の受忍限度の判断に影響を及ぼすとは認められず、慰謝料額の判断にあたって考慮すべき事情にとどまるというべきである」との判断が下された。慰謝料額の算定にあたっては、「被告からの助成を受けて住宅防音工事を実施した者及びその同居者は、防音工事を実施した居室の数にかかわりなく、慰謝料の額を一律に一〇％減額する」とされた。

自治体に対する周辺対策について、新訴訟高裁判決では、「住宅防音工事以外に被告が実施している周辺対策については、これが、被告が横田飛行場の周辺地域の環境の保全に資するといえるとしても、これにより原告らが受ける航空機騒音が軽減されたという効果を認めるに足る証拠がない以上、騒音被害についての原告らの被告に対する損害賠償請求権の存否及び内容に影響を及ぼすということはできない」との判断が下されている。すなわち、環境整備法によって障害防止、民生安定、周辺整備、防音事業がどれだけ講じられようが[12]、騒音被害の防止や軽減に効果があがったという客観的証拠が示されないのであれば、日本政府による周辺対策は損害賠償額に影響を与えないとのことである。

(3) 社会的費用の推計

社会的費用の推計にあたって、まず概念を簡単に整理し、本項の射程を示す。

社会的費用の推計には、①様々な形態の社会的損失を丹念に拾い上げ、それらを貨幣換算していく方法と、②社会的損失の発生そのものを防止する措置をとるために要する費用を見積もる方法とがある（宮本 2007）。横田基地騒音公害のケースで言うと、防音工事、音源対策や運航対策に要する費用が②に当たる。しかし、巨額の費用が投入されている住宅防音工事は騒音被害の防止に限定的にしか有用でないとされており、この金額をもって十分な社会的損失の防止措置費用が推計できたとみなすのは適当ではないと言える。また、軍事による国家安全保障政策を最優先課題とする体制の下では、音源対策や運航対策は軍事機能を妨げない範囲でしか実施されえないので、それらの対策が実施されたときに要する費用を推計することは今のところ無意味であるし、また情報の制約から推計自体困難である。

右の理由から、本項では①の推計方法をとる。「共通被害」の部分で示したように、軍用機騒音による被害の訴えは多岐にわたる。しかし、騒音被害の場合、非特異性の症状が多いため、たとえば高血圧や頭痛が軍用機騒音により直接的に引き起こされたかの判定が困難である。また、軍用機騒音との因果関係が比較的高いと思われる難聴や耳鳴りについても、横田基地周辺でどの程度の人々が症状を訴えており、それらの治療にどの程度の費用を要するのかといった包括的な実態調査が実施されておらず、推計に必要な情報が入手できない。そのため、本項では、社会的損失の中のごく一部、すなわち、民法上で認められている共通被害のみを横田基地における軍用機騒音被害として推計対象とせざるをえなかった。貨幣換算に向かない絶対的損失も含め共通被害を超える無視できない被害も当然発生しているが、最低限度の被害に対する被害額だけを社会的費用として推計することに本項の射程を限定することとしたい。

ところで、社会的費用論が経済理論の観点からみて特に重要な意味をもっているのは、「考慮されざる費用」あるいは「支払われざる費用」と呼ぶべき独自な費用問題が制度的に無視されている枠組みの下では、社会的損失がますます累積的に増大していくという指摘ゆえである（寺西 2002）。そこで本項では、多義にわたる社会的費用を「考慮されざる費用」と位置づけ、それを日米安全保障体制が最優先される制度下において日本政府や米軍にまったく顧慮されていない費用としてみていく。[13] すなわち、本項における「考慮されざる費用」とは、「全共通被害額から訴訟での賠償額を減じたもの」として示される。以下、社会的費用の一部である全共通被害額を推計するために必要な対象期間、被害の範囲、減額要素を検討したうえで、横田基地における軍用機騒音被害の「考慮されざる費用」を導出する。このことによって、極めて限定された範囲ではあるものの、軍用機騒音被害が横田基地周辺住民にどの程度押し付けられてきたのかが明らかにされる。

対象期間

まず、新旧訴訟における賠償期間を整理する。民法第七二四条により、提訴日から三年以上さかのぼって損害賠償を求めることはできないことになっている。また損害賠償は、判決日ではなく結審日までしかなされない。以上を考慮すると、旧訴訟全体では第一次訴訟が提訴された日の三年前の一九七三年の四月二八日から第三次の高裁結審日の一九九四年一月一二日までが、訴訟によって損害賠償が認められた期間となる。一方、新訴訟全体では、同様に、一九九三年の四月一〇日から二〇〇四年一二月八日までが賠償期間となる。[14]

新旧訴訟の賠償期間と本節第一項で述べた騒音測定回数とを並べて見てみると、騒音測定回数と賠償期間との間に相当の一致がみられる。すなわち、第一期とした期間（一九七六年から一九九三年）が旧訴訟の賠償期間とほぼ一致しており、第二期とした期間（一九九四年以降）が新訴訟の賠償期間とほぼ一致している。

以上を考慮して、本項では、旧訴訟第一次訴訟が提訴された日のおよそ三年前である一九七三年五月から第一期が終了する一九九三年一二月までの二四八ヶ月を前期として、第二期が始まり新訴訟の高裁が結審する前月までの一九九四年一月から二〇〇四年一一月までの一三一ヶ月を後期として、全共通被害額を推計することとする。

新旧訴訟のどちらにおいても、七五W以上の区域が受忍限度を超えるとして損害賠償が認められている。全共通被害額の推計においても、七五W以上の区域を被害の範囲とする。

被害の範囲

被害の範囲を決定する際に最も問題となるのが、どの騒音コンターを使用するかということである。前述したように、実際に告示された騒音コンターは二つであるが、告示に至らなかったものを含めると四つの騒音コンターが存在する。新旧訴訟とも、告示された騒音コンターをそのまま被害の認定に使用していない点が問題を複雑にしている。

以上の問題に対し、本項では、前期とした期間に対しては旧騒音コンターを、後期に対しては新騒音コンターを使用する。すなわち、一九七三年五月から一九九三年一二月までを旧騒音コンターの期間として、一九九四年一月から二〇〇四年一一月までを新騒音コンターの期間として、全共通被害額を推計することとする。これは、①告示された新旧騒音コンターでしか騒音コンター内の世帯数を把握できないこと、②全共通被害額の推計と新旧訴訟での損害賠償額との比較で異なる騒音コンターが使用されることになるので正確さの面では問題が残るが、全共通被害額の推計で使用する騒音コンターの方が訴訟で使用された騒音コンターよりも範囲が狭いので(15)、最低限の全共通被害額を明らかにするという面では問題はないと考えられることから許されるだろう。

なお、新旧訴訟ともに九〇W以上の区域に居住する原告に対しては月額一万二〇〇〇円の損害賠償が認められているが、資料の制約から八五W以上の区域の世帯数しか把握できなかった（表2-4）。そのため、全共通被害の推計にあたって、九〇W以上の区域に住む人々も八五W以上の区域に住む人々と同様に月額九〇〇〇円の被害しかないものとして考えることとする。

減額要素

全共通被害額及び損害賠償額の減少要素として、危険への接近論、周辺対策の二つが考えられる。

危険への接近論は近年の基地騒音訴訟では斥けられることが多いし、新訴訟高裁判決では明確に斥けられている。このことから、全共通被害額の推計にあたって、危険への接近論を減額要素として考慮しないこととする。すなわち、軍用機騒音が社会問題化して以降に横田基地周辺に移住してきた人であっても、騒音コンター内に居住する住民すべてに共通被害に対する補償が減額されることなしになされるべきだと考える。

周辺対策に関しては、騒音軽減に一定の効果があるとされている住宅防音工事だけを考慮に入れる。本項では、住宅防音工事を実施した部屋数にかかわりなく、助成を受けた者は慰謝料の額を一律一〇％減額するという新訴訟高裁で示された判決内容を採用する。ただし、住宅防音工事世帯数が区域内の総世帯数を超えている新騒音コンター採用期間（一九九四年以降）においては共通被害額から一〇％を減額するが、それ以前の旧騒音コンター採用期間（一九九三年以前）に関しては、同期間内に住宅防音工事が実施されていた世帯数が当該期間平均で約五割となるので、減額率を五％として推計することとする（表2-5）。

推計式と結果

以上から、旧騒音コンター七五W以上八〇W未満の区域の共通被害額の推計式は、「旧騒音コンター七五W以上八〇W未満の区域の住民数（六万四四一六人）×賠償額（月額三〇〇〇円）×期間（二四八ヶ月）×住宅防音工事による五％の減額（九五％）」となる。同様に、新騒音コンター七五W以上八〇W未満の区域の共通被害額の推計式は、「新騒音コンター七五W以上八〇W未満の区域の住民数（三万二二九二人）×賠償額（月額三〇〇〇円）×期間（一三一ヶ月）×住宅防音工事による一〇％の減額（九〇％）」となる。[16]新旧騒音コンターの両方で八〇W以上八五W未満の区域と八五W以上の区域とにおいても同様の共通被害額の推計をした結果が表2-6になる。以上の推計が可能なのは、前項で述べたように、騒音被害が面的な被害であり、同水準の騒音コンター内では原告以外であっても住民は同様の被害を受けていると考えられるからである。

表 2-6　横田基地における軍用機騒音被害の社会的費用（旧騒音コンター・1973 年 5 月～1993 年 12 月，新騒音コンター・1994 年 1 月～2004 年 11 月）

（単位：人，100 万円）

		共通被害					訴訟	考慮されざる費用
		75－80 W	80－85 W	85 W 以上	期間合計			
旧騒音コンター	住民数	64,416	43,296	16,632	124,344	旧訴訟	原告数　752	
	共通被害額	59,947	80,584	46,434	186,965		賠償額 1,165	185,800
新騒音コンター	住民数	32,292	12,402	3,978	48,672	新訴訟	原告数 5,957	
	共通被害額	11,140	8,557	4,117	23,814		賠償額 3,861	19,953
金額計					210,779		5,026	205,753

出所）コンター内の世帯数については 2009 年 4 月 17 日に北関東防衛局によって情報開示された行政文書，一世帯あたりの平均人数については東京都総務局統計部人口統計課資料，損害賠償額については横田基地公害訴訟団元役員提供資料，新横田基地公害訴訟弁護団提供資料より作成．

注 1）原告数は提訴時の人数を足したもので，実際に賠償を受けた人数とは一致しない．

2）賠償額は，弁護士費用と遅延損害金を含む．

3）共通被害額は，消費者物価指数（2005 年基準）「東京都区部，総合」で実質化した．また，賠償額も共通被害額の変化に見合うように実質化した．そのため，本文で示されている名目の賠償額と表内の賠償額とは数値が異なっている．

なお、騒音コンター内の住民数は、騒音コンター内の世帯数（表2-4）に横田基地周辺五市一町における一世帯あたりの平均人数を乗じて算出した。旧騒音コンターの場合には旧訴訟終了時に最も近い一九九四年一月の一世帯あたりの平均人数の値（二・六四人）を、同様に新騒音コンターの場合には二〇〇五年一月の値（二・三四人）を使用した。

表2-6をみれば明らかなように、横田基地周辺住民は多額の「考慮されざる費用」を押し付けられてきた。住民が騒音訴訟を起こすことでこれまで一方的に押し付けられてきた「考慮されざる費用」の一部が日本政府によって支払われることとなったが、新騒音コンターの期間においてさえ共通被害額の一六・二%が損害賠償として支払われているにすぎない。旧騒音コンターの期間はさらにひどく、〇・六%が支払われているのみである。一九七三年五月から二〇〇四年一一月までの全期間で見た場合、全共通被害額の二・四%だけが新旧の訴訟を通じて原告らに賠償された。換言すれば、この間の二一〇八億円の全共通被害額のうち、二〇五八億円が「考慮されざる費用」として横田基地周辺住民に押し付けられて

きたのである。[17] 旧騒音コンターの期間の〇・六％という数値は、日米関係や国家安全保障が国是とされる状況の中において、最低限の訴えを起こすことでさえいかに困難であったかを明確に物語っている。

(4) 残された課題と在日米軍再編の影響

新横田基地訴訟を通じて明らかになってきた課題の一つに、現在の行政や立法のあり方がある。それは、騒音訴訟に被害者が勝利し、現状の騒音状態が違法であるとされているにもかかわらず、被害者全員を対象とした行政もしくは立法による被害補償制度が整備されていないことである。騒音被害は、同じ地域に居住していればほぼ等しく発生することは言うまでもない。実際の被害者は現在でも約五万人に上る。にもかかわらず、日本政府が損害賠償を支払うのは判決で勝訴した原告約五五〇〇人に対してのみとなっている。公害訴訟では、被害者住民の勝利判決後、原告以外の被害者を含む広範な被害補償制度が整備されるのが一般的である。横田においても、被害者全員を救済するために、判決を踏まえた被害補償制度の構築が必要である。

新訴訟で賠償されたのは二〇〇四年一二月八日までの期間であるが、二〇〇七年一二月九日以降から毎月約一億八六〇〇万円、毎年約二二億三七〇〇万円の「考慮されざる費用」が発生することとなっている。これは、提訴日から三年以上さかのぼっては損害賠償が請求できないためである。原告らが損害賠償を切れ間なく求めようとするなら、口頭弁論終結日から三年以内に再度提訴することを余儀なくされている。横田基地の新旧訴訟や他の基地騒音訴訟によって判例を積み重ねてきた現在では、訴訟を提訴さえすれば共通被害に関する損害賠償は得られやすくなっている。しかし、周囲の理解、莫大な時間やエネルギーが必要なこともあり、二〇一一年三月末現在、新たな訴訟は横田基地周辺で提訴されていない。[18]

「考慮されざる費用」が制度的に無視されている枠組みの下では、本節でみてきた通り社会的損失がますます累積的に増大していくので、軍用機騒音被害緩和のための当面の措置として、本節で明らかにされた「考慮されざる費用」だけでも被害の発生に責任をもつ主体に負担させる必要がある。「考慮されざる費用」を発生させてしまったことに対する責任を明確に認めたうえで、訴訟を提訴しなくても受忍限度を超える区域に居住する全員に、自動的に共通被害額が補償されるような制度を創設することが、日本政府と米軍には最低限望まれる。その際、日本政府と米軍との費用負担割合は、賠償請求権が規定されている日米地位協定第一八条第五項にならって、二五対七五とするのが妥当であろう(19)。

しかし、日本政府が日米安全保障体制をなによりも優先し続ける限り、上記の措置が実施されえたとしても、軍用機騒音被害の根本的な解消は望めない。というのは、第一に軍用機騒音被害の責任や費用負担を逃れるために日本政府や米軍が被害の実態を常に小さく見せようとするからだし、第二に日本の場合には住宅防音工事が限定的にしか有用でないので、社会的損失の更なる発生を本格的に防ごうとすれば、どうしても軍用機の飛行差止めが必要となるからである。

共通被害以上の被害の補償や差止めが認められるためには、日米関係や軍事の公共性よりも人権や環境の公共性が優先されることが説得的に提示されねばならない。そのためには裁判や運動や学問を通して、①冷戦終結に伴って軍事的脅威が減退する一方で、環境保全への要求が地球規模で高まってきていることが客観的に示されること、②軍用機騒音の「考慮されざる費用」をより広く明らかにするために、詳細な健康影響調査等を通して共通被害を超える多岐にわたる社会的費用が理解しやすい形で包括的に示されること、③日米安全保障体制を最優先した結果、莫大な社会的損失を発生させ続けてきた日本政府と米軍の責任がより徹底的に追及されること、が少なくとも必要である。これらのことを避けては、日米関係や軍事による国家安全保障政策が最優先される状況を転換することは困難であろう。いずれにせよ、莫大な「考慮されざる費用」を横田基地周辺住民に押し付けてきた日米安全保障体制は、少なくとも社会的費用論の観点からは見直しが必要であり、たとえ見直しに時間を要するとしても、被害補償制度等の対策は早急に導入されねばならない。

軍用機騒音訴訟に取り組んできた運動体の中には、行政もしくは立法による被害補償制度が創設されて訴訟が必要なくなると、運動が低調になってしまうのではないかと心配する向きがあるようである。しかし、ここで述べている被害補償制度で補償されることになるのは、訴訟で認められてきた範囲に限られるはずであるので、全員に共通する最小限度の被害に対する慰謝料にすぎない。全員に共通する最小限度の被害に対する慰謝料の部分については訴訟を起こさずに補償を受けた上で、それ以上の身体的被害に対する治療費等については個別立証によって原告それぞれが被害を認めさせていく、ということが真剣に考えられるべきではないだろうか。このことによって、多数の原告をみなければならない裁判所の手続き上の負担も少なくなる上、軍用機騒音の被害者たちは共通被害の賠償を得るために繰り返し提訴する必要がなくなるし、低額な慰謝料の一部を弁護士費用として支払う必要もなくなるし、これまで認定されてこなかった広範な被害の賠償を新たな訴訟によって求めていくことができるようにもなる。これは、新しい運動につながるだろう。

もう一つの横田基地騒音問題の課題は、在日米軍再編に伴う基地機能の強化によって問題が深刻化しようとしているという点である。在日米軍再編のなかで、二〇一〇年度中に横田基地に自衛隊と米軍（空軍）の司令部双方を置くという軍軍共用化が日米両政府によって進められた。横田基地周辺自治体への日本政府の説明によれば、過去の実績からみて自衛隊機の移駐によって年間約四〇〇回は横田基地での総飛行回数が増加する可能性がある。しかし、この回数には司令部が一体化することによって生じかねない飛行回数の増加は考慮に入れられていない。また、横田基地では軍軍共用化とともに軍民共用化も問題になっている。石原慎太郎都知事が積極的に推進しようとしているが、軍用機騒音被害をさらに拡大させるものであるとして、基地周辺住民を中心に反対運動が起きている（林 2005）。横田基地周辺住民への補償が不十分であるにもかかわらず、横田基地の機能強化により、今後一層の被害拡大が危惧されている。

3　米国内基地における軍用機騒音

軍用機騒音は、米国内においても問題とされており、一九七〇年代から本格的に対策がとられるようになってきた。本節では、米国内において軍用機騒音対策がとられるようになった理由を知るために、まずエンクローチメント（侵害）について簡単にみた後、補論2でもふれられている航空施設周辺適合利用区域（Air Installations Compatible Use Zones：AICUZ）プログラム等のいくつかの公共政策をみていく。そして米国内の対策が在日米軍基地の対策にもたらすインプリケーションを述べて、本章を閉じることとする。

(1)　エンクローチメント

エンクローチメントというのは、軍事基地における実戦的な訓練の実施に影響を与えている、もしくは与える可能性のある諸事象で、特に二〇〇〇年以降になって論点として多く取り上げられるようになっている。[20] エンクローチメントには、①軍事基地に生息している絶滅危惧種、②不発弾や弾薬中の有害物質、③無線通信の周波における競合、④保護対象の海洋資源、⑤空域における競合、⑥大気汚染、⑦軍事基地周辺の市街化等とともに、⑧軍用機騒音がある。二〇〇〇年代以前にエンクローチメントが問題になっていなかったわけではないが、それらに対しては各基地で場当たり的な対策がとられていた。しかし、訓練はできる限り実戦に近いほうが望ましいにもかかわらず、エンクローチメントによる訓練の制限（夜間・早朝の飛行禁止といった時間帯の制限や実弾演習の禁止といった実施できる活動の種類の制限）が各地で徐々に積み重なってきたため、包括的な対策に乗り出さなければ軍事訓練の実施に多大な支障が出ると認識されるようになった。[21]

エンクローチメントの最大の要因は、軍事基地周辺における人口の増加と土地利用の形態変化であり、巨大な住宅地の出現が特に軍事的価値を制限することになっている。同様に、開発によって野生動植物が追い立てられ基地が重要な避難場所となったため、野生動植物の存在が訓練や作戦の実施を制限している。これらの制限が大きくなると、軍事的価値の低下から、当該軍事施設を再編・閉鎖せざるをえなくなる場合がある。

軍事基地が建設された当初は主要な市街地から遠く離れていたが、基地内外での関連雇用は地域経済に重要な役割を演じる。というのは、連邦政府の軍事支出は民間企業と異なり変動が少ないので、基地は州や市にとって安定した雇用先と税収源になるからである。基地関連の職を得た人々の多くは、地元の商店を利用する。基地関連労働者が基地周辺でコミュニティを形成すると、学校や下水道、道路建設等のために連邦政府から資金が供給される。また、基地のタイプによっては、兵器の維持・管理、供給、建設、製造といった関連分野の産業が育成され、そこからの税収が期待できる。これらのこともあって、米国内基地周辺の地域の約八〇％で、国内平均を超える勢いで市街化が進んでいる（GAO 2002a）。たとえば、ヴァージニア州のオシアナ海軍飛行場（Oceana Naval Air Station）では、二〇〇三年に一万二〇〇〇人を超える雇用者（軍人約九八〇〇人、文民約二五〇〇人）[22]に対して七億五〇〇〇万ドル以上の給与が支払われ、そのほかに財やサービスに対して四億ドル以上が支出された。これらの雇用者が地元で使用する金額を考慮に入れると、オシアナ海軍飛行場による経済上の便益は年間一〇億ドルを超えるとみられている（Hampton Roads Planning District Commission 2005）。そのようなオシアナ海軍飛行場周辺では、一九七〇年代から大規模な開発が始まり急速な市街化が進んだ。

基地周辺地域への新しい入居者のなかには軍事訓練を彼らの権利侵害とみなし、軍用機の飛行や実弾演習のような活動を減らさせようと試みる者もいるが、多大な経済上の便益があるので米国内の基地周辺地方自治体や住民の多くは基地との共存を選択する。すなわち、諸対策をあくまで軍事訓練を妨げないような範囲に限定することによって、基地の軍事的価値を維持させ、基地経済による恩恵を受け続けようとする。

以下では、代表的なエンクローチメントである軍用機騒音における対策をみていくこととする。

(2) 軍用機騒音対策

飛行場をもつ米国内基地の多くは、一九四〇年代から一九五〇年代前半に建設され、比較的市街地から離れていた。しかし市街地が基地周辺にまで広がるようになってくると、軍用機騒音や低空飛行等が問題視されるようになり、対策を迫られるようになった。一九五七年に米空軍は騒音曝露を評価し、また訓練に対するコミュニティの反応を調べるための手順を作成しはじめた。そして、一九六四年までに土地利用計画と軍用機騒音との間の関連についての研究もはじめていた。これらの点をみても明らかなように、空軍にとって軍事訓練の自由な実施と両立しないような開発を防ぐことは早期から主要な関心だった。

一九六〇年代後半から一九七〇年代前半にかけて環境運動が盛り上がったことを受けて、一九五〇年代末から社会的な争点となっていた民間空港周辺における航空機騒音の対策として、騒音規制法（Noise Control Act）が一九七二年に制定された。この法律に基づいて、連邦航空局（Federal Aviation Administration）は米環境保護庁（Environmental Protection Agency：EPA）と相談しながら、①騒音発生源である航空機のエンジン等の改良、②航空機運用の経路や時間帯等の変更、③周辺地域における防音工事の実施や土地の取得、土地利用の制限（ゾーニング等）という三分野で対策を進めてきた[23]。対策実施初期においては、これらのなかではエンジンにおける新技術の採用が特に効果的だった。その結果、非常に深刻な騒音に曝されていた民間空港周辺地域の総人口が一九七五年には七〇〇万人だったのに対し、二〇〇〇年には六〇万人にまで減るだろうと連邦航空局はみていた。ただし、近年は個々の航空機騒音の軽減にかかわらず、航空交通需要の増加がそれを相殺する結果となっている。そのため、民間空港周辺における対策をどのように進めていくか、またそれらの対策の財源をどのように確保するかが課題となっている（GAO 2000）。

一方で、騒音規制法は戦闘用に設計された兵器や装置からの騒音を適用除外にしていた。一九七一年、エンクローチメントへの取り組みとして空軍は独自にグリーンベルト構想を打ち立て、土地の取得によって基地の周りに緩衝区域をつくろうとしたが、財源が確保できないことから、この構想は経済的に実行不可能とされた。このような経緯を経て、一九七三年から導入されたのがＡＩＣＵＺプログラムであった（Department of the Air Force 1999）。

ＡＩＣＵＺプログラムの最大の目的は、国家安全保障を確保するための軍事基地の運用能力を損なわせないままに、連邦政府や州および地方自治体に軍用機騒音被害を軽減するための対策をとらせることである。すなわち、適正な土地利用計画の作成と管理とを通じて、軍事基地と周辺地域との調和を促進していくことを基本としている。ＡＩＣＵＺは軍用飛行場を抱える基地ごとに米各軍によって作成され、周辺自治体に示される。ＡＩＣＵＺプログラムはＤＯＤや各軍の内規にすぎないので強制力はない。また、土地利用の制限に対する決定権を有する周辺自治体も、必ずしもこれを受け入れる義務はない。しかし、多くの場合に、ＡＩＣＵＺに準拠した形で、必要な法整備等がなされているとみられることから、軍事基地周辺では重要な軍用機騒音対策の一つとなっている（鈴木 2008）。

以下では、一九七七年のＤＯＤの指示書を基に海軍（海兵隊にも適用される）が作成した指示書を主に参考にしながら、ＡＩＣＵＺプログラムを詳しくみていく（Department of The Navy 2008）。ＡＩＣＵＺプログラムにおける利用禁止区域（Clear Zone）と事故危険区域（Accident Potential Zone）の設定は、民間空港とは異なる軍事基地特有の一面である（図2-2）。これらの区域の設定は、一九六八年から一九七二年までに生じた軍用機事故の分析によっている。事故の六二％は基地のすぐ近くか利用禁止区域で起こり、八％が事故危険区域Ⅰで、五％が事故危険区域Ⅱで起こっていたため（Department of the Air Force 1999）、利用禁止区域では土地の取得が進められ、利用されてはならないことになった。一方、事故危険区域では土地の取得は不要とされたが、土地

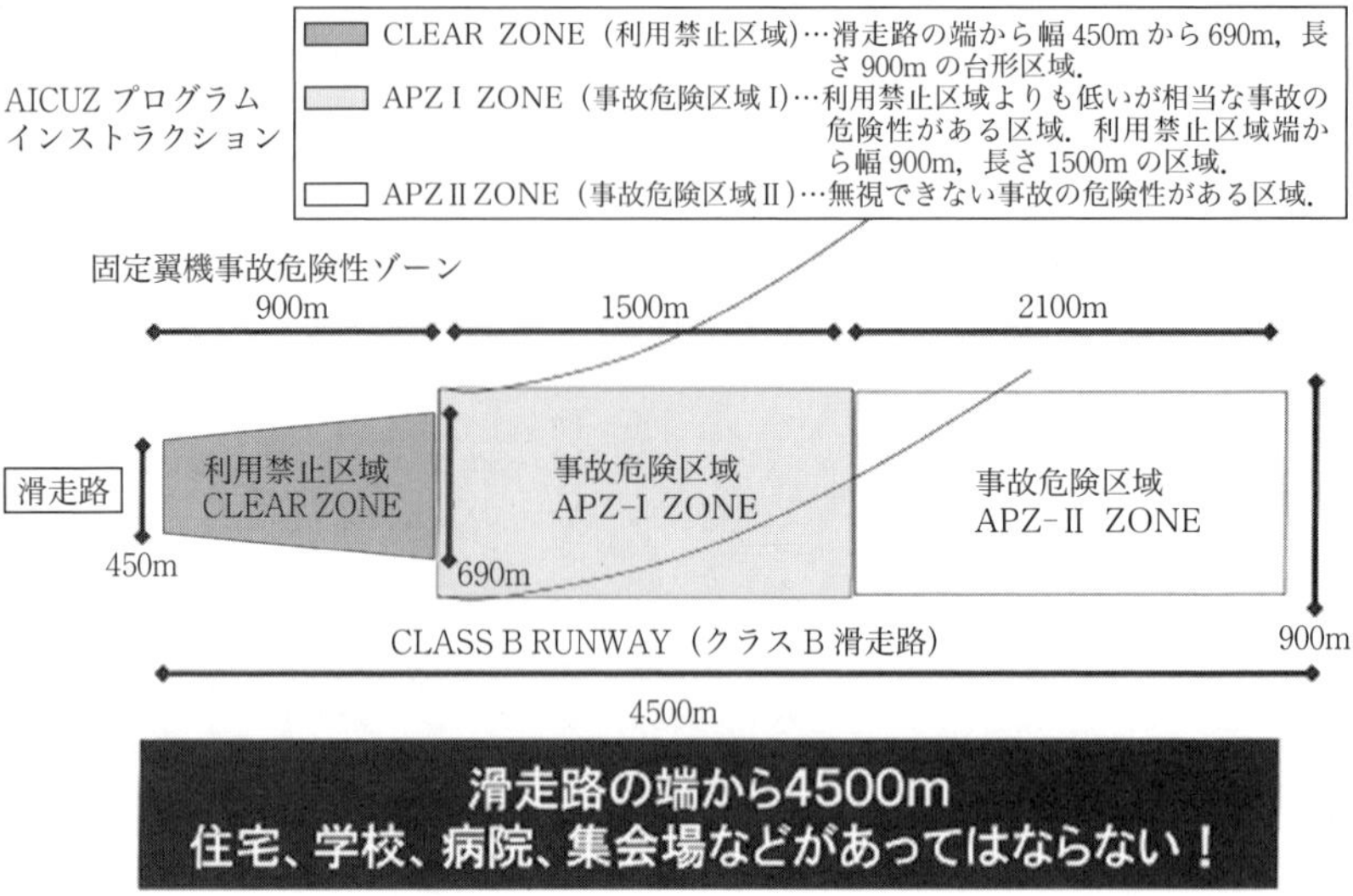

出所）宜野湾市基地渉外課提供資料.

図 2-2　AICUZ における利用禁止区域と事故危険区域

利用制限が不可欠とされた。たとえば、事故危険区域ではほとんどの種類の住宅や化学工場、石油精製産業、病院、教育施設、集会場等が建設されるべきでないとされている。

また、ＡＩＣＵＺプログラムでは、騒音被害区域も設定される。騒音被害区域は、土地利用計画の過程で三つに区分される。騒音区域一（Ldn六四デシベル以下[24]は実質的に影響が少ないか存在しない区域である。騒音区域二（Ldn六五から七四デシベル）は一定の土地利用制限が必要な騒音被害区域である。騒音区域三（Ldn七五デシベル以上）は、被害が最も大きく、土地利用への強い制限が必要な区域である。たとえば、騒音区域二での住宅利用は避けられるべきであり、騒音区域三での住宅利用は強く避けられるべきだとされている。また、病院や教育施設の場合には、騒音区域三では建設されるべきではなく、騒音区域二でも建設には一定の防音工事が必要とされている。

利用禁止区域や騒音被害区域の設定以外のＡＩＣＵＺプログラムの特色として、①ＡＩＣＵＺの調査研究、②基地周辺地域との協力があげられる。調査研究には、飛行運用の説明、騒音コンターや事故危険区域、土地利用の適合性に加えて、軍用機の種類、運用、飛行経路や運用の歴史、軍用機事故地点、苦情件数、現在施行されている土地利用制限の説明といった基礎情報が含まれる。また公開されている情報を利用して五年から一〇年先の軍用機の運用が予測される。そして、それらに基づき、軍用機騒音や事故の可能性を軽減するための代替案が分析されることが多い。AICUZプログラムでは、運用や訓練の必要性、軍用機の配備、飛行の頻度や周辺地域の開発状況が常に変動するので、調査研究は定期的になされなければならないとされている。

基地周辺地域との協力が不可欠だというところが、AICUZプログラムの要諦である。すなわち、各軍がどれだけ優れたAICUZを作成したとしても、それが周辺自治体に利用されなければ、市街化を防ぐことはできない。この意味で、プログラムの成功は基地と周辺地域の指導者たちとの間の密接な協力関係に依拠することになる。この協力関係において、地方自治体や周辺住民は、①軍用機の飛行の必要性、②航空施設の運用、③計画中のものも含めた騒音削減策と適合的な開発を確保するための方策、④具体的な土地利用に関する当該施設司令官の意向に関する情報を常に提供されることになっている。当該軍事施設の代表者は、土地利用計画にかかわる地方自治体に対して軍の意向を提示する機会をできる限り設定する必要がある。

基地周辺における適合的な利用を実現するために、DODは、自治体が土地利用の実態等について実施する調査を財政的に支援している。この支援によってなされるのが共同土地利用調査（Joint Land Use Study）である。AICUZプログラムが各軍によって実施されるのに対して、共同土地利用調査は土地利用の制限に対する決定権を有する周辺自治体に主導的に調査をさせることで、適合的な開発の必要性に対する理解を高めてもらおうという意図がある。また、周辺地域における争議を減少させる効果も期待できる。

AICUZプログラムにおける土地利用制限は、エンクローチメント対策として一定の効果をあげてきた。しかし、一方で、開発圧力が増すにつれて、地方自治体が土地利用制限の方針を変更し、その結果基地周辺地域で市街化が進行するという事態が散見されるようになった。これに対抗するために二〇〇四年から導入されたのが、即応力及び環境保護計画（Readiness and Environmental Protection Initiative：REPI）である。これは、ＤＯＤが地方自治体や環境保護団体等、基地周辺の土地利用に利害を有する関係機関と共同で資金を負担し、土地を取得し、当該土地を排他的な緩衝地帯として設定する取り組みである。[25] ＲＥＰＩはエンクローチメントに対して確実な効果を期待できる反面、非常に多額の資金を必要とする。二〇〇四会計年度から二〇〇七会計年度にＲＥＰＩに供給された資金はほぼ年間四〇〇〇万ドルであったが、少なくとも一億五〇〇〇万ドルが五年間から一〇年間供給され続けなければ、主要な緩衝地帯さえ設定できないだろうと指摘されている（Lachman, et al. 2007）。財源の確保が困難なため、ＲＥＰＩは現在のところ、ＡＩＣＵＺプログラムを補完する位置づけを与えられているにすぎず、上記の諸対策にもかかわらず、エンクローチメントを防げなかった事例もある。

市街地化の進行を食い止められず、軍用機騒音被害が激化した地域に、前述のオシアナ海軍飛行場周辺がある。オシアナ海軍飛行場周辺では二〇〇〇年以降にも急速な人口増加が予想されており、その率は二〇年間で二〇％を超えるとされている（Hampton Roads Planning District Commission 2005）。加えて、一九九八年一二月から一九九九年七月にかけて、フロリダ州ジャクソンビル（Jacksonville）のセシル・フィールド海軍飛行場（Naval Air Station Cecil Field）からＦ／Ａ18ホーネット艦隊飛行隊一〇個がオシアナ海軍飛行場に移転してきた。Ｆ／Ａ18ホーネットの移転は地域の活性化を促すとして歓迎されていたが、同時に周辺地域で騒音被害を激増させる大きな要因となった。たとえば、基地の周辺に位置するヴァージニア・ビーチ市の人口の約三分の一にあたる一四万人が深刻な軍用機騒音に曝されるようになった。また、騒音被害の激化に伴い訴訟が提訴され、軍としても軍事訓練に一定の配慮を払わざるをえなくなった（鈴木 2004）。その結果、軍事的価値の低下を指摘され、オシアナ海軍飛行場は基地閉鎖の激しい波にさらされることになった。[26]

最後に、民間空港周辺に比して、軍事基地周辺で騒音対策が困難になってしまう原因について述べたい。前述したように、民間空港周辺で騒音被害が減少した最大の要因は、航空機エンジンの改良等による発生源対策であった。また、夜間・早朝飛行の制限も一定の役割を果たしたと思われる。これに対し、軍用機においては、戦闘能力の上昇に重きが置かれ、エンジン音を静かにすることは、軍事上の必要性がない限り省みられない[27]。たとえば、米海軍は一九九九年から新たな艦載機F／A18スーパー・ホーネットの実戦配備を進めているが、このF／A18スーパー・ホーネットは旧型のF／A18ホーネットよりも騒音値が高いといわれている（鈴木 2004）。さらに、実戦的な訓練のためには、夜間・早朝の飛行訓練が不可欠である。すなわち、軍事を優先した結果、運用の変更といった対策や最も効果的な発生源対策をとれないことが、軍事基地周辺の軍用機騒音対策を困難にしている最大の原因である。そのため、軍事基地周辺の騒音対策は、最も費用や時間を要する周辺地域における防音工事の実施や土地の取得や土地利用の制限に限られてしまう。しかし、前述したように、これらの周辺対策は、限界にぶつかっている[28]。

(3) 在日米軍基地へのインプリケーション

米国内の軍用機騒音対策が在日米軍基地の対策にもたらすインプリケーションを述べる前に、米国内基地と在日米軍基地との基本的な差異をまず明らかにしておく必要がある。

第一に、軍事基地に対する見方の違いである。米国内では軍事基地は周辺地域の経済を潤すものとして一般的にはポジティブな評価が与えられている。そのため、軍用機騒音被害が生じたとしても、基地撤去というような方向には進まず、基地との共存を目指すことになる。一方、在日米軍基地の場合、特に基地周辺住民は、米軍基地に対してネガティブな評価を下している。これには深刻な軍用機騒音被害や長期にわたる治外法権に近いような基地の運用といった側面もあるが、経済的な面も見逃せない。すなわち、朝鮮戦争やベトナム戦争の頃とは異なり、ニクソン・ショックを背景に結ばれたスミソニアン協定やプラザ合意等によって円高ドル安が急速に進んだため、米政府が在日米軍基地における支出を抑えるようになったし[29]、米兵も基地の外に出てドルを使うことが少なくなった。その結果、在日米軍基地がもたらす経済上の便益は小さくなり、基地周辺の住民にとって米軍基地は徐々に魅力をもたないものになっていった。また、周辺自治体にとっても基地は障害物であり、まちづくりが妨げられるだけではなく、米軍及びその関係者からは所得税、住民税、固定資産税等を徴収できない。こうした財政的損失を補塡するために、また在日米軍基地を維持するために各種補助金が地方自治体に交付されているが[30]、特に都市部周辺では米軍基地が返還されて再開発されるほうが経済的に有利な場合が多い[31]（川瀬 2007）。

第二に、軍事基地が存在している場所である。米国内では、国土が広大なこともあり、近年市街化に悩まされているとはいえ、在日米軍基地と比較すれば人口密度の低い場所に位置している。一方、飛行場をもつ在日米軍基地の多くは人口密度の高い場所に位置している。そのため、米国内基地では土地利用制限をはじめとする主に軍用機騒音被害の予防対策に力を入れているのに対し、在日米軍基地では被害補償を含めた事後対策に追われている。以上の二つの差異のため、米国内の軍用機騒音対策をそのまま在日米軍基地に適用することはほぼ不可能であるが、以下では、在日米軍基地の対策にも利用できると思われる点についてふれたい。

まず、AICUZプログラムの利用があげられる。海兵隊も空軍も在外米軍基地での適用の可能性を残しているため、米国内と完全に一致した適用が難しいとしても、AICUZプログラムを利用して周辺住民や地方自治体の意見を今まで以上に反映させられる可能性はある。米軍が基地周辺の土地利用に対して権限をもっているわけではないので、既に市街化している地域で適合的な土地利用計画を策定することにはほとんど政策上の意味はないが、AICUZプログラムの特色である調査研究と基地周辺地域との協力とは、在日米軍基地においても重要な意味をもつ。軍用機の飛行運用の説明、将来の運用の予測、騒音コンターの提示や各種基礎情報の提供は、情報公開の観点から重要である[32]。また、軍用機の飛行の必要性や具体的な土地利用に関する当該施設司令官の意向等の情報を米軍が提供して、地方自治体や周辺住民と協力関係を築いていくことは、市街化の防止とはかかわりなく、在日米軍基地での争議を避けるために米軍にとっても意義をもつはずである。在日米軍基地では、国家安全保障政策が国の専管事項とされているためか、米軍と地方自治体や周辺住民とが直接協力関係を築く機会に恵まれてこなかった。しかし、米国内基地の軍用機騒音対策をみれば明らかなように、効果的な対策の実施には、情報公開と地元の協力とが欠かせない。このことは、米軍が周辺地域への影響を考慮する契機となり、飛行運用の改善を促す可能性があり、軍用機騒音被害の軽減につながりうる。

　環境遵守に関する指針及び基準として、在日米軍が準拠すべき第一義的な文書である日本環境管理基準 (Japan Environmental Governing Standards：JEGS) は一九九五年に初めて導入されたが[33]、二〇〇一年一〇月の第四版で削除されるまではＪＥＧＳのなかに騒音に関する章が存在していた[34]。そこでは、騒音コンターの作成、エンジン・テストの位置選定時における低周波音と一般可聴騒音の評価、可能な騒音削減措置の調査、必要に応じてではあるが騒音発生活動による影響軽減のための行政手続き及び物理的措置の開発等が求められていた。また、ＡＩＣＵＺプログラムと類似の周辺地域における土地利用制限の基準も設けられていた (DOD 1997)。限界はあるが、一定の対策が要求されていたのである。ＪＥＧＳもＡＩＣＵＺプログラムと同様に強制力をもたないが、ＪＥＧＳに騒音に関する章を復活させるということも当面の課題としてありうる。

　いずれの方法をとるにせよ、重要な点は、米軍の活動がどのような場合においても最優先されてきた在日米軍基地のこれまでのような状況は変えていかねばならないということである。そのためには、情報公開、相互理解が欠かせない。米国内基地の軍用機騒音対策をみれば明らかなように、軍事活動だからといって一方的に周辺住民の各種権利を侵害してよいわけではない。前節で示したように、被害が生じているのであれば、被害をできる限り軽減させる措置をとるとともに、被害補償を徹底しなければならない。軍事による国家安全保障に資するからといって、周辺住民に受忍を強いることはもはやできないのである。そしてその上で、軍用機騒音の場合にはエンジン等の改良といった類の発生源対策が困難であるのだから、軍用機騒音被害を根本的に解決するために大幅な軍事訓練の制限や基地撤去を含めた選択肢を考慮する必要がでてくる。「はじめに」で述べたように、生の破壊を根本原理とする軍事と環境とは基本的に共存できないのであるから、最終的には軍事の公共性と環境の公共性のどちらを優先させるのかを選択しなければならない。

被害が現れにくいが徐々に蓄積されていく基地汚染と異なり、蓄積されない反面で軍用機騒音は被害が現れやすい。被害が明らかである軍用機騒音問題でさえ、軍事による国家安全保障政策が優先されるあまり、特に日本では基地周辺住民の反対意見が十分に考慮されず、深刻な騒音被害が生じている。次章で扱う基地汚染のような被害が顕在化しにくい軍事環境問題では、状況はより悪い。軍用機騒音問題は、戦時の環境破壊を含め、被害が明らかになったときには取り返しがつかなくなっているタイプの軍事環境問題の危険に対する警鐘である。このことを考えれば、横田基地周辺をはじめとする軍用機騒音被害を解決することはもちろん、より大きな視点にたって、軍用機騒音問題から安全保障のあり方を問い直す必要がある。極めて環境破壊的な軍事活動によらない新しい安全保障のあり方が必要とされている。このことについては第五章で詳述したい。

注

（1）小松基地騒音差止等請求訴訟は一九七五年九月一六日に自衛隊の軍用機騒音被害の解決と賠償とを求めて提訴された。米軍機に対する訴訟としては横田基地公害訴訟が初である。

（2）二〇〇八年九月三〇日現在の基地面積データを使用して算出した。在外米軍基地の総面積は六三万四九一九エーカーで、そのうち一二万六八二八エーカーが日本に存在する（Office of the Deputy under Secretary of Defense 2009）。

（3）岩国基地では軍用機の墜落や騒音を避けるために一九九六年度から二〇〇八年度にかけて、東側海面を埋立て、滑走路を約一キロメートル沖合に移設する事業が行われた。この工事によって瀬戸内海に残存していた貴重なアマモ場が失われた。にもかかわらず、せめて騒音の軽減をと求めた市民の想いは、在日米軍再編による軍事機能の強化によって踏みにじられた。二〇一〇年五月二九日には、新滑走路の運用が開始されている。

（4）Wとは、加重等価平均感覚騒音レベル（Weighted Equivalent Continuous Perceived Noise Level：WECPNL）の頭

文字である。WECPNLとは、日本の環境基準に採用された航空機騒音の指数であり、航空機の騒音レベルに加え、観測された一日当りの騒音回数に発生時間帯別による重みづけを加味したものである。「うるささ指数」とも呼ばれる。ただし、①飛行回数の増加による被害が過小に評価される、②低周波音を考慮していないといった点から、W値は被害を反映しきれていない面がある。特に①のことがきっかけとなり、より体感に近づけるために、日本では二〇〇七年一二月に時間帯補正等価騒音レベル（Day-Evening-Night Average Sound Level：Lden）方式への移行が決定された。昼夜等価騒音レベル（Day-Night Average Sound Level：Ldn もしくはDNL）方式では、Lden と異なり夕方時間帯の区分を行っていない。

（5）なお、横田基地では、新横田基地公害訴訟とは別に「横田基地飛行差し止め訴訟」が一九九四年一二月一二日に提訴された。

（6）二〇〇七年五月二九日の最高裁判決において、高裁判決で認定された将来分の損害賠償の部分は破棄された。しかし、五人の裁判官のうちの二人が将来分の損害賠償を認めるべきとした点では、今後に大きな期待をもたせる成果をあげたといえる。

（7）一一〇デシベルの騒音は、自動車の警笛前方二メートル地点の音に匹敵するものである。九〇デシベルの騒音から血圧の上昇、消化の悪化、気分のいらいらといった健康被害が生じるといわれている。

（8）前述のように横田基地周辺では、新横田基地公害訴訟とは別に、差止めに主な争点を絞った横田基地飛行差し止め訴訟が提訴されていた。地裁判決は二〇〇三年五月一三日、高裁判決は二〇〇八年七月一七日（結審日は二〇〇七年七月二四日）、最高裁判決は二〇〇九年四月一〇日に下された。差止めは認められなかった。横田基地飛行差し止め訴訟でも損害賠償は認められているが、①それほど多額ではないこと、②そもそも差止めを目指した訴訟であること、③本節の内容が過度に複雑になってしまうことから、社会的費用の推計を主題とする本節では、横田基地飛行差し止め訴訟を考察対象外とした。

（9）新旧訴訟の賠償額ともに、弁護士費用や遅延損害金を含めて日本政府から実際に支払われた額である。そのため、新聞等で公表されている額と若干の相違がある。損害賠償額は、横田基地公害訴訟団元役員提供資料、新横田基地公害訴訟弁護団提供資料による。

（10）測定地点が変わったとはいえ、両地点とも滑走路延長南三キロ地点という意味では同等である。しかし、同じ三キロ地点でも軍用機の飛行経路によって騒音測定回数は大きく異なるので、横田基地周辺全体の騒音測定回数はそれほど変化していない可能性もある。

(11) 補論2で示しているように、二〇一〇年七月二九日の普天間爆音訴訟において、三〇年以上固定され続けていた軍用機騒音の損害賠償額がほぼ二倍に引き上げられるという画期的な判決が下された。しかし、この判決内容には、①二〇〇四年八月の沖縄国際大学米軍ヘリ墜落事故、②騒音防止協定の形骸化、③「世界一危険な飛行場」と称されている普天間基地の特殊性等といった点が考慮されており、普天間爆音訴訟高裁判決において示された損害賠償額が今後の横田基地の軍用機騒音訴訟判決にもそのまま適用されるとは限らない。

(12) 横田基地周辺の五市一町に二〇〇六年度に投じられた環境整備法関係補助金の総額は、二二億三四二〇万円にのぼっている（東京都知事本局企画調整部企画調整課 2008）。

(13) 本書では、米軍と日本政府による共同不法行為により軍用機騒音被害が発生していると考えている。騒音の直接発生者である米軍はもちろん、日本政府も様々な形で騒音の発生に関与しているが、基地施設と区域の供与という一点だけをとっても、この考えは許されるだろう。ゆえに本節では米軍と日本政府が共に負担していない費用を問題とする。

(14) 参加したのが何次の訴訟だったかという点にくわえて転出や死亡といった事情もあるので、原告個々によって賠償期間は当然異なる。

(15) 旧騒音コンターを基準とした場合、七五W以上の区域の面積は、一九九八年騒音コンターでは約七〇%に、新騒音コンターでは約五〇%に縮小している。

(16) ただし、各年の賠償額は、消費者物価指数（二〇〇五年基準）「東京都区部、総合」でそれぞれ実質化される。

(17) 横田基地飛行差し止め訴訟の高裁判決では原告二一〇名に対して約一億九九四〇万円の損害賠償が認められているが、この金額を考慮に入れても「考慮されざる費用」の推計に大きな違いはでない。

(18) 原告団・訴訟団解散後、「横田基地等の公害対策」を進める準備会として学習会や独自の騒音測定を行いながら、今後の活動方針を協議している。

(19) 日米地位協定の規定にもかかわらず、軍用機騒音訴訟の損害賠償金を米軍は現在のところまったく負担していない。ここでも在日米軍の経費負担が軽減されており、駐留を助けている。汚染原因者負担原則からみても損害賠償金の負担免除は問題であり、軍用機騒音による社会的損失の累積的な増大の一因となっている。

(20) たとえば、米政府監督局（Government Accounting Office）から改称：GAO）の報告書も二〇〇〇年以降に集中している。GAOは、憲法の下での議会に対する行政省庁の説明責任と米国民に対する政府の説明責任を保証するために、一九二一年に創設された。議会は、GAOに連邦政府のプログラムや支出の調査を依頼することができる。GAOは議会の調査手段であり、議会の番犬とも呼ばれている。G

ＡＯは独立した機関であり、党派に属していない。財政監査、プログラムの検討・評価・分析、法律上の判断、調査等を通して連邦政府の財政やプログラムの効率性や効果を改善させていくことが、ＧＡＯの役割となっている。日本にとって、参考になるところが多い機関である。

(21) 米国内環境法の多くでは国家安全保障を「最高の国益（paramount interest）」としており、ＤＯＤからの要求があればそれぞれのケースで適用除外を認めるかどうか判断することになっている。しかし、ＤＯＤは、認められたとしても期間が限定されており、それぞれのケースで煩わしく時間を要する手続きを繰り返し踏まなければならないことから、このような方法での適用除外要求をほとんど出してこなかった。各種訓練が制限される状況を変えるためにＤＯＤが二〇〇三年以降に行ったのが、現行環境法に軍事訓練に対する適用除外規定を盛り込ませることであり、海洋哺乳動物保護法（Marine Mammal Protection Act）、渡り鳥条約法（Migratory Bird Treaty Act）、種の保全法（Endangered Species Act）で適用除外規定を新設させた。大気清浄法（Clean Air Act）や資源保護回復法（Resource Conservation and Recovery Act）やスーパーファンド法でも適用除外を認めさせようとしたが、これらの適用除外規定の新設は今のところ不成功に終わっている（GAO 2008）。

(22) 文民の英語表記は civilian である。文民の職業には、参謀本部、司令官、軍関係工場の管理職員、一般事務職員、技術職員等がある。

(23) ここでの土地の取得には、①土地の買取、②土地の開発権の買取、③換地といった方法が含まれる。

(24) Ldn については、本章の注4を参照されたい。なお、ＡＩＣＵＺプログラムにおいては、Ldn の代わりにコミュニティ等価騒音レベル（Community Noise Equivalent Level）を使用してもよいことになっている。

(25) ＲＥＰＩは、軍用機騒音問題への対処のほか、絶滅危惧種の保護といった目的で利用されることがある。

(26) オシアナ海軍飛行場の基地閉鎖と関連した動きについては、林（2011）を参照されたい。

(27) ＤＯＤはエンクローチメントが多発する原因として、軍事基地周辺の市街化に加えて、軍事技術の発展による兵器のスピードの上昇や射程の拡大をあげている（GAO 2002a）。

(28) 特に日本の場合は、米軍基地が市街地に存在するため、土地の取得に巨額を要するし、地権者も多いため調整に時間を要する。また、防音工事に巨費が投じられているが、電気代や気候の要因もあり、軍用機騒音被害の解消には程遠いことは本章第二節でみたとおりである。

(29) 日米地位協定の枠を超える法的根拠のない負担である思いやり予算は、円高ドル安を受けて米国の負担を軽減するために一九七八年に開始された。

(30) 各種補助金には、固定資産税の代替的性格を基本とした国有提供施設等所在市町村助成交付金や施設等所在市町村調整交付金、環境整備法に基づく交付金、軍用地料、SACO交付金、最近では在日米軍基地の維持的な性格が強い米軍再編交付金がある。詳しくは、佐藤(1981)や川瀬(2007)を参照されたい。

(31) ただし、歴史的な経緯により米軍基地内に市町村有地や民有地が多い沖縄の地方自治体や地権者のなかには、多額の軍用地料収入を確保し続けるために、米軍基地を維持しようとする者も存在する。第四章第三節で関連事項を扱う。

(32) 海軍が作成したAICUZ指示書において、厚木基地、嘉手納基地、三沢基地、普天間基地、岩国基地に対して騒音調査のみが求められている。ここでの騒音調査がどのようなものであるのか公開を求めていくことから始めるのも一つの手である。

(33) JEGSについては、第三章第三節で詳しく触れる。

(34) 二〇〇一年のJEGSのなかで、削除の根拠として、米国内において軍用機騒音に適用されている環境法や規制条項がないことがあげられている。

第3章

軍事基地汚染問題

少なくともベトナム戦争時には認識されていたにもかかわらず、軍事環境問題に取り組もうとする動きは、軍事優先の時代背景もあり、大きなものにはならなかった。軍用機騒音に関しては、日本では一九七〇年代中頃から小松基地騒音差止等請求訴訟や横田基地公害訴訟を皮切りに次々と訴訟が起こされた。軍用機の飛行差止めや将来分の損害賠償が認められないため現在でも繰り返し訴訟が提起されているものの、これまでの訴訟で軍用機騒音の違法性や過去分の損害賠償が認められる等、多くの成果を実現してきた。一方、軍事基地汚染が深刻な問題として顕在化してきたのは一九九〇年以降であり、それへの対策は遅れている。冷戦が終結したことによって国家間の緊張関係が緩み、その後の約一〇年間に限ってみれば世界全体での軍事支出は減少したし、軍事基地の民生転換も進められるようになった。このときに問題となったのが、軍事基地汚染であった。基地が跡地利用されれ、軍事による国家安全保障のベールがとられることによって、はじめて基地汚染の深刻さが一九九〇年以降に明らかになってきた。軍事活動の負の遺産である基地汚染の被害を踏まえた上で原因を特定し、被害の責任やその費用負担方法を明らかにすることが、いま求められている（寺西 2007）。

本章では、主にチチハル遺棄毒ガス事件、横田基地における基地汚染といった個別事例をみながら、軍事基地汚染問題が私たちに投げかけている問いについて考えていく。同時に、在日米軍基地における汚染問題に対処するための公共政策について検討する。

1　チチハル遺棄毒ガス事件

戦後六五年以上が経過した。戦争体験者が徐々に減っていき、戦争の記憶が薄れつつあるものの、戦争の負の遺産は未だ十分に清算されたとはいえない。近年日本において負の遺産の処理をめぐって注目を集めるようになっているのが、国内外に遺棄された毒ガスである。本節では、この遺棄毒ガスによって引き起こされた環境汚染に焦点を当てる。

(1)　公害・環境問題としての遺棄毒ガス問題

近代的化学兵器としての毒ガスが初めて本格的に使用されたのは、一九一五年四月二二日、第一次世界大戦においてドイツ・オーストリア軍がイギリス・フランス連合軍に対して、一六八トンもの塩素ガスを用いた際である。その後各国は毒ガスの開発に本格的に乗り出し、マスタード（イペリット）をはじめとする数々の毒ガスを生み出した。第一次世界大戦における毒ガスによる死傷者数は一三〇万人、そのうち約一〇万人が死亡したといわれている。第一次世界大戦後から第二次世界大戦終了時までに生産された毒ガスは第一次世界大戦時のそれをはるかに上回るものの、第二次世界大戦時にはヨーロッパではほとんど毒ガスが実戦投入されなかった[1]。各国が報復を恐れた結果、抑止効果が働いたと考えられている[2]。結果、第二次世界大戦中に大量に生産、貯蔵されていた毒ガスの一部は、終戦後、海洋投棄されたり、地中に埋められたりすることとなった（日本学術会議 2001）。すなわち、管理、貯蔵されていた毒ガスが環境中に廃棄されたのである。これらの毒ガスは漁船に引き上げられたり地中から掘り出されたりし、たびたび被害者を出している。二〇〇三年に環境省が発表した『昭和四八年の「旧軍毒ガス弾等の全国調査」フォローアップ調査報告書』によると、日本においてだけをみても、戦後、日本軍の毒ガスが八二三件発見されている。二〇〇二年に発見された茨城県神栖町の有機砒素化合物による地下水汚染による被害は、毒ガスの成分が環境中に放出された結果生じたもので、典型的な公害・環境問題である。(3) 毒ガスが開発された当初、環境破壊は第一義的な問題としては考えられてこなかった。しかし、戦後六五年以上経った現在において、廃棄の段階での環境への影響を強く意識せざるをえなくなっている。

遺棄毒ガス問題はその他の公害・環境問題と同様に、以下の二点の特徴をもっている。

第一に、被害が弱者に集中していることである。多くの場合、毒ガスは人目につきにくい場所に遺棄される。そのような場所には金銭的に貧しい人々が生活している場合が多い。金銭的な収入が多くない漁民や農民が被害を受けた場合、補償が受けられなければ、それらの人々は十分な治療を受けられず、また、収入が閉ざされるため家族への負担も大きくなる。

第二に、不可逆的な被害が発生していることである。特に「毒ガスの王」と称される糜爛性のマスタードによる被害は深刻で、慢性気管支炎、肺性心、気道癌、胃癌、角膜障害、免疫力の低下、皮膚疾患、自律神経疾患、血流障害等を生じさせる。しかも進行性・遅発性であり、現在のところ完治療法がない。

一方で遺棄毒ガス問題を環境問題としてみた場合、その他の環境問題にはみられない二つの特徴がある。以下の特徴は、軍事環境問題全般にみられるものである。一つ目は被害の深刻さである。マスタードは一度傷害を受ければ、死亡に至ったり、長期にわたり苦痛な治療を受けなければならなかったりする。これは毒ガスがそもそも生の破壊そのものを目的としており、その保護を無視してきたことと不可分ではない。二つ目は、情報の閉鎖性である。毒ガスの廃棄場所について事前に情報が得られていれば、また、毒ガスの存在や危険性が知らされていれば、被害の回避は可能であったはずである。にもかかわらず、毒ガスについての情報を独占していた日本政府はその情報を積極的に収集、公開せず、多くの被害を生じさせてきた。

本節では、以上の特徴が明確な形で現れたチチハル遺棄毒ガス事件を事例として取り上げ、その具体的な被害や責任を明らかにする。

なお、毒ガスは補論1第三節で示したような生産の段階でのほかに、貯蔵、使用の段階でも被害を発生させているが、本節では公害・環境問題としての側面が強い廃棄の段階にのみ焦点を当てた。

(2) 被害状況

二〇〇三年八月四日、中国黒龍江省チチハル市で、日本軍が遺棄した毒ガスにより、四三人（五人が子ども）が傷害を負い、一人が死亡するチチハル遺棄毒ガス事件が起きた。チチハル市郊外の新築団地に地下駐車場を建設しようと土壌を掘削していたところ、腐食したものを含む計五本のドラム缶が発見された。それらのドラム缶の中に液状の毒ガス（後日実施された日本政府による鑑定で、ドラム缶の内容物はマスタードとルイサイトの混合物であり[4]、日本軍が製造したものであることが判明している）が入っていたものがあり、パワーショベルで動かした際に毒ガスが霧状となって飛び散った。また、毒ガスは土壌にも染み込んだ[5]。この結果、地下駐車場工事現場、廃品回収所、庭や校庭を整地するために毒ガスが染み込んだ土壌を運び込んだ場所等で多数の被害者が出ることとなった。

生存被害者四三人の事故当時の年齢分布は、五～一五歳が五人、一六～二〇歳が四人、二一～三〇歳が一二人、三一～四〇歳が一五人、四一～五〇歳が五人、五一～五五歳が二人となっている。生存被害者のうち、三八人が男性で、五人が女性である。被害者の多くが、働き盛りで家計収入の中心を担っていた点がこの事件の特徴的な点である。

被害は、①身体的被害、②精神的被害、③経済的被害の三つに大別できる。以下に示すデータは二〇〇九年一二月に東京地裁へ提出された最終準備書面の一部として、チチハル遺棄毒ガス事件弁護団によってまとめられた被害者一人ひとりへのヒアリング調査資料によっている。

身体的被害では、「糜爛した部分の皮膚が剝ける」、「糜爛した部分にかゆみや痛みがある」といった皮膚障害を四二人が、「視力が低下した」、「風や光に触れると痛みがあったり、涙が出たりする」といった眼損傷障害を四二人が、「頻繁に咳がでる」、「運動するとすぐに動悸・息切れがしてしまう」といった肺機能関係障害を四三人全員が、「汗をかきやすくなった」、「疲れやすくなった」、「記憶力・集中力が低下した」、「家族や友人との接触を避け、一人でいたいと感じるようになった（性格が内向的になった）」といった神経障害起因とみられる症状を四三人が、「陰囊のかゆみ、湿っぽい感じがある」、「性的能力が減退し、性交渉が著しく減った」といった生殖器障害を三五人が、「風邪をひきやすくなった」、「風邪が治りにくくなった」といった免疫機能障害を四二人が訴えている。ほとんどの被害者にマスタード被毒の典型的な症状が全て現れており、事件発生から六年以上が経過した時点でも、社会生活の営みを困難にさせていることがわかる。さらに深刻なのはマスタードによる被害が進行性・遅発性である点であり、将来、癌にかかる可能性が高いことも明らかになっている。このため、被害者は深刻な症状を抱えたまま、新たな症状の発生を恐れて生きていかなければならない。ここにこの事件における被害の深刻性と不可逆性とがある。

家族、親戚、恋人、友人、学校の教師等からの誤解や偏見によって精神的被害を受けた被害者は三五人に達する。授業に集中できず成績が落ちたことから、中学の担当教師から転校を勧められたり、伝染病ではないにもかかわらず友人や親戚から避けられたり、就職時に差別されたりとさまざまな差別を被害者たちは受けている。被害者のうちの八人は事件が原因となって離婚にまで至っている。そのほかに、性格の内向化の影響もあり、他人から「あの子は毒ガス被害者、近づかないように」と言われているのではないかと不安に感じ、外に出られなくなったという被害者もいる。

体力が減退したり疲れやすくなったりしたために、解雇されたり就労を拒まれたりする等、なんらかの経済的被害を受けた被害者は三八人である。これは子ども五人を除く全員であり、そのうち三三人は現在も無職である。職を得ている被害者も簡単な軽作業しかできない状況に追い込まれている。事件が発生した地下駐車場建設現場で被毒した被害者一五人の半数近くは農村からの出稼ぎや臨時雇いであった。これらの被害者は、就労不能に陥ったことにより家計を支えられなくなったばかりか、長期にわたる医療費を支払わなくてはならなくなった。もともと現金収入の少なかった彼らにとって、収入源の喪失や医療費負担は重大な問題となっている。

以上みてきたように、身体的被害、精神的被害、経済的被害は相互に関連しながら、被害者を苦しませ続けている。被害者の救済がなにより急がれるが、その際被害の責任を明らかにすることが必要となる。というのは、被害の責任が明らかにされなければ、被害補償費用の負担を誰に求めればよいかが決まらないからである。

(3) 被害の責任

日本政府の責任

チチハル遺棄毒ガス事件における日本政府の責任は重いと言わざるをえない。それは、①日本軍が毒ガスを生産し、チチハル市に遺棄した、②遺棄毒ガスについての情報を日本政府がほとんど収集、公開してこなかった、③日本国内では進めていた遺棄毒ガスの回収、処理を中国では事実上行ってこなかったからである。

日本における毒ガスの生産は、一九二九年から広島県の陸軍造兵廠忠海兵器製造所で行われた。海軍では一九四三年に相模海軍工廠本廠が竣工する少し前から毒ガスの生産が本格化した。忠海製造所ではマスタードとルイサイトあわせて三八八〇トン（毒ガス総生産量六六一六トン）が、相模海軍工廠本廠では五二〇トン（同七六〇トン）が、終戦時までに生産されたとされる（吉見 2004）。非人道的な兵器だとして当時国際法で使用が禁止されており、かつ、深刻な身体被害や環境汚染を引き起こす毒ガスを大量に生み出した責任がまず日本政府にはある。

対ソ連戦の戦略基地として考えられていた中国東北部のチチハル市付近には、ソ連軍が既に毒ガスを保有していることを日本軍が事前に知っていたこともあり、相当量の毒ガスが配備されていた。しかし、この地域ではこれらの毒ガスは実戦ではその多くが使用されることなく遺棄されることとなった。というのは、一九四五年八月九日にソ連軍に中国東北部に侵攻されると、敗戦寸前であった日本軍は戦うのではなく、毒ガスが発見され接収されるのを恐れて、貯蔵地付近の人目につきにくい場所（湖沼や井戸や土壌の中等）にそれらを遺棄したからである。国際的な非難を免れようとして、極めて有害な毒ガスを処理することなく環境中に遺棄した責任も問われなければならない。

このように、日本軍が毒ガスを生産し遺棄したことによって、チチハル市をはじめとした中国各地に危険が作り出された。それゆえ、それらの毒ガスの毒性や対処法に関する情報を最も有していたのは日本政府であるし、毒ガスが遺棄された場所に関する情報を最も有していたのも日本政府である。しかし、日本政府は、それらの情報の多くを敗戦時に焼却し、残された情報を隠匿しつづけてきた。その結果、何も知る由のない多くの人々が毒ガスによって終戦後に被害を受けることになったのである。日本政府が毒ガスについての情報を長期間隠匿できたのは、敗戦時に米国が日本軍の毒ガス使用の訴追を中止させたからであろう。これは、将来の対ソ連戦を考慮して、米国が優位に立っている毒ガス戦に関して自らの手を縛らないようにするためであると考えられている（吉見 2004）。日本軍の毒ガス使用の責任を米国が明らかにしていれば、遺棄毒ガスについても多くの情報が公開され、遺棄毒ガスの処理も進んだ可能性がある。この点からみても、責任を明らかにすることは重要な意味をもっている。

本節(1)項で触れたように、日本軍の遺棄毒ガスは日本国内でも数多く発見されている。国内で遺棄毒ガスによる被害者が出る等して対応を迫られたことから、一九七三年と二〇〇三年に日本軍の遺棄毒ガスの全国調査が実施されており、終戦時における日本軍毒ガスの保有及び廃棄の状況、戦後における毒ガスの発見、被災及び掃海等の処理状況が一定程度明らかにされている。調査に当たって日本政府は、国内外からの資料収集、日本軍の親睦団体等に対しての情報提供協力の依頼、一般市民からの情報提供協力の依頼等の取り組みをしている。にもかかわらず、戦後直後から被害者が出ている中国の遺棄毒ガスについては、日本政府は情報収集を怠ってきた。敗戦時に毒ガスに関する資料を隠滅してしまっていたとしても、日本政府は、日本軍が中国のどこに毒ガスを遺棄したかについての情報を軍関係者等から収集することができたはずである。中国の遺棄毒ガスに関する情報を収集、公開し早急に対処していれば、チチハル遺棄毒ガス事件を防げたかもしれないにもかかわらず、被害の回避に決定的役割を果たしうる日本政府は長期にわたって消極的な態度をとり続けた。特に大量の毒ガスが配備されていたチチハル市付近には毒ガスが数多く遺棄されていると予想されるため、被害を回避するための措置を優先的にとることが必要だったはずである。日本国内と中国とでダブル・スタンダードをとり、チチハル遺棄毒ガス事件を発生させてしまった責任も日本政府にはあるといえるだろう。

企業の関与

チチハル遺棄毒ガス事件で最も責任を問われるべき主体は、日本政府である。これは遺棄毒ガスを生んだ戦争が、日本軍によって進められたという事実だけをとっても十分な理由となる。とはいえ、そのほかに責任を負うべき主体が存在しないわけではない。戦時中、毒ガスの生産に関与した企業にも責任の一端がある。

毒ガスを直接生産していたのは前述のように日本軍であるが、その原材料は民間企業によって納入されていた。陸軍忠海製造所に勤務していた中尉によって一九三七年から一九三九年の間に作成されたと考えられる資料によれば、チチハル遺棄毒ガス事件において被害を生じさせたマスタードやルイサイトの原材料納入企業として、日本曹達、三井鉱山、住友化学、三菱鉱業、日本鉱業等があげられている。例えば三井財閥は一九三八、三九年頃から「高度国防国家」建設のためとして、重化学工業への傾斜を強めていった。重工業部門で三菱財閥や住友財閥に遅れをとっていた三井財閥は、強みをもっていた化学工業を中心にしてこの時期に三井化学を設立している。毒ガスの原材料納入と企業活動の拡大は不可分の関係であった。住友財閥系、三菱財閥系、古川財閥系（旭電化工業が海軍にマスタードの原材料を納入していた）といった企業はもちろんのこと、新興財閥であった日曹コンツェルンや日産コンツェルン（日本鉱業）等の企業群が日本軍の毒ガス生産を支え、かつ、毒ガスの原材料納入によって多大な利益を得ていたのである（吉見 2004）。これらの企業は日本軍と協力して毒ガスを生産していたのであり、その意味でチチハル遺棄毒ガス事件の被害発生に関与している。被害の予見可能性や回避可能性を証明しなければならないため、毒ガスの生産に関わった企業の法的責任を認めさせるのは現状では困難だと思われるが、被害発生への企業の関与は否定できるものではない(6)。

近年の公害・環境問題を見渡してみると、大気汚染や油濁被害の補償をめぐって、必ずしも被害の責任を認めていないにもかかわらず、企業が補償費用を負担する場合が見受けられるようになっている。二〇〇七年六月に東京大気汚染訴訟の東京高裁和解勧告が出された。ここで注目されるのは、判決では法的責任が否定され賠償を免れていたにもかかわらず、トヨタをはじめとするディーゼル自動車メーカー各社が、大気汚染患者に対する医療費助成制度の創設（日本政府、東京都、旧首都高速道路公団、自動車メーカーが財源負担）に同意したことである。自動車メーカーは一二億円の解決金の支払いに応じた。油濁被害の補償では、タンカー事故に関する油濁補償基金条約で、「(タンカー事故による油濁被害の）経済的影響は、船舶の所有者のみが負担すべきではなく、その一部は輸送される油について利害関係を有する者が負担すべきである」とされており、油濁を生じさせる石油の販売者である荷主をはじめとした被害発生に関与した者に対しても、補償費用の負担が求められている（除本 2007）。

財閥を中心とする企業群が毒ガスの生産に関わっていたことは間違いない点であり、このことからチチハル遺棄毒ガス事件の被害に対処するための費用の一部負担を、これらの企業に求めることは可能だと思われる。兵器という製品の性質上、それが何らかの形で環境に放出されれば、人体や環境に深刻な影響を及ぼすことは避けられない。そのような製品を取り扱っている場合には、油濁補償基金やスーパーファンドのように、企業は一定の負担を求められるようになっている。(7) にもかかわらず、兵器に関しては同様の制度は存在しない。兵器産業では、なぜ被害発生に関与した者に対して被害に対処するための費用の負担が求められないのかを、少なくとも多くの人々が納得する形で、関連企業は示す必要がある。さらに、このことと同時に、財閥を中心とする企業群がいかに日本軍と関わり、戦争を遂行していったかも明らかにされていく必要がある。遺棄毒ガス問題発生に対する軍産学複合体の責任を明らかにすることが、同種の問題を繰り返させないこととなる。

(4) 地裁判決

中国における遺棄毒ガス事件はチチハル遺棄毒ガス事件のほかにも多数存在しており、二〇〇〇人を超える中国人が被害にあっているといわれている。チチハル遺棄毒ガス事件では、二〇〇七年一月二五日に中国人の被害者たちが日本政府を相手どって提訴しているが、これに先行して提訴された同種の訴訟が二つ存在する。第一次訴訟と呼ばれる訴訟は、松花江紅旗〇九号事件(一九七四年)と牡丹江市光華街事件(一九八二年)とで被毒した一三人が、一九九六年一二月九日に提訴したものである。二〇〇三年九月二九日の東京地裁判決では、日本政府に賠償責任があるとして、裁判所は原告に合計一億九〇〇〇万円を支払うようにと画期的な判決を下した。しかし、二〇〇七年七月一八日、東京高裁は地裁判決を覆し、日本政府の賠償責任を認めなかった。二〇〇九年五月二六日、原告の上告は最高裁にて棄却されている。第二次訴訟と呼ばれる訴訟は、いずれも黒龍江省で起こった三つの事件(一九五〇年、一九七六年、一九八七年)で被毒した五人が、一九九七年一〇月一六日に提訴したものである。これらの訴訟では、二〇〇三年五月一五日の東京地裁、二〇〇七年三月一三日の東京高裁、二〇〇九年五月二六日の最高裁のいずれでも日本政府の賠償責任が認められていない。チチハル遺棄毒ガス事件訴訟の東京地裁判決は、二〇一〇年五月二四日に下されたが、そこでも日本政府の賠償責任は認められなかった(8)。チチハル遺棄毒ガス事件訴訟は、二〇一一年三月末現在、高裁で係争中である。本項では、遺棄毒ガス事件をめぐる訴訟の論点を整理した上で、チチハル遺棄毒ガス事件訴訟の地裁判決の内容をみていく。

遺棄毒ガス事件の先行訴訟でまず問題になったのが、除斥期間である。除斥期間とは、不法行為が行われた時点から二〇年以上が経過すれば、被害者の損害賠償請求権が無くなってしまうという考え方である。除斥期間は戦争中に生じた事件を日本の裁判所で訴える時、常に問題となる(9)。除斥期間という考え方に対し、第一次訴訟の地裁判決では、画期的な判断が下された。すなわち、①除斥期間の制度は被告(日本政府)が決めた法律で、その制度によって利益を受けるのも被告なのだから、原告に不利であり、公平ではない、②また中国人の被害者たちは、「中華人民共和国外国人入出国管理法」(一九八六年二月)という法律が中国で施行されるまでは、個人的な理由で出国することができなかった事情があり、裁判をしたくてもできなかったのだから、除斥期間の制度はあてはめられない、というものである。これはその後の判決でも踏襲されている(化学兵器CAREみらい基金2007)。

法律上の不法行為が認められるためには、多くの公害訴訟と同様に、①事実認定、②予見可能性、③回避可能性のいずれもが認められなければならない。事実認定とは、遺棄毒ガス事件でいえば、事件は日本軍が遺棄した毒ガスによって起こったものかどうかという因果関係に関する事実の認定で、いずれの訴訟でも認定されている。予見可能性とは、日本軍が遺棄した毒ガスによって事件が起こることを日本政府があらかじめ予測できたかどうかということで、こちらもいずれの訴訟でも認定されている。回避可能性とは、危険を認識していたとしてもそれを防ぐ手段を被告が有していたかということで、この点で裁判所の判決が分かれた(化学兵器CAREみらい基金2007)。唯一、回避可能性を認めた第一次訴訟の地裁判決の内容に対し、高裁判決では、以下のように述べて、地裁判決を覆した。すなわち、日本政府が中国政府に対して、毒ガスが存在する可能性が高い場所、実際に配備されていた毒ガスの形状や性質、その処理方法等の情報を提供していたとしても、事件を回避できた可能性が高まったに過ぎず、事件の発生を防止することができた高度の蓋然性はないという判断である。また、第二次訴訟では、中国の同意がなかった段階で、日本政府が中国で毒ガスの回収措置をとることはできなかったとして、回避可能性を認めなかった。

先行訴訟の判決内容を受けて、チチハル遺棄毒ガス事件訴訟で重大な争点となっているのが回避可能性である。二〇一〇年五月二四日の地裁判決でも回避可能性は認定されず原告側の敗訴となったが、そこでの判断は以下の通りであった。すなわち、①チチハル市内には日本軍の主力化学戦部隊である五一六部隊や五二六部隊が駐屯していたのであるから、同地域に遺棄毒ガスが多数存在していることは予見可能であり、②事件が発生した場所がチチハル飛行場という毒ガスを使用していた可能性が高い軍事施設であり、③またチチハル遺棄毒ガス事件が後述の「中国における日本の遺棄化学兵器の廃棄に関する覚書」により、日本政府と中国政府が遺棄毒ガスの処理作業を協力して実施することが合意された後に生じた事件であったとしても、①中国に遺棄された毒ガスは中国全土にわたって存在しており、②チチハルでこれまでに回収された毒ガスの数が他の地域と比較して特に多い傾向は認められず、③覚書によって中国政府の協力が得られるようになった一九九九年からチチハル遺棄毒ガス事件が起こった二〇〇三年までに、日本政府が三回にわたって毒ガス発掘回収作業を実施していたことを考慮すると、回避可能性を認めるまでには至らないという判断であった。

しかし、これまでに回収された毒ガスの数といっても、日本政府は『昭和四八年の「旧軍毒ガス弾等の全国調査」フォローアップ調査報告書』のような調査を中国では怠ってきており、包括的な調査自体が存在しないのであるから、回収された毒ガスの数がチチハルに多いとは当然言えない。また、日本政府が三回にわたって毒ガス発掘回収作業を実施していたといっても、中国側によって偶然発見された毒ガスを回収していただけで、事件の発生を防止するために積極的に作業を実施していたわけではない。にもかかわらず、中国は広大であるから事件は防ぎ得なかったとするのは、日本政府が効果的な対策をとり続けないまま今後同様の事件が起こったとしても、損害賠償責任は認められないとすることと同じである。このような判決内容に対して、原告からは、「チチハル飛行場までは調査できなかったというのであれば、どこまでならできたのかを示して欲しい」、「被害を受けても責任をとってくれるところがないのが怖い。運が悪かっただけで済まされてしまうのではないか」といった声が出されていた。

判決内容ではまったく触れられていなかったが、チチハル遺棄毒ガス訴訟における原告側の主張で重要な点として、どの症状が毒ガス被害なのかという病像の問題がある。チチハル遺棄毒ガス事件における被害を前述したが、地裁判決の中で認定されたのは、眼損傷障害、皮膚障害、生殖器障害が中心であって、そのほかの障害についてはほとんど触れられていない。被害の範囲がきわめて狭くとられているのであって、原告が特に強く主張していた神経障害起因とみられる症状については何ら触れられていない。しかし、現在も引き続いている水俣病問題において典型的なように、病像の問題は誰が毒ガス被害者なのか、どの程度の損害賠償や補償を受けるべきなのかを決める上で非常に重要な役割を果たす。公害事件や公害訴訟では、非特異性症状を切り落とす等、被害の範囲をできるだけ狭くとろうとする動きがみられるが、適切な被害救済を実現するためには、身体的被害だけでなく、精神的被害や経済的被害に及ぶ全人被害の実情が明らかにされる必要がある。

(5) 負の遺産を清算していくために

日本政府は、チチハル遺棄毒ガス事件発生後の二〇〇三年一〇月一九日に「遺棄化学兵器処理事業にかかる費用」という名目で三億円を中国政府に支払うことには同意しており[10]、その支払い金とほぼ同額の一時給付金が中国政府から被害者に渡されている。しかし、チチハル遺棄毒ガス事件弁護団のヒアリング調査によると、医療費や生活費がかさむため、ほとんどの被害者がすでに給付金を使い果たしてしまったとのことである。遅発性・進行性の被害であるため、一時給付金では被害者の救済は不十分であり、少なくとも医療保障と生活保障が実現される必要がある。(11) 経済的に家族を養う義務感にさいなまれながらも身体的被害や差別によって就労できない苦痛を受け、また今後の生活をどのように成り立たせていくのかという不安を感じながら生活を続けている被害者の救済なしには、負の遺産の清算は始まらない。

日本政府は、一九九七年四月二九日に発効した「化学兵器禁止条約」と一九九九年七月三〇日に中国と交わされた「中国における日本の遺棄化学兵器の廃棄に関する覚書」とに基づいて、遺棄化学兵器処理事業を実施している。これは、中国国内の全ての遺棄毒ガスを日本政府の費用負担で探査、発掘、回収し無害化処理するという事業である。負の遺産の清算に向けてこのような事業を進めていることは評価できるものの、前述したように、日本政府は国内における遺棄毒ガスの処理とは異なった不十分な対応しか中国ではしてこなかった。すなわち、日本政府は、中国においては、情報収集、危険地域の把握を全く行うことなく、中国側によって発見された毒ガスを回収、廃棄してきたに過ぎない。日本政府が環境破壊的な毒ガスを中国に遺棄してきた責任を真摯に認め、積極的に収集した情報を中国に提供していたならば、チチハル遺棄毒ガス事件は生じなかった可能性が高い。日本政府は毒ガスを生産、遺棄した責任を認めるとともに、ダブル・スタンダードをとったことにより発生したチチハル遺棄毒ガス事件の被害に対する責任を認め、被害者救済を含めた遺棄毒ガス問題全体の全面解決にできる限り努めていかなければならない。

遺棄毒ガス問題は戦争の結果生じたものである。これまで戦争における環境責任が問われることはほとんどなかった。しかし、人権の侵害はもちろんのこと、近年の戦争は環境に耐えがたい負荷をかける。遺棄毒ガス事件のような環境問題を必然的に生み出してしまう近年の戦争を環境責任の観点から問うことが、被害者救済、地球環境の保全、「最大の公害」と呼ばれる戦争の再発防止といった理由から、ますます必要とされるようになっている。(12)

日本政府によって情報が独占されてきたことに加えて、被害の見えにくさや軍事関連という問題の性質上、チチハル遺棄毒ガス事件は一般に認知されにくい（永野・林 2010)。しかし、被害の深刻性の点からも、日中関係の点からも、戦後補償の点からも、また前世紀に大量に生み出してしまった負の遺産の清算という点からも、チチハル遺棄毒ガス事件をはじめとする遺棄毒ガス事件は、今世紀私たちが解決していかなければならない問題である。多くの人々に認知されていないからといって、この事件が重要でないというわけではない。むしろ、環境や人権を尊重する世の中を形成していくためには避けては通れない事件である。権力体系の体質を改善させていくためにも、認知されにくい原因を理解した上で、私たちはこの重要な事件に「意識的に」取り組んでいく必要がある。

2　米国内基地における基地汚染

本節では、次節で横田基地における基地汚染を検討するにあたって、米軍が国内基地ではどのような環境政策をとっているのかをみていく。

米国では大気清浄法や飲料水安全法（Safe Drinking Water Act）をはじめ、多くの環境法が制定されている。汚染の主要な原因となる有害廃棄物の適正な処理は、資源保護回復法やそれに相当する州法によって規定されている。前章でみたように、ブッシュ政権が誕生した二〇〇一年以降になって、これらの環境法の適用から逃れようとする動きが激しくなっているが、米国内では軍事活動にも基本的には環境法が適用されており、軍事基地汚染も例外ではない(13)。

(1) 汚染除去プログラム

資源保護回復法によって有害廃棄物の適正な処理が求められているとはいえ、有害廃棄物の全てがなくなるわけではないため、有害廃棄物による新たな基地汚染は避けられない。加えて、過去の、特に両世界大戦以降の軍事活動によって、基地内に深刻な汚染が蓄積されてきた。基地汚染の除去が重大な課題となっている。

軍事活動の結果生じる有害物質のほとんどは産業活動の結果生じる有害物質と類似しており、溶剤、腐食剤、剝離剤、希釈剤、鉛、カドミウム、クロム等である。一方、神経ガス、不発弾（Unexploded Ordnance）等の軍事基地特有の汚染も存在する。(14) 主な汚染サイトは、漏出サイト地域（Spill Site Area）、貯蔵区域（Storage Area）、地下貯蔵タンク（Underground Storage Tanks）、埋立処分場（Landfill）、地上処分場（Surface Disposal Area）である。それらが全体の約五七％を占めている（Office of the Under Secretary of Defense 2002）。

軍事基地汚染の除去に対するＤＯＤの初めての取り組みは、一九七五年に創設された軍事施設汚染除去プログラム（Installation Restoration Program：IRP）である。一九八六年にスーパーファンド法と同様の措置が軍事基地にも適用されることとなり、(15) 一九八四年からＤＯＤによって実施されていた国防汚染除去プログラム（Defense Environmental Restoration Program：DERP）が公式に制度化された。このときにＩＲＰはＤＥＲＰの一部とされた。ＤＥＲＰは主にＩＲＰと軍事兵器対応プログラム（Military Munitions Response Program：MMRP）という二つのプログラムによって形成されている。ＭＭＲＰは主に不発弾の除去を対象とし、ＩＲＰはそれ以外の汚染の除去を対象としている。ＤＥＲＰには創設から二〇〇八会計年度までに約三〇〇億ドルの予算がつけられてきた（GAO 2010）。また、二〇〇九会計年度には、二〇億ドルが資金供給された（The Under Secretary of Defense 2010）。

ＤＥＲＰにおいては汚染物質ごとに汚染除去水準が決まっているわけではなく、公衆の健康、福祉、環境に対して「緊急で実質的な脅威」（imminent and substantial endangerment：ISE）を解消することが求められている。

ここでの脅威とは、潜在的な脅威でも構わないし、脅威をもたらすかもしれないという証拠があれば、その場所からの漏洩についての証拠も要求されない。また、健康や環境に対して深刻な被害があるかもしれないとの懸念について合理的な根拠があれば、脅威は実質的であるといえるとされている。米国内ではＩＳＥという概念はかなり広義に解釈されている（世一 2010）。

ＤＥＲＰによって、軍事基地の汚染除去にも私企業に対してと同様にスーパーファンド法が適用されているものの、全国汚染除去優先順位表（National Priorities List：NPL）に登録されている一四〇箇所の基地内のサイトのうちの一一箇所で、[16] ＤＯＤが同意しなかったためＥＰＡが汚染除去に係る監督権限を行使できていない(GAO 2009a)。ＥＰＡの意向を完全に無視できるわけではないが、基地内の汚染除去では、ＤＯＤが強い裁量を行使できるようになっている。

二〇〇九会計年度末現在の汚染サイト数は、ＩＲＰが二万九三三八箇所、ＭＭＲＰが三七八三箇所となっている（The Under Secretary of Defense 2010）。

第四章で詳しくみるように、軍事基地再編・閉鎖（Base Realignment and Closure：BRAC）において、跡地利用との絡みで基地汚染の除去は特に重要な課題となっている。ＢＲＡＣは一九八八年から始まり、一九八八年、一九九一年、一九九三年、一九九五年の四回のラウンドで一五二箇所の大規模基地が再編・閉鎖された。最近のラウンドが二〇〇五年のものであり、このラウンドだけで五七箇所の大規模基地が再編・閉鎖されている。運用中の基地とＢＲＡＣ対象基地とで汚染除去の目標や手段に違いはないが、跡地利用を促進するために、また跡地利用によって汚染に人々が触れる可能性が高くなるために、ＢＲＡＣ対象基地の汚染除去が優先される場合がある。[17]

ＩＲＰ

ＩＲＰは不発弾を除いた汚染に対する除去プログラムである。二〇〇一年度にＭＭＲＰが導入されるまでは、ＩＲＰが汚染除去プログラムの中心であった。まずはＤＯＤにとって主要な汚染除去プログラムであったＩＲＰの問題を取り上げる。

汚染サイトに対してはまず基礎危険評価（Baseline Risk Assessment）を行う。基礎危険評価では、人体や環境に対して汚染サイトがもつ影響を調査する。冷戦終結後にＤＯＤによる本格的な調査が始められたが、除去を必要とする汚染サイトがあまりに多く発見されてしまった。そのため、ＤＯＤは全ての汚染サイトに一度に対応できなくなった。対応策として一九九四年から導入されたのが、相対危険サイト評価（Relative Risk Site Evaluation）である。相対危険サイト評価は、①汚染の程度、②汚染拡大の可能性、③人体や環境への影響を評価の対象として、汚染サイトに「高」、「中」、「低」という相対的な危険順位をつける（GAO 1998a）。そして、「高」の危険順位をつけられた汚染サイトを優先して除去することとした。相対危険サイト評価を導入した結果、「中」「低」の危険順位をつけられた汚染サイトでは必要があるにもかかわらず、汚染除去が進まないといった事態が生じている。たとえば、二〇〇九会計年度において、「高」の危険順位をつけられた運用中の基地の汚染サイトの九四％で危険の軽減もしくは汚染除去完了（Response Complete）か汚染除去準備完了（Remedy in Place）が達成されているのに対し、(18)「中」の危険順位をつけられた汚染サイトでは七〇％で、「低」の危険順位をつけられた汚染サイトでは七四％で危険の軽減もしくは汚染除去完了か汚染除去準備完了が達成されているに留まっている（The Under Secretary of Defense 2010）。

汚染除去水準や汚染除去方法によって大きく変わるので参考程度でしかないが、ロサンジェルス・タイムスの取材に対して、ＤＯＤの監軍局は国内基地の汚染除去総費用が一〇〇〇億から二〇〇〇億ドルに達するかもしれないと答えている（Broder 1990）。汚染調査が進み情報が増えるにつれてたびたび上方修正されているが、汚染除去総費用の予測はいずれにしても莫大な金額となっている。

ＩＲＰの除去費用が莫大になる理由としてＧＡＯは、①多数の汚染サイトと汚染の種類の多様性、②連邦政府と州の厳しい法律や規制、③汚染の種類によっては費用効果的な汚染除去技術が存在しないことをあげている。

基地汚染の除去費用を減少させるための方法として、①除去活動の延期、②現在の法律や規制の修正、③より費用効果的な技術の開発、採用が提示されているが、いずれも根本的な解決にならないうえ、汚染による被害のリスクを高める可能性もある（GAO 1996）。一度汚染が生じてしまうと、その除去費用削減は容易ではない。また、汚染除去が遅れる理由としてＧＡＯは、①不発弾の場所を正確に特定して除去する能力の技術的制約（後述）、②環境規制や環境法を遵守する範囲についてのＥＰＡ等の規制主体とＤＯＤとの長期にわたる交渉、③これまでは発見されていなかった汚染物質への対応をあげている（GAO 2010）。

汚染の性質によっては完全な汚染除去が不可能な場合がある。また汚染除去プログラムが費用効果的に人体と環境への影響を軽減させることを目的としているため、汚染除去に莫大な費用と時間を要する場合には、完全な汚染除去ではなく、汚染の封じ込めといった方法が選択される場合もある（GAO 1995a）。除去後にも安全性の面で問題が残ることから、長期的にみた場合には汚染の封じ込めが最適な選択ではない可能性があるにもかかわらず、汚染の除去に莫大な費用と時間を要する場合には現実問題として完全な除去が行われない。汚染の完全な除去は、技術的にも経済的にも時間的にも非常な困難を伴う。

ＭＭＲＰ

基地汚染除去プログラムの中心は発足以来ＩＲＰであった。しかし、ＩＲＰを進めていく中で不発弾の除去が重大な課題となったため、二〇〇二会計年度国防認可法（National Defense Authorization Act for Fiscal Year 2002）でＭＭＲＰが開始されることになった。ＭＭＲＰも基本的にＩＲＰと同じく、スーパーファンド法と同様の手続きによっている。ＭＭＲＰはＩＲＰよりもプログラムの進行が遅く、たとえば二〇〇九会計年度において、七二％の運用中の基地の汚染サイトで現地調査（Site Inspection）が実施済みであり、四三％の運用中の基地の汚染サイトで汚染除去完了もしくは汚染除去準備完了が達成されているに留まっている。ＢＲＡＣ対象基地の汚染サイトでも、ＭＭＲＰはＩＲＰよりもプログラムの進行が遅い（The Under Secretary of Defense 2010）。

兵器のテスト、訓練活動によって発生した「汚染」がＭＭＲＰの対象となる。ＤＯＤは不発弾、廃棄された弾薬、弾薬中の有害物質（Munitions Constituents）の三つにＭＭＲＰの対象を分類している。地中の不発弾が劣化し、弾中に含まれている有害物質が溶出して土壌を汚染する可能性がある。弾薬中の有害物質とは、この問題を対象とした取り組みである。

弾薬中の有害物質の問題は、ＭＭＲＰの中で特に深刻である。弾薬中には二〇〇種類以上の化学物質が使用されている。その中にはトリニトロトルエン（爆薬）、一・三ージニトロベンゼン（媒染剤）等、広範に使用されており環境への影響が強い二〇種類の化学物質も含まれている。トリニトロトルエンは以前弾薬工場が建っていた地域の土壌や地下水から多数検出されており、周辺住民の健康が憂慮されている（The Under Secretary of Defense 2003）。

ＤＯＤによれば、不発弾の除去総費用は一四〇億から一〇〇〇億ドルになると推計されている（GAO 2001）。推計値の幅が大きい理由は、不発弾の汚染に関する情報が極端に不足しているためであろう。ＩＲＰに対する資金供給が不足しているにもかかわらず、ＭＭＲＰにも巨額の資金が必要とされている。

不発弾の除去は、以下のようになされる。まず不発弾を探知する。主な探知方法は、①訓練された職員による目視や職員による磁気探知機の利用、②土壌表示システム（geo-reference system）の利用である。ＧＰＳを利用しているため、不発弾が森林地に遺されている場合には土壌表示システムは利用できず、労働集約的で費用と時間を要する方法を選択せざるをえない。また、現在の技術では水面下にある不発弾については、探知することさえできない（The Under Secretary of Defense 2003）。

破壊や中和のために無傷で不発弾を回収することが、一般的な除去方法である。ほとんどの場合、職員の手作業によって不発弾は発掘・回収される。不発弾の発掘・回収は、危険なうえ、莫大な費用と時間を要する。回収された不発弾を破壊もしくは中和することで不発弾の除去は完了する。現在最も一般的な不発弾の破壊方法は、爆轟（detonation）である。ニトログリセリン等の爆薬に強い打撃や急熱を加えると、激しい爆音を伴って爆発する。この現象を爆轟と呼ぶ。

安全な運搬が可能であれば、人体や環境への影響が少ない場所で不発弾を爆轟できる。しかし不発弾の運搬が困難な場合、不発弾は探知した場所で爆轟させられる。人体や環境への影響を最小化する方法が、不発弾を探知した場所で爆轟することだと考えられるからである。同様の理由で、不発弾が多く遺された地域は自然保護地区として立入禁止にされることがある。

現在の技術では汚染を引き起こさずに不発弾を除去することは困難である。不発弾を爆轟させたとしても、周囲に多くの有害物質を撒き散らしてしまう。立入禁止にして不発弾を放置しておいた場合、弾薬中の有害物質による土壌・地下水汚染が引き起こされる。産業活動によって生じる汚染と比べて、生の破壊を目的としている軍事活動によって生じる特有の汚染はより危険であり、また除去困難である。不発弾の問題は、このことの典型例である。軍事基地独自の汚染である不発弾の除去には、すでに多くの問題が投げかけられている。

(2) RAB

汚染除去助言委員会（Restoration Advisory Board：RAB）は、できるだけ効率的に汚染除去を進めるために、DODが導入した注目すべき制度である。汚染除去に関しては、一九七五年に導入されたIRPに基づき、DODのみが対応していた。しかし、一九八六年にスーパーファンド法が改定されると、同法の枠組みの一部としてDERPが位置づけられ、BRAC対象基地の汚染除去に関して周辺住民に対し説明責任が問われるようになった。一九八六年からは技術検討委員会（Technical Review Committee）が軍事基地ごとに設置されるようになり、地域の代表者は汚染除去を検討する機会を得られるようになった。加えて、技術的側面に限らず積極的に周辺住民の参加を可能にするための仕組みが、一九九四年に創設されたRABである。技術検討委員会では汚染除去作業に関する技術的な文書に対して検討を加える機会が一部の代表者に与えられただけだったのに対し、RABでは汚染除去プロセスのあらゆる局面で住民の直接参加が可能になった。RABによって、DODは早期に争点を特定して効果的に汚染を除去できるし、基地周辺住民との対立を緩和できる。また、RABの導入には、第四章第二節でみるように、BRACを進めるにあたって、周辺地域の利害関係者の要求を知ることが跡地利用を早期に実現する上で必要不可欠だったからという側面があった。

二〇〇九会計年度において、二一八箇所の軍事基地のうち一九一箇所でRABがつくられており、それらのRABの運営や活動を支えるために二九五万ドルがDODによって費やされている（The Under Secretary of Defense 2010）。このことをみれば明らかなように、RABは米国内基地の汚染除去を考える上で欠かせない制度となっている。

RABの目的と機能は、次のように述べられている。「RABは、市民、基地、EPA、州の間の情報交換と協力の広場である。さらに重要なことは、RABは地域社会が基地の汚染除去過程に意見を述べる機会を与える。私たちの考えでは、地域社会の汚染除去努力についての理解と支持を増進させ、政府決定の健全さを改善し、また汚染除去が地域社会の必要性に適合することを保証することによって、RABはDODの汚染除去プログラムを改善するであろう」（DOD & EPA 1994）。

DODによればRABは、連邦政府機関に対する住民参加（Public Involvement）事業としては米国内で最大規模とされている。RABは、BRAC対象基地の他、周辺住民や州政府の要請に応じて運用中の基地においても設置できる。RABに参加しているメンバーは、地方自治体職員、低所得者、事業共同組合関係者、地域の環境団体職員、軍事基地内の居住者、基地周辺の住民と多岐にわたっている。汚染除去計画と技術的な資料の検討、汚染除去プロセスの検討と助言がRABの中心的な活動となっている。助言の内容は、汚染調査の範囲、将来の土地利用、汚染除去方法、汚染除去サイトの優先順位等である。RABによる助言を通じてコミュニティの見解や関心をＤＯＤの決定に反映させる。ＤＯＤも、ＲＡＢが汚染除去プロセスの改善に重要な役割を果たしたことを認めている（The Under Secretary of Defense 2003)。

ボトム・アップ式の再開発が目指され、住民参加の制度が組み込まれているとはいえ、ＤＯＤには最終的な政策決定権がある。具体的な再開発プロセスにおいては、地域の利害関係者がＲＡＢを通して意見を表明し、汚染除去水準に影響を与えうる。しかし、最終的な汚染除去水準は、ＲＡＢによる助言や、汚染除去費用、実行可能性、短期と長期の効果を含むスーパーファンド法の汚染除去選考基準を考慮して、ＤＯＤが決定する（Office of the Under Secretary of Defense 2001)。つまり、汚染除去が技術的、資金的に困難な場合には、地域の利害関係者の要求がある場合であっても、高水準の汚染除去がなされない可能性がある。

様々な立場の人々を入れて汚染除去に係る重要な決定事項を協議することは、基地汚染によって被害者となりうる人々の意見を、汚染除去や跡地利用に反映させる上で不可欠である。ＲＡＢは基地周辺の住民が軍事基地汚染問題を知り、汚染除去水準や方法の決定に限定的ではあるものの、影響を及ぼしている点で評価できる。

3　横田基地における基地汚染

本章第二節で、米国内基地においてはＤＥＲＰというプログラムの下で汚染除去に一定の資金が供給され、ＲＡＢによって汚染除去過程における周辺住民の参加が保障されていることをみた。これに対して、米海外基地ではどのような状況になっているのかを、横田基地における基地汚染の事例を通してみていくことが本節の課題である。同時に、在日米軍基地の汚染問題を改善するためにとられるべき公共政策についても検討する。

表 3-1　横田基地の漏出事故の件数（漏出量別，報告書の有無別）

（単位：件）

		1999	2000	2001	2002	2003	2004	2005	2006	計
事故総数		4	11	4	7	14	16	28	6	90
漏出量	10,000 以上	0	0	0	0	0	1	0	0	1
（ガロン）	1,000-10,000 未満	0	0	0	1	0	0	1	0	2
	100-1,000 未満	0	0	3	2	1	0	0	0	6
	100 未満	3	8	1	3	13	15	26	6	75
	不明	1	3	0	1	0	0	1	0	6
EIIB 報告書	有	0	0	3	3	1	2	1	0	10
	無	4	11	1	4	13	14	27	6	80

出所）2006 年 8 月 10 日に情報公開された太平洋空軍の資料より作成.
注）1 ガロンは，3.785 リットルに相当する.

(1)　横田基地の漏出事故の全体像

これまで軍事環境問題についての調査研究が立ち遅れてきた大きな要因の一つとして、各種の軍事活動に関する重要な情報そのものが国家安全保障の名のもとに秘匿されてきたという現実を無視することができない。しかし、この点でいえば、幸いにも米国の場合、これまでみてきたように軍事環境問題に関する情報のかなりの部分が公開されており、また、米情報自由法（Freedom of Information Act）を活用することも可能となっている。とくに米国では、強力な環境NGO等が存在していることもあって、軍事環境問題のなかでも軍事基地汚染をめぐる関係情報が少なからず入手可能となっている。情報自由法を利用し、二〇〇六年六月二〇日に横田基地の汚染情報に関する資料の公開を横田基地に駐留する米太平洋空軍の第三七四空輸航空団に請求した。二〇〇六年八月一〇日に公開された資料をまとめたものが本節である。

情報公開請求では「横田基地での、もしくは横田基地に隣接する場所での、米国内で法的に規制されているPCB、DDTをはじめとする諸々の有害物質の漏出、排出、放出に関して叙述、議論されたすべての文書」の公開を求め、横田基地（所沢通信基地を含む）で「報告された汚染物質の漏出、排出、放出に関する記録」の公開が認められた。[19]

公開された資料によると、一九九九年九月三〇日から二〇〇六年五月一〇日までの約七年間に九〇件の漏出事故が横田基地で発生している。

表 3-2　部類分けの基準の一部

部類	費用	POL	危険度
1	汚染軽減に 20 万ドルを超える費用を要する汚染物質の放出	1 万ガロンを超える POL の放出	環境に被害を及ぼし，公衆の健康や安全に深刻な脅威を与える報告量を超えた放出
2	汚染軽減に 5 万～20 万ドルの費用を要する汚染物質の放出	1 千～1 万ガロンまでの POL の放出	環境を危険にさらし，公衆の健康や安全に脅威を与える報告量を超えた放出
3	汚染軽減に 5 千から 5 万ドルの費用を要する汚染物質の放出	1 百～1 千ガロンまでの POL の放出	公衆の健康や安全と環境とに被害も脅威も及ぼさない報告量を超えた放出
4	汚染軽減に 5 千ドル未満の費用を要する汚染物質の放出	1 百ガロン未満の POL の放出	

出所）Pacific Air Forces（2000）より作成.

それらを、漏出量別、環境事故調査委員会（Environmental Incident Investigation Board：EIIB）報告書の有無別に整理したものが表3-1である。[20] 事故発生時に組織されるＥＩＩＢは、事故の部類によってメンバーが異なるが、すべて米軍関係者のみによって構成される（Pacific Air Forces 2000）。

報告書の作成義務の導入にもかかわらず、一年間の事故総件数が不明な一九九九年と二〇〇六年を除いてみると、二〇〇〇年から二〇〇一年にかけて一時的に減少した以外は、年ごとの漏出事故件数は一貫して増加している。二〇〇二年、二〇〇四年、二〇〇五年には、多量漏出の事故が発生している。漏出事故の件数だけをみる限り、ＥＩＩＢ報告書の作成義務の導入によって漏出事故が減少したとはいえない状況にある。

ＥＩＩＢ報告書は、汚染除去に要する費用、「ＰＯＬ」[21]（petroleum, oil and lubricants）の放出量、人間の健康や環境への危険度等の観点から四つの部類に分けられる[22]（表3-2）。最も深刻な汚染を引き起こした漏出事故が部類1とされる。漏出事故の発生時、それぞれの観点の基準をもとに米司令官が事故の部類を決定する。部類1、2、3に認定されるとＥＩＩＢ報告書が作成される。部類4に認定された場合には基本的にＥＩＩＢ報告書は作成されないが、例外もある。ＥＩＩＢ報告書が作成された漏出事故は、約七年間で一

○件であり、このうち部類1が一件（二〇〇四年）、部類2が二件（二〇〇二年と二〇〇五年）、部類3が七件となっている。これは、ほぼ漏出量別の分布と一致している。

部類1の漏出事故では、最も詳細なＥＩＩＢ報告書が作成される。事故への対応等をより詳細に検討するために、以下で、漏出量が最も多く、詳細な記述がなされている事故を取りあげる。

なお、横田基地の場合、事故で漏出する汚染物質のほとんどはＰＯＬである（図3-1）。なかでも、ＪＰ-8が五〇件と多く、全体の五六％ほどを占めている[23]。横田基地は空軍基地であるため、航空機の燃料による漏出事故が多くなっている。

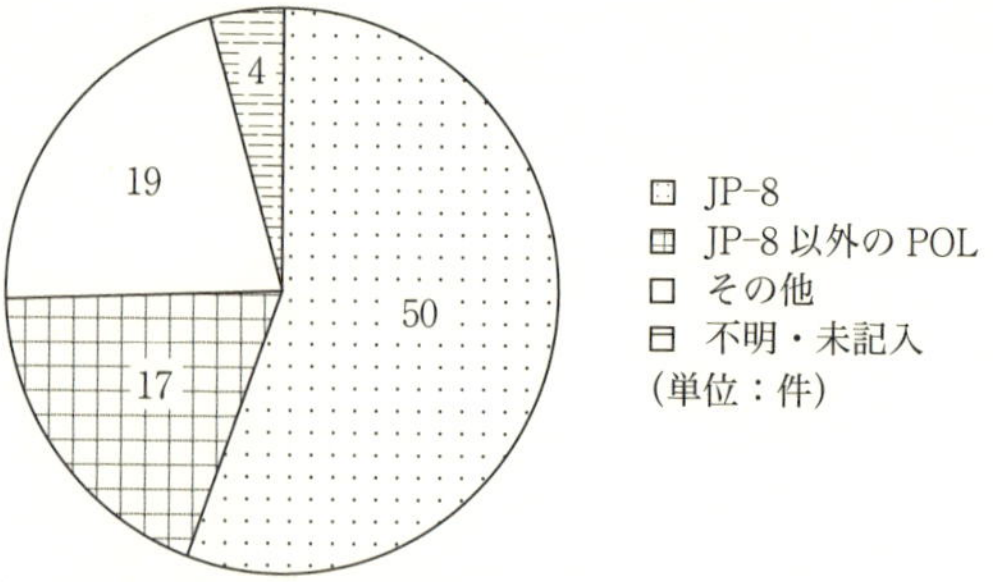

出所）2006 年 8 月 10 日に情報公開された米太平洋空軍の資料より作成.

注）その他の汚染物質には，水硬性の液体（hydraulic fluid），不凍液，硫化水素，硫酸等が含まれている.

図 3-1　横田基地の漏出事故の汚染物質

また、情報公開された資料の記述に濃淡があるため正確な件数は明確にできないが、バルブをはじめとする装置の機能不全、パイプやポンプの破損、燃料補給時の漏出、人的ミスが主な漏出の原因としてあげられている。

漏出事故の発生場所はさまざまであるが、駐機場、燃料タンクでの事故が特に多く、それらで全体の三分の一ほどを占めている。

(2)　事例紹介

ＥＩＩＢ報告書は、ａ概要（narrative）、ｂ事故の日時、ｃ事故の場所、ｄ放出された有害物質の種類と推定量、ｅ事故の原因と再発防止のための提案、ｆ汚染源の消去と汚染物質の除去のためにとられた活動、ｇ緊急時の対応に関する教訓、h除去活動の費用と推定完了日、i提案された環境航空情報（Proposed environmental NOTAM（Notice to Airmen））という項目から構成されている。[24] ここでは、八〇件の中で唯一、部類1とされた二万九〇〇ガロンのディーゼル燃料漏出事故のEIIB報告書の記述内容を要約した。[25]

a　概要

二〇〇四年の八月三一日の午前九時三〇分頃、施設の維持管理のために雇われている職員が、所沢通信基地にある三〇〇ガロンの容量の地上貯蔵タンクからディーゼル燃料がこぼれているのを発見した。職員は、タンクの真下のコンクリートの上のほかに、タンクに隣接する草地にもディーゼル燃料がこぼれているのを発見した。地上貯蔵タンクはデイ・タンクとも呼ばれ、巨大な地下貯蔵タンクから使用する分のディーゼル燃料を取り出して貯蔵しておく役目がある。デイ・タンクには、タンク内のディーゼル燃料の液面の高さを制御する装置（level controller）がある。この装置によって地下貯蔵タンクからデイ・タンクへのディーゼル燃料の供給を、安全かつ自動的に行っている。しかし事故発生時には、デイ・タンクが一杯になっても、液面の高さを制御する装置が機能せず、通気孔から二万九〇〇ガロンものディーゼル燃料が周辺の土壌に漏出した。失われたディーゼル燃料の量は、最近の量の測定記録とタンクの中の残量から推定した。

b　事故の日時

漏出を発見したとき、ディーゼル燃料に浸された草は枯れており、地上貯蔵タンクからはまだディーゼル燃料が滴っていた。八月三〇日には一五人の従業員が働きに出ていたが、誰も漏出に気づかなかった。これらの事実から、発見時から遡って二四時間以内に漏出が始まったとみられる。また工兵中隊環境部に調査させたところによると、パイプの長さ・直径やディーゼル燃料の粘着性、ポンプの年数・状況から、発見時から二〇時間から二三時間前に漏出が始まったとみられる。すなわち、二〇〇四年八月三〇日の一〇時三〇分から一三時三〇分の間に漏出が始まった。
翌三一日一一時三〇分には、災害管理グループ（Disaster Control Group）が組織され、事故に対応した。また、日本政府の職員や自衛隊、所沢市役所の職員が現場を訪れた。漏出のニュースは日本のメディアに取り上げられ、漏出を抑制し、除去した米側の迅速な対応を説明する好意的な報道が行われた。

c　事故の場所

横田基地から北東に約一五キロの場所にある所沢通信基地で事故は起こった。漏出した場所は比較的平坦で、開けていて、草が多い。漏出が起こった八月三〇日には、台風がきており、雨が降り、強風が吹いていた。

d　放出された有害物質の種類と推定量

二万九〇〇ガロンのディーゼル燃料が漏出した。

e　事故の原因と再発防止のための提案

事故の最大の原因は、三〇〇ガロンのデイ・タンクが一杯になったときに、地下貯蔵タンクからのディーゼル燃料の供給を自動的に遮蔽すべきデイ・タンク内のディーゼル燃料の液面の高さを制御する装置が機能しなかったことである。第二に、新式ならば備えられているデイ・タンクから地下貯蔵タンクへディーゼル燃料を送り返すポンプがなかったことである。第三に、地下貯蔵タンクに過剰なディーゼル燃料が貯蔵されていたことである。一万二〇〇〇ガロンを最大容量とする地下貯蔵タンク二つで事故当時に約二万二〇〇〇ガロンを貯蔵していたが、横田基地での役割を果たすためには約三〇〇〇ガロンあれば足りるとみられる。第四に、台風による強風がディーゼル燃料の液面の高さを制御する装置に悪影響を与えたのではないかとみられる。第五に、ディーゼル燃料があふれ出した時に鳴るはずのアラームが鳴らなかったことである。アラームが鳴れば職員が気づくはずであったが、アラームにバッテリーが入っていなかったために、アラームが機能しなかった。
①デイ・タンクから地下貯蔵タンクへディーゼル燃料を送り返すポンプを備える、②地下貯蔵タンクのディー

ゼル燃料の量を一万ガロン未満（五〇〇〇ガロン未満が望ましい）に制限する、③アラーム・システムを整備する、④定期的にメンテナンスをすることを、再発防止のために提案する。

f　汚染源の消去と汚染物質の除去のためにとられた活動

ディーゼル燃料のほとんどは、漏出が発見されたときまでに土壌に吸収されていた。三一日のうちに、土壌に吸収されていないディーゼル燃料を吸収パッドに含ませる緊急の除去活動が行われた。また、漏出した場所を土壌の防壁で囲み、排水溝を埋めて、ディーゼル燃料の拡散を防いだ。後日、ディーゼル燃料を吸収した土壌は、掘り起こされ、処理された（項目hを参照）。

g　緊急時の対応に関する教訓

所沢通信基地での本件の場合、最初の緊急対応は、所沢市との相互支援協定（mutual aid agreement）を通じて行われることになっていた。三一日、所沢市の消防隊が事故に対応しようとしたが、彼らは所沢通信基地の中への立ち入りを許可されなかった[26]。相互支援協定は存在するが、米側が支援の要請をすることは滅多にない。出火すれば市の支援を要請するが、本件ではディーゼル燃料が漏出しただけで、出火はしなかった。事故後、米側は所沢市の職員と会って、相互支援協定の重要性と解釈とについて議論した。

h　除去活動の費用と推定完了日

二〇〇四年一一月中旬までに、汚染が明らかなすべての土壌は掘り起こされて、処理された。処理費用には一四四万ドルを要した[27]。

i　提案された環境航空情報

環境事故調査委員会は、太平洋空軍の基地で二〇〇〇年から二〇〇三年までの間に同様の事故が少なくとも四件あることを確認している。それらは、太平洋空軍／工兵中隊環境部のウェブ・ページのＮＯＴＡＭＳで叙述されている。四件のうち三件の事故原因は、デイ・タンク内のディーゼル燃料の液面の高さを制御する装置の機能

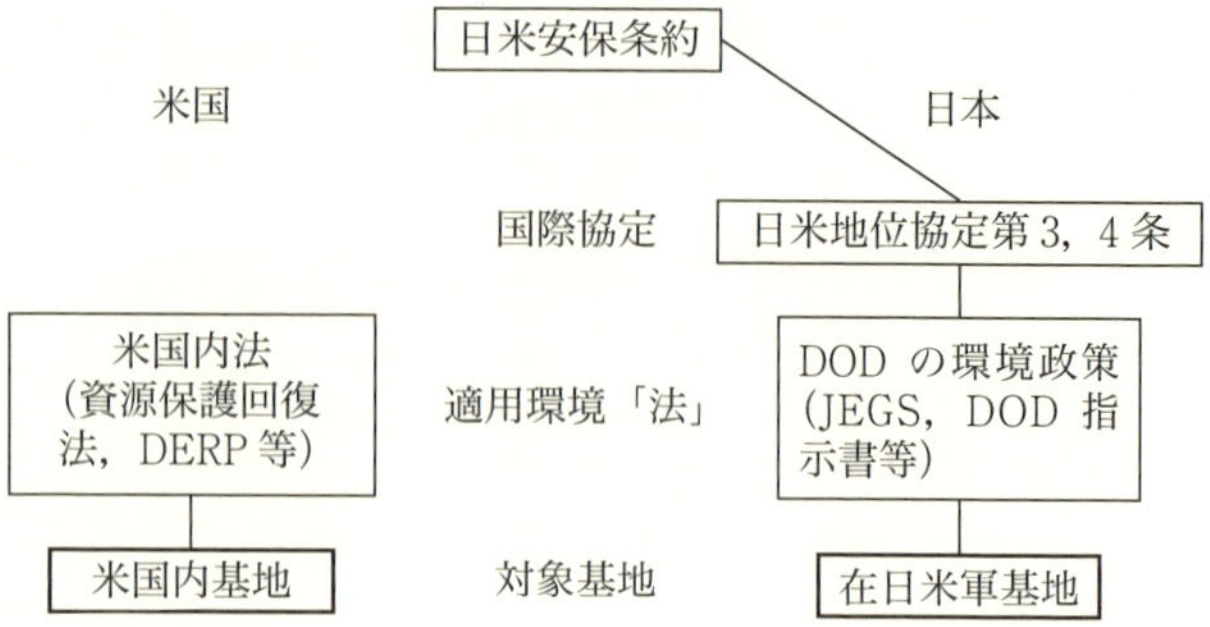

出所）筆者作成.

図 3-2　日米の米軍基地に適用される環境関連「法」の概念図

不全である。

(3)　ＪＥＧＳによる初期対応

米軍の汚染除去に関する政策は、国内基地の場合と海外基地の場合では大きく異なっている。海外基地ではＤＥＲＰは適用されない。在日米軍基地で最も優先されるのは、日米安全保障条約に基づく日米地位協定である。在日米軍基地における米軍の排他的使用権は、日米地位協定第三条第一項で定められている。これによって、日本の環境法、米国内の環境法等の適用を米軍は免除されている[28]。汚染調査名目での在日米軍基地への立入調査が困難なのも、米軍の排他的使用権が認められているためである。日米地位協定第四条第一項では、米軍の原状回復義務の免除が規定されている。日米地位協定の規定には環境を保全するための条項は存在せず、一九九〇年代になってＤＯＤによる環境政策が実質的な意味をもつまでは、米軍はなんら規制を受けない状況が続いた（図３-２）。

海外基地における有害物質・廃棄物の処理に関する米軍の義務が公式に示された一九九一年一一月二〇日のＤＯＤ指令六〇五〇・一六「海外施設における環境基準の設定と実行に関するＤＯＤの政策」(DOD Policy for Establishing and Implementing Environmental Standards at Overseas Installations) によって、各受入国で環境管理基準が作成されるようになった[29]。環境問題に対する意識の高まり等から、日本では一九九五年一月に初めて作成され、二〇一〇年一一月の第八版が最新のものとなっている。ＪＥＧＳでは、「実際に適用されている米環境法、日本環境法、地位協定とそのほかの国際協定と一致した基準」の達成が掲げられている。

一般にJEGSは、DODの過去の活動により起こされた汚染の除去には適用されないとされている。汚染除去活動は、日米地位協定や後述のDODの政策に則って実施される。しかし、POL及びその他の有害物質の漏出と地下貯蔵タンクからの燃料漏れという基地の運用上で生じた二つの場合でのみ、JEGSの中でDODは初期対応する必要があるとされている。そして、二万九〇〇〇ガロンのディーゼル燃料漏出事故をはじめとする横田基地で情報公開された汚染事故は、この二つの場合にあたる。(30)

DODによる漏出の初期対応は、人間の健康と安全に対して緊急で実質的な脅威(ISE)を取り除くことに焦点が当てられている。また、地下貯蔵タンクからの燃料漏れの場合には、初期対応する必要は明記されているものの、汚染除去水準についてはJEGSの中では何も述べられていない。そのため、DODは、担当者が十分であると考える汚染除去を初期対応で実施すれば義務を果たしたことになり、日本政府や地方自治体の汚染除去水準の要求に従う必要がない(Phelps 1998)。このため、横田基地における漏出事故において米軍が汚染を除去したといっても、それがたとえば日本の国内法に照らして十分な水準だったかについては疑問が残らざるを得ない。

JEGSには一般的に、①策定手続きにおいて日本政府や地方自治体、周辺住民らからの監視が届かないため、環境より軍事が優先される恐れがある、②特定の項目は米国内の基準より緩いため、この点を日本の市民から指摘された場合、外交の阻害要因となる場合がある、③日本の管轄権と競合が起こらない域外軍事活動について、なぜ米国内法ではなくJEGSが適用されるのかについて、説得力のある説明がない、④適用除外の対象が広範である(軍用機の運用や過去の汚染の除去等)、⑤あくまでDODの内部規定であり、日本の基地周辺住民等に被害が生じた場合であっても、JEGSを根拠として訴訟を提起することはできず、政府間交渉での国際合意により改善を期待することしかできない、といった問題点が指摘されているが(永野 2003)、それらに加えて、JEGS通りに初期対応が実施されたとしても、不十分な汚染除去しかなされない可能性が高い。

(4) 過去の汚染とJEGSを超える水準の汚染の除去

汚染除去は、初期対応における汚染除去と、それ以後の汚染除去とに大別される。初期対応以後の汚染除去には、初期対応を米軍が制度化する以前に引き起こされ放置されたままになっている過去の汚染の除去も含まれる。初期対応における汚染除去に関しては、JEGSが適用される。一方、過去の汚染の除去やJEGSを超える水準の汚染の除去に関しては、DOD指示書四七一五・八と地位協定が主に関係する。

海外基地の汚染除去に関するDODの文書でもっとも重要なものは、一九九八年二月二日に公布されたDOD指示書四七一五・八「海外におけるDODの活動に対する汚染除去」(Environmental Remediation for DOD Activities Overseas) である。この文書によって、運用中・閉鎖後の両方の海外基地を対象とした包括的な汚染除去政策が示された。

DOD指示書四七一五・八では、人間の健康と安全に対して「一般に明らかになっている、緊急で実質的な脅威」(known imminent and substantial endangerment : KISE) をもつ汚染の迅速な除去が米軍に命じられている。この政策には、大きく二つの問題点がある。第一に、海外基地内の汚染調査を米軍ができる限り実施しないようになってしまう。なぜなら、汚染が発見され、「一般に明らかになっ」(known) てしまえば、莫大な費用を要する汚染除去を米軍は実施しなければならなくなるからである。また、基地に対する反対感情が高まる可能性がある。第二に、多くの過去の汚染や初期対応を超える水準の汚染が除去されない可能性がある。なぜなら、基地外の「人間の健康と安全に対して緊急で実質的な脅威」(ISE) があると判断した場合にのみ米軍は汚染を除去するのであり、それ以外の場合には汚染は除去されない[31]。問題は、ISEというあやふやな概念が意図的に使用されていることで、これによって米軍に最高度の裁量が与えられている。DODがKISEという概念を使った背景には、多大な費用を要する汚染調査や汚染除去を政策としては避けたいという気持ちがあったとされている (Phelps 1998)。このことが示すのは、過去の汚染の除去やJEGSで定められている初期対応の水準 (ISE)

表 3-3　米海外基地における汚染除去の範囲と水準

	基地内	基地外
米軍による汚染除去	KISE に対処するため，または基地の運用を維持するためにだけ，米軍は汚染除去する．	KISE に対処するため，または基地の運用を維持するためにだけ，米軍は汚染除去する．
上記水準以上の汚染除去	KISE 以上の水準を望むなら，受入国がその分を汚染除去する．	地位協定の請求規定を通して，受入国の水準で第三者が汚染除去する．

出所）Phelps（1998）より作成．

を超える水準の汚染除去を米軍に実施させることは、米軍の政策に従う限りきわめて困難であるということである。

DOD指示書四七一五・八や日米地位協定の内容から、海外基地における汚染除去の範囲と水準は表3-3のようになる（Phelps 1998）。基地内で汚染が生じた場合、KISEの汚染であったならば、基地の運用を維持するために米軍は汚染を除去する。この場合、汚染除去費用を米軍がすべて負担する。米軍によってなされた以上の水準の汚染除去を周辺自治体等が望むのであれば、受入国側の負担で汚染を除去することになる。基地外の部分に関して、KISEの汚染除去は、基地内の場合と同じく米軍によってなされる。それ以上の水準の汚染除去を周辺自治体等が望むのであれば、地位協定の請求規定を通して、受入国の基準で第三者が汚染除去することになる[32]。

KISE概念がもつ問題に正面からぶつかったのが、二〇〇七年に大規模な米軍基地の返還が始まった韓国であった。日本と類似の対米地位協定をもつ韓国では、二〇〇三年五月三〇日の韓米地位協定の改定で、韓国は返還予定基地内の環境情報や汚染除去方法を米軍と共有し協議することができるようになったことにくわえて、汚染が生じていた場合、米軍が自身の費用負担でその汚染を除去してから韓国に返還することになった。にもかかわらず、実際に返還された米軍基地のほとんどで、韓国内の基準を上回る水準の汚染物質が検出され、韓国政府が追加の汚染除去の費用を負担せざるをえない状況が生じている。この原因が、KISE概念だった。とはいえ韓国では、返還前の汚染調査の実施、汚染調査の手順の確立、汚染除去水準の協議が実現しており、返還後に限られてしまっているが汚染調査結果の情報公開もなされているし、また今回の経験を糧にして、協議機関、汚染除去水準、情報公開等といった点で韓国側の意向をより反映させていこうと努力している。今後、日本でも今までにもまして地位協定改定の議論が起こっていくと思われるが、形式的に地位協定に環境条項を新設するだけで満足するのではなく、韓米間のＫＩＳＥ概念に関する議論を踏まえたうえで、実効性のある改定を求めていく必要がある（林・有銘 2010）。

米国内基地では汚染除去を規定した単一の法律が存在する。一方、海外基地では汚染除去を規定する法律は存在しない。海外基地においては、ＤＯＤの政策、対米地位協定等の国際協定が複雑に絡まりあったうえに米国と受入国との政治的な力関係が加わって、汚染が除去される。これらの文書によって規定された海外基地における汚染除去の義務は、法律による命令ではなくて、米軍が自己に課した達成要件といった性質を帯びている。そのため米軍としては必ずしも汚染除去の要求に応える必要はない。米軍が汚染除去の要求に応じる場合があるのは、汚染を放置することが受入国との関係を悪化させ当該基地へのアクセスを困難にするからである。すなわち、海外基地にアクセスしにくくなることによって米国の国家安全保障が脅かされることを回避するためにだけ、米軍は汚染を除去するのである。在日米軍基地の汚染による健康への脅威を軽減したり、基地返還後に国内法を超える水準の汚染が検出されないようにしたりするには、地位協定を改定することによって、ＤＯＤの政策に従うだけになってしまっている現状を変えていくことが必要である。

(5) 在日米軍基地の対策に関するインプリケーション

本章第二節でみた米国内基地における汚染除去の取り組みも参考にしながら、主に在日米軍基地の対策に関するインプリケーションを示すことで、本章を閉じることとしたい。在日米軍基地の汚染における問題点は、汚染による周辺住民や環境への影響、汚染除去、汚染情報の把握の三つに大別できるだろう。

汚染による周辺住民や環境への影響に関する問題点として、以下の三点があげられる。

ＥＩＩＢの資料からわかるように、少なくとも一九九九年九月三〇日から二〇〇六年五月一〇日までの期間において、ＪＥＧＳに基づいて、有害物質・廃棄物の管理、事故後の汚染の除去、事故の原因究明・再発防止に米軍は相当の注意を払っている。在日米軍が基地内でほぼ何の制約もなく有害物質を扱っていた一九八〇年代までと比べると、このことは評価できる。しかし、米軍の意識が高まった現在においても約七年間で九〇件もの漏出事故が生じており、その中には周辺住民の健康に影響を与える可能性のある重大な事故も含まれている。有害物質が人々の居住区の近隣で使用され、米軍はその漏出を完全には防ぐことができていないという問題がある。これが第一点である。

第二に、過去の汚染の問題がある。前述したように、今回公開された資料には、一九九九年九月三〇日から二〇〇六年五月一〇日までの期間の漏出事故が記されていた。しかし、情報公開請求の際に、期間を指定していない。つまり、一九九九年二月二四日に太平洋空軍指令三二‐七〇〇一が発せられ機能しはじめた一九九九年九月三〇日以前には、漏出事故を横田基地の米軍でさえ体系的に把握していなかったということだと思われる。[33]ＪＥＧＳ作成時前後から、有害物質・廃棄物の管理、事故後の汚染の除去、事故の原因究明・再発防止に米軍は注意を払うようになった。しかし、それ以前には、より多数の漏出事故があったと思われるし、重大な漏出事故が生じても現在のような水準の汚染除去活動は社会的に問題にならない限り行われていなかったと思われる。たとえば、一九四七年、当時の立川市砂川町の中里等三地区の井戸水に可燃性の油が湧出して飲用できなくなったのを発端として、一九六七年には昭島市で、一九七三年と一九七七年には砂川町で再び油が湧出した。一九七九年の立川市の調査で、横田基地から流出したジェット燃料（ＪＰ‐４）が西砂川地区全体に広がっていたことが判明している（読売新聞 1979）。フィリピンや韓国や沖縄の事例から判断しても、一九九〇年代に入るまでは有害物質・廃棄物がずさんに取り扱われていた。これらのことから、米軍が把握していないものも含めて横田基地には深刻な汚染が蓄積しているとみられる。そして、なんらかのきっかけで蓄積された汚染が周辺住民や周辺環境に悪影響を及ぼす可能性がある。

第三に、深刻な汚染は跡地利用の妨げとなる。現在のところ予定はないものの横田基地が将来返還された場合、再開発が課題となる。すでに基地返還が実現している米国や沖縄では、第四章で詳述するように深刻な汚染が再開発の最大の障害になっている。将来を見越して、できる限り汚染を事前に除去しておくことが望ましい。

汚染除去に関しては、汚染除去水準と資金供給の面で、汚染が適切に除去されるのかという問題がある。DOD指示書四七一五・八によると、ISEに適合する汚染にしか米軍は対応しない。しかしそれが、周辺住民が望む十分な汚染除去水準であるとは限らない。また「一般に明らかになっている」汚染にしか米軍は対応しないのであるから、日本側としては汚染をできる限り把握して、米軍に汚染除去を要求していく必要がある。米軍の政策方針となっているKISE概念を広くとらせていくことが必要である。これは、周辺住民の健康への不安を解消するうえでなにより重要である。汚染問題によって基地へのアクセスが困難になることを米軍は恐れているのであるから、周辺自治体や周辺住民が汚染除去に関して声をあげていくことは、汚染除去を適切に実施させるうえで効果的な方法である。米国内基地で実施されているDERPにおいても、ISE概念が使用されていることは前述したとおりである(34)(KISEではない)。しかしこのISE概念はかなり広義に解釈されており、在日米軍基地よりも高い水準で汚染が除去されているとみられる。これは、ダブル・スタンダードとしか言いようがなく、同様の文言で異なる汚染除去水準がとられている理由が少なくとも説得的に説明されなければならない。人々の生命への価値付けが米国内外で異なってよいはずがない。

米軍が海外基地で汚染調査の実施や高水準での汚染除去を避けようとする理由として、海外基地の汚染除去に対する資金が十分に確保されていないことがある。海外基地における汚染除去に関しては、「資金の利用可能な範囲内において」という限定があり、たとえ現地司令官が望んだとしても、DODからの資金供給が見込めなければ汚染除去を実施できない。ＤＯＤの海外基地の汚染除去への資金供給額は二〇〇九会計年度に二八六〇万ドルであり、同会計年度の米国内基地への汚染除去に係る資金供給額である二〇億ドルの約一・四％にしかすぎない（The Under Secretary of Defense 2010）。しかし、イラクやアフガニスタンに巨額の軍事費を投入しながら一方でそれらから比べたらわずかな海外基地の汚染除去に係る資金が足りないというのは言い訳にしかみえないし、日本側からみれば、米側の都合で本来なされるべき汚染除去が実施されていないようにしかみえない。現在のＤＯＤの政策や日米地位協定の取り決めがこれまで説明してきたものであったとしても、汚染除去費用の負担をこれまで以上に米軍に求め、適切な水準で汚染が除去されるように努力する義務が日本政府にはある。

汚染情報の把握に関する問題点として、以下の三点があげられる。

第一に、情報公開の問題があげられる。在日米軍基地内で生じた汚染について、現状では日本側は米軍からの情報を頼りにするしかない[35]。九〇件の中で唯一例外的に公表された二万九〇〇ガロンのディーゼル燃料漏出事故以外の事故については、事故の情報を米軍が公表しなければ、基本的には米情報自由法を通じてしか汚染の情報を日本側が知ることはできなかった[36]。地方自治体はおろか、中央省庁でも米軍基地内の汚染の情報を把握できていない[37]。周辺住民の安全性の観点からみて、これは重大な問題である[38]。

米情報自由法は汚染情報の把握に重要な役割を果たす一方で、米軍が汚染情報を有していない場合には効果は限定的となる。すなわち、横田基地の汚染の場合には、情報公開請求の方法が悪かったのかもしれないが、一九九九年九月三〇日以前の汚染情報を入手できなかった。このことに対応するために、日本政府は、米軍に過去の汚染の包括的な調査を依頼し、公開させる必要がある。

第二に、立入調査の問題があげられる。二万九〇〇ガロンのディーゼル燃料漏出事故を紹介した際に述べたように、また補論２のキャンプ・コートニーの事例でも明らかなように、汚染調査のために米軍基地内に立ち入ることは、非常に困難である[39]。日本側独自の立入調査が認められていないため、米軍基地内の包括的な汚染状況が明らかになるのは、基地返還後に限られる。一九四七年に端を発する燃料漏出事件からも、過去の汚染が周辺住民の健康に悪影響を与えることが十分考えられる。フィリピンでは基地返還地で深刻な健康被害が実際に生じている。基地が返還される前でも、日本側が主体となって横田基地で過去の汚染の包括的な調査を行うことがまず必要である。[40] DODは「一般に明らかにな」(known)らないようにしようとしているが、汚染の状況が明らかにならない限り米軍に汚染除去を要求することもできないし、周辺住民の安全を確保するための効果的な対策もとれない。その意味で、横田基地の汚染状況を把握する手段を確立することがなによりまず重要である。

汚染除去費用の米軍負担も同様であるが、立入調査においても日米地位協定の改定で対応することが求められるようになっている。締結以来、日本は地位協定本体には手をつけず、日米合同委員会やその下にある分科委員会での合意を通じて実質的に対応しようとしてきた。[41] しかし、元防衛省地方協力局環境対策室長であった世一良幸が述べているように、地位協定の運用改善はその議論が非公開であることから、広く国民的な議論を行っているとは言えない(世一 2010)。情報公開という観点からだけみても、運用改善による対応には問題が多い。

第三に、地方自治体や周辺住民と米軍とが、日本政府を介さずに、軍事基地汚染やその除去について議論できる場の創設が望まれる。米国内では早期に争点を特定して効果的に汚染を除去するために、また基地周辺住民との対立を緩和するためにRAB制度が創設され、汚染除去を考える上で欠かせない制度となっている。日本では、軍事に関わることは、汚染除去といった基地や地域の特性や周辺住民の要望を考慮することが欠かせない分野であっても、国の専管事項とされてきた。しかし第二章第三節でみた軍用機騒音におけるAICUZプログラムでも同様のように、軍事環境問題に関しては、地方自治体や周辺住民の要求をできる限り反映させる方法が不可欠になっている。[42] 軍事は国の専管事項という前時代的な考え方を転換させる時期を迎えているのではないか。

以上から、横田基地における深刻な汚染の原因として、①日米地位協定によって米軍が長年にわたって有害物質・廃棄物をずさんに管理することが許されてきたこと、②米軍が対策をとりはじめた後であっても、米軍の裁量部分が大きすぎて汚染を抑制したり除去したりする政策が十分にとられてこなかったこと、③汚染調査、汚染除去に関して日本側が主体性を発揮できていないこと、等があげられる。このような状況が生じているのは、米軍が軍事を環境より優先させ、十分な汚染対策をとっていないからであり、日本政府が米軍の軍事戦略に追随し在日米軍基地内の汚染調査や汚染除去を積極的に行おうとしないからである。この意味で、横田基地の汚染に対して、米軍と日本政府には大きな責任があるといえるだろう。

本章の最後に、在欧米空軍司令部環境法主任であったフェルプス中佐が、以下のような注目に値する一節を残していることを示しておきたい。「私たち（米国）が他国に駐留しているのは、受入国にその意志があるからである。環境をないがしろにしたＤＯＤの基地使用という問題は、受入国をして次のような結論を導かしめるであろう。すなわち、米国の継続的駐留という便益よりも、米国による受入国への環境破壊という損失のほうが大きいということである」（Phelps 1998）。米軍内部の人間でさえ、軍事の公共性と環境の公共性とが比較考量された結果、環境の公共性が選ばれ、海外基地が拒否される可能性を示唆しているのである。絶対のものとされてきた在日米軍基地の存在を、環境の観点から問い直すということが本気で考えられてもよいのではないだろうか。

きわめて環境破壊的な汚染物質が広範に使用されるようになった第二次世界大戦以降から考えても、一九七五年にＩＲＰが創設されるまでの三〇年間、米国内であってさえ、基地汚染はほとんど考慮されない問題であった。現在に至っても米国内外で基地汚染を抑制する抜本的な対策はとられていない。しかし、チチハル遺棄毒ガス事件のように日本が加害者となっているケースも含めて、過去六五年間の負の遺産をどのように清算するか、軍事活動に起因する汚染を今後いかに抑制していくか、そして軍事と今後いかに付き合っていくのかを私たちは問われている。

注

（1） ただし、同時期に中国において日本軍が頻繁に毒ガスを使用していたことが明らかになっている（吉見 2004）。また日本軍は七三一部隊と五一六部隊の共同による毒ガス人体実験も実施していた。毒ガス人体実験には、マスタードガス弾を人体へ向けて発射した実験やマスタードやルイサイトの水溶液を人間に飲ませた実験等があった（田中・松村 1991）。これらの人体実験によって丸太と呼ばれていた中国人（ロシア人や朝鮮人等もいた）が犠牲になった。

（2） 毒ガスの使用が控えられたという点からだけみれば、抑止効果は重要な意味を持っていたと言える。しかし、本節で明らかにされているように、抑止効果が働いたにもかかわらず遺棄毒ガスによって重大な身体被害や環境汚染が生じている。抑止効果が成立するためには、相手国が報復を恐れて毒ガスの使用を思い止まるほど大量の毒ガスを自国が生産、保有していなければならない。抑止効果には軍拡競争を煽る側面があり、その結果として環境破壊的な毒ガスが大量に生み出されることとなった。環境の側面から検討すると、抑止効果を手放しで評価することはできない。

（3） 遺棄された日本軍のあか剤（くしゃみ・嘔吐性）が原因とみられており、二〇〇四年九月二二日現在、汚染された井戸水を飲用する等した一二八名が医療手帳の交付を受けている。被害者には中枢神経症状、四肢の協調運動障害、姿勢時振戦等の症状が出ている。二〇〇六年七月二四日には公害等調整委員会へ責任裁定が申請され、国と県に本件被害に対する責任があるのかについての判断が求められている。製造した以上、保管し適切に最終処理をする責任があったのではないかというのが国への訴えで、井戸水の調査や汚染への対策で瑕疵があったのではないかというのが県への訴えである。

（4） 日本軍は糜爛性の毒ガスをきい剤と呼んでいた。チチハル市にきい剤が配備されていたのは主に来るべき対ソ連戦のためであり、そのため低温では気化しにくいマスタードにルイサイトが混ぜられていた。マスタードは水に難溶であり環境中に長くとどまる。ルイサイトも環境中の処理には向かないとされている（日本学術会議 2005）。すなわち、ドラム缶や弾殻が腐食してきい剤が環境中に放出される前に、徹底的に遺棄毒ガスを捜索し処理することが汚染を拡大させないために重要となる。

（5） マスタード液は、二五℃以下においては揮発度が低い。マスタード液が蒸発し拡散するには時間を要し、汚染物による危険が長時間持続する。そのため、汚染土壌が各所に運ばれ十数日経過した後にも被害者が出た。

（6） 毒ガス生産への企業の関与に関しては、松野（2005）も参照されたい。

（7） スーパーファンドにおける石油税、化学品原料税の徴収は、汚染物質の主な製造者である石油業界、化学品原料業界に土壌・地下水汚染の責任を一定程度負わせたと理解できる。詳しくは、大塚（1995）を参照されたい。

（8） このほかに、二〇〇八年一月一七日に敦化遺棄毒ガス事件訴訟が提訴されている。

（9）戦後補償裁判と呼ばれるもので、強制連行、強制労働、従軍慰安婦、南京虐殺、七三一部隊関連被害等、中国、韓国、フィリピン、台湾、米国、イギリス、オーストラリア等の外国人からの、戦中の日本の行為に対する加害責任を問う裁判を指す。

（10）被害の責任を認めていないこともあり、被害者への医療費や生活費としてではない形で、日本政府は中国政府に資金を渡している。

（11）訴訟に勝訴したとしても一時的な損害賠償しか支払われないことを考えると、行政的な（可能であれば立法による）被害救済措置が望ましい。日本人の毒ガス被害者に対しては、一九五四年の「ガス障害者救済のための特別措置要綱」（旧陸軍共済組合等の組合員を対象）や一九七四年の「毒ガス障害者に対する救済措置要綱」（動員学徒、女子挺身隊員等の組合員以外の者を対象）等によって、医療費や各種手当の支給等が実施されている。しかし、①対象となる疾病の範囲がきわめて狭い（呼吸器障害が主で、神経障害起因とみられる症状は捨象されている）、②特別手当の対象者が極端に少なく、ほとんどが健康管理手当に留まっている（「重篤」の判断が恣意的である）、③申請主義のため、制度の周知不足や差別等のために、少なからず救済対象となっていない被害者がいるといった問題点が指摘されている。

（12）過去の戦争から生じた問題に、現代世代が責任を負うのは道理に合わないと思ってしまうかもしれない。このことについて、「人間は一生の単位で物事を考えてしまいがちである。しかし、軍事技術が発展し核兵器や化学兵器等が生み出された結果、戦争はもはやその単位では解決できないほどの長期の問題を引き起こすようになった。形の上で戦争が終わっても、兵器のもたらす影響が無くならない限り、兵器を使用した国はそれが引き起こす問題に対して責任を負い続ける必要がある。人間がこのような問題を解決していくためには、これまでと視点を変え、長い目で問題を見ていくことが必要である。そこから言えることは、過去と現在はつながっていて、問題がそこにある限り、人間も世代という大きなつながりで解決していかなければならないということである。少しでも早く解決し、未来の世代にまで被害が起きないようにすることが重要である。そして、未来に向け、被害を受けた国と被害を起こした国との間で、良好な関係を築いていくことが大切である」というような内容のレポートを提出してくれた学生がいた。このような議論を積み重ねていくことが重要である。いずれにしても、①戦争が終わって長時間経過し、平和な日常の中で一般市民（子どもを含む）が被害を受けた、②現在でも事件は発生し、将来も発生の可能性がある、という遺棄毒ガス問題に私たちがどう向きあっていくべきなのかを考えていく必要がある。

（13）米国内基地における環境法の適用については、Dycus（1996）やWilcox（2007）が詳しい。

（14）低レベル放射性廃棄物の処理はＤＯＤの管轄であるが、高レベル放射性廃棄物の処理は米エネルギー省の管轄となっている。そのため、本節の分析に高レベル放射性廃棄物の処理は含まれていない。二〇〇二年度には、米エネルギー省により支払われた核兵器による汚染の処理費用は、DODの同年度の汚染除去資金供給額より約三・五倍多かった。

（15）スーパーファンド法とは、一九八〇年制定の包括的環境対処・補償・責任法（Comprehensive Environmental Response, Compensation and Liability Act）のことを指す。この法律は一九八六年にスーパーファンド法修正・再授権法（Superfund Amendments and Reauthorization Act）に改定されたが、このときに、米国内の軍事基地にもスーパーファンド法と同様の措置が適用されることが定められた。なお、同法の下で創設されたスーパーファンドは汚染を除去する資力を有する責任主体が存在しない場合等に使用される基金であるため、軍事基地の汚染除去のためには使用されない。

（16）スーパーファンド法の対象となった汚染サイトの中で、特に汚染度が高く危険であるサイトを登録したリストである。NPLに登録されたサイトは、優先的に汚染除去の対象となる。詳しくは、加藤他（1996）を参照されたい。二〇〇八年一一月現在で、一五八七箇所がNPLに指定されており、そのうち一五七箇所（一五箇所はすでに解除）が連邦政府関連のサイトである。

（17）BRAC対象基地では、人々の健康への危険性が増し汚染除去の優先順位が高くなる。このため、汚染が同様に深刻だったとしても、運用中の基地に汚染除去の資金が回らないことが懸念された。これに対処するために、BRAC対象基地への会計をDERPの会計から独立させることで、BRAC対象基地への汚染除去資金供給に制限が加えられた。

（18）汚染除去準備完了とは、汚染除去に必要な設備が完成した時点を指しており、汚染除去の進行具合をみるときの重要な時点だとされている。汚染除去完了とは、目標の汚染除去水準に到達したときか、汚染調査段階で汚染を除去する必要がないとされたときかのいずれかを指す。汚染除去完了段階に達した後も、必要に応じてサイトに問題が起きていないか（目標の汚染除去水準が達成され続けているか）を長期管理（Long-term Management）によって監視することになっている。IRPで対象とされる有害物質による汚染に対してでさえ、調査、汚染除去、監視の三段階を完了させるためには四〇年から六〇年を要するといわれている。不発弾や放射性物質の場合にはより多くの時間や費用を要することが多い。

（19）情報公開の手続きをローレンス・レペタ大宮法科大学院教授（当時）に全面的に依頼した。米情報自由法の詳細については、三宅（1995）、近畿弁護士会連合会・消費者保護委員会他（1995）、日本弁護士連合会（1997）等が参考になる。またピース・デポ元代表の梅林宏道が中心となって運営されている「さい塾」（http://www.saijuku.jp/）では、様々な情報公開請求が実施されており、多くのノウハウが蓄積されていっている。

（20）太平洋空軍指示書三二-七〇〇一が発せられた一九九九年二月二四日以降（二〇〇〇年四月二四日改定）、太平洋空軍基地における漏出事故の原因を特定し同様の事故の再発を防ぐ目的で、EIIBによって報告書が作成されるようになった。

(21) 石油、油類及び潤滑油を一括した表記である。石油には自動車用ガソリン、航空機用ガソリン（レシプロ機用、軍用にはほとんど用いられない）、ジェット燃料（米軍ヘリはすべてジェットヘリなので共用）、軽油等あらゆるものが含まれる。艦船、車両もガスタービンエンジン化がすすみ、暖房用ボイラーにもジェット燃料が使われており、ジェット燃料がもっとも大量に存在するとみられている。

(22) なお、太平洋空軍指示書三二-七〇〇一とは別に、JEGSでも届け出なければならない汚染物質の流出量が設定されている。JEGSの場合には、POLや液体状の有害物質の場合、一一〇ガロン以上が届出量である。その他の様々な有害物質に対しても届出量が設定されている（DOD 2010）。

(23) JP-8は、航空機のジェット燃料の一種である。属名は、石油留出物燃料（Petroleum Distillate Fuel）。引火性がある。同時に公開された安全データシートにおいて、先天的欠損症、妊娠への悪影響、男性生殖器への害等の危険性が指摘されている。曝露限度は、霧の状態で一立方メートルあたりに五ミリグラムとされている。この霧の長期間の曝露は、頭痛、めまい、集中力の低下等を引き起こす。口からの摂取は、口、喉、胃の炎症を引き起こし、また、嘔吐、下痢といった症状を引き起こす可能性がある。帯水層や鉱床にJP-8が浸入すると汚染が長期にわたる可能性がある。

(24) 太平洋空軍の工兵中隊環境部（Civil engineer Environmental flight）がこれまでに記録してきた汚染事故の報告書集のようなものだと考えられる。

(25) JEGSにおいても、類似の項目の記録が定められている。補論2で示した普天間基地汚染に関する在日海兵隊の情報公開資料では、JEGSの様式で記録が残されていた。

(26) 所沢市役所でのヒアリングによれば、この記述は正確ではない。八月三一日の一三時頃には所沢市消防本部の職員が所沢通信基地に到着し、立ち入りを許可され、汚染に対する緊急対応の方法を提案している。緊急対応の実際の作業は米軍により行われた。所沢通信基地では、夜間、無人になることもあり、緊急時の基地内への立ち入りは認められている。ただし、汚染調査等その他の目的の場合には、立ち入りが困難である。

(27) EIIB作成後の二〇〇四年一二月二二日に横田基地第三七四空輸航空団司令官マーク・シスラーによって発表された最終報告によれば、汚染土壌は一度搬出され、鹿島道路株式会社の施設で完全に処理された後、元の場所に埋め戻された。深度一六メートルで汚染が発見された地点があったので深度二〇メートルの深さまでボーリング調査を行った。その結果、施設のどこの地下水にも汚染は達していないことが確認された。プロジェクトの完了日は、二〇〇四年一二月二〇日である。最終的には一五〇万ドル（約一億九六〇〇万円）の汚染除去費用を要した。この費用は、米軍によって負担された。

(28) 日米地位協定では、米軍が日本の国内法を尊重しなければならないとされている。しかし、国内法の尊重は義務ではなく、国内法から外れるような行為を避けることが求められているだけであると実際には解釈されてきた（Phelps 1998）。
(29) ＪＥＧＳや日米地位協定をはじめとするＤＯＤの海外基地に係る環境関連「法」の成立経緯や詳細については、Phelps（1998）、永野（2003）、本間他（2003）、世一（2010）等を参照されたい。
(30) 二万九〇〇ガロンのディーゼル燃料漏出事故ではＪＥＧＳ第一八章三・五の規定に基づいて汚染が除去されたとされている。
(31) ＤＯＤ環境執行官と相談した後に、現地司令官が裁量により、作戦の維持や人間の健康と安全の確保のために必要であると決定した場合には、ＩＳＥを超える水準での汚染除去が可能であるとされているが、海外基地の汚染除去に対する資金が十分に確保されてないこともあって、ＩＳＥを超える水準の汚染が除去されることはほとんどない。
(32) 第二章第二節でみたように、日米地位協定の場合、第一八条第五項で請求権が規定されている。裁判等により汚染除去費用の請求が認められた場合、米側が七五％、日本側が二五％を負担することになっている。しかし、軍用機騒音訴訟の賠償金を米側は現在のところまったく負担していない。日本における現状を考慮した場合、請求規定を利用したとしても、追加分の汚染除去の費用は事実上すべて日本政府の負担になる可能性が高い。
(33) 一九九三年一〇月二二日、横田基地で演習中に推定六万八〇〇〇リットルという大量のジェット燃料が漏出し、土壌を汚染するという事故が発生している（梅林 2002）。しかし、今回情報公開された資料では、この事故のことは触れられていなかった。一九九九年九月三〇日以前の資料をすでに処分してしまったか、一九九九年九月三〇日以降しか米軍が汚染情報を体系的に把握していないかということであろう。なお、二〇〇八年の第七版のＪＥＧＳまでは、「測定可能な量の流出物質が除去されなかった事故に関する記録は、永久に保存しなければならない。完全に除去された場所の流出記録は、最低五年間保存しなければならない」という規定が存在していた。横田基地の場合には、約七年間分の記録は処分されずに残っていたということであろうか。二〇一〇年の第八版のＪＥＧＳではこの規定が見当たらず（DOD 2010）、削除されたということであれば、基地汚染の把握を正確にしていくという意味では重大な問題である。
(34) 実際の汚染除去水準にどれほどの影響を与えるのかは不明であるが、ＤＥＲＰでは「公衆の健康、福祉、環境に対して」とされているのに対し、ＤＯＤ指示書四七一五・八では「人間の健康と安全に対して」とされており、環境への悪影響が除外されている点は見逃せない。
(35) 情報公開された漏出事故の中で、二万九〇〇ガロンのディーゼル燃料漏出事故だけが日本側に公表された。公表された理由として、①本事故の直前である二〇〇四年八月一三日に発生した沖縄国際大学ヘリ墜落事故で米軍の対応に批判が集中していたため、②事故の発生場所が基地外から比較的近く事故を隠せないと米軍が判断したため、③部類１に分類されるような重大事故だったため、等が考えられるが、予想にしかすぎず確かなことは不明である。所沢市でのヒアリングでは、本事故における米軍の対応は真摯であり、かなりの情報を提供されたとのことだった。

(36) 一九九七年三月三一日に「在日米軍に関わる事件・事故通報体制の整備について」が日米合同委員会で合意されているが、またJEGSにも通報規定があるが、漏出事故のほとんどは日本側に通報されていなかった。二〇〇七年三月二四日の朝日新聞夕刊一面の報道では、このことが特に問題とされた。

(37) 米軍基地関係の実務を担当している防衛施設庁に情報公開を、日米合同委員会の環境分科委員会の代表を担当している環境省にヒアリングを行ったが、今回公開された漏出事故の情報を両者とも保有していなかった。二〇〇七年三月二九日の参議院外交防衛委員会においてもこの問題が取り上げられたが、その後、日本政府が在日米軍基地内の汚染情報を正確に把握できるようになったのかは明らかではない。少なくとも、地方自治体レベルでは相変わらず汚染情報を知る手段は米情報自由法に限られている。

(38) 周辺住民の安全性という意味では、米軍基地の汚染と同様に自衛隊基地の汚染も問題となる。自衛隊基地には日本の国内法が適用されるため、在日米軍基地ほどの汚染は存在しないと一般論としては考えられる。しかし、軍事活動を実施してきた以上、米国内基地と同程度の汚染は存在していると考えるのが普通ではないだろうか。にもかかわらず、自衛隊基地の汚染または汚染除去については、まったくと言っていいほど情報がない。米国内基地と同様の情報は周辺住民や市民に提供できるはずで、自衛隊基地の汚染についてはまず情報公開から始められなければならない。また、日本の情報公開制度もより開かれたものに改善されていく必要がある。

(39) 沖縄では基地内で汚染の定点測定をしているが、指定された地点以外の汚染調査のために基地内に立ち入ることは許可されていない。米軍基地の周辺に汚染が広がっていないかを環境省も独自に調査しているが、米軍基地内での汚染調査は非常に制限されたものになっている。

(40) 日米地位協定の規定によって、返還後に米軍基地で汚染が発覚した場合、日本政府が汚染除去費用をすべて負担する。しかし、嘉手納基地のPCB汚染問題では、情報公開された資料で明らかになった過去の汚染が市民団体によって公表されたことによって、過去の汚染でも米軍が除去費用を負担した（梅林 1994）。これは、汚染を放置することが日本政府や周辺自治体との関係を悪化させ、嘉手納基地へのアクセスを困難にすると米軍が判断したためであろう。返還後に日本側が汚染除去費用の負担を余儀なくされる事態を避けるという観点にたてば、返還前に基地内の汚染状況を把握し、米軍に汚染除去させることが重要となる。

(41) 『琉球新報』（二〇〇四年一月一日）は、地位協定の条項別に法律的側面の日本政府の考え方（地位協定の運用に関する考え方）を総合的に取りまとめた「地位協定の考え方」の内容を明らかにした。この「地位協定の考え方」は日本政府によって一九七三年に作成され、長い間機密文書として取り扱われていた。この中で、日本政府は米軍に対して施設・区域の排他的使用権を認め、軍事活動に対する国内法の適用を除外し、治外法権的な地位を与えるとしている。また、軍事基地汚染問題の解決に非常に重要な基地内の立入調査に関しては、米側の同意なしには不可能であるとしている。この内容をみる限り、一般公衆の目の届かないところで、日本政府によって地位協定の条文を超える運用がなされてきたといえる。一九八三年には一〇年間の状況変化を踏まえ、増補版が作成された（琉球新報社 2004）。軍事では、国家安全保障上、一般公衆への公開が困難な事項もあろうが、少なくとも環境に関する事項は、ほとんどのものが公開可能だと思われる。実際、米国内基地に関する汚染情報は、本章第二節でみてきたように、かなりのものが入手可能である。

（42）　地方自治体や周辺住民と米軍とが議論する場合、最も基礎的な文書であるＪＥＧＳが日本語訳されていることが望ましい。しかし、基地周辺の人々にとって重要なＪＥＧＳでさえ、日本政府は訳文も解説書も作成、配布してこなかった。唯一、二〇〇二年六月の第四版（一・一バージョン）に関しては、梅林の監訳で試訳版が発行されている（国防総省 2003）。現状ではこれが参考になろう。しかし、ほぼ隔年で改定されるＪＥＧＳに対して有志で訳文や解説書を作成し続けるのには限界があるため、日本政府の関与が必要である。

第4章　環境再生としての軍事基地跡地利用

本章では、軍事基地からの再生に係る公共政策を検討する。軍事基地を閉鎖する理由はさまざまであるが、いずれの場合にも基地経済によって恩恵を受けている人々を中心とした抵抗もあり、基地閉鎖を簡単に進められない状況がある。このような状況を打破するには、軍事基地閉鎖・民生転換に関する政策研究がより深められる必要がある。軍事基地跡地利用を妨げる要因を取り除き、それを促進する制度を構築することはすぐれて環境政策の課題であるといえる。

本章では具体的には、歴史的条件によって跡地利用に対する阻害要因を多数もつことになってしまった沖縄を取り上げる。沖縄において米軍基地跡地利用が成功すれば、その経験はその他の多くのケースにおいても非常に意義あるものになる。

1　基地跡地再生をめぐる理論的・政策的諸課題

二一世紀を維持可能な社会へと再生するためには、これまで聖域とされてきた軍事環境問題を克服することが必要である。本書でこれまでみてきたものの、軍事環境問題の多くは、被害の実態すら未解明であり、検討されなければならない理論的、政策論的課題は極めて多い。ところが、一部の例外的な研究を除いて、これまで十分な検討がされてはこなかった。冷戦終結後にはじまったＢＲＡＣとの関係で米国内ではいくつかの研究成果が出されているが、軍事基地からの再生に係る公共政策も例外ではなかった。

政策論的にいえば、軍事を環境の立場から縮小するための政策体系が明らかにされるべきである。その際、避けてはとおれない重要課題の一つに軍事基地閉鎖・民生転換がある。軍事基地閉鎖・民生転換を進めるには次の二点を満たす必要がある。すなわち、第一に過去の軍事活動による汚染の除去、第二に基地経済からの再生である。

米国内の場合、ＢＲＡＣ対象基地の汚染除去に関する最も重要な問題は、汚染の除去水準をどこに置くか、誰が除去水準を決めるのかである。たとえＤＯＤが将来にわたっての汚染除去を保証したとしても、ＤＯＤから売却・譲渡される土地には汚染除去水準に応じて利用制限がかかるので、汚染除去水準は土地の所有者にとって非常に重要である。汚染が深刻な土地は立入禁止の自然保護地区としてしか使えないし、人々の住生活に悪影響を与える汚染除去水準であれば工業用地としてしか利用できない。住宅地として利用するならば、かなりの程度まで汚染除去がなされなければならない。当初ＤＯＤは最悪のケースを想定しており、最も厳しい水準で汚染を除去していた（GAO 1998b）。土地を売却・譲渡した先の所有者が、土地の利用方法に制限を加えられることを嫌うと考えたからである。実際をみると、最も厳しい水準で汚染が除去されることは少なかった。技術的に汚染除去が不可能である場合もあったし、可能であるとしても莫大な時間を要するためである。汚染除去に時間を要すれば、基地閉鎖後の跡地利用は遅れることとなる。跡地利用が遅れることを周辺住民は嫌った。ＤＯＤも費用を抑えるために、利用形態に合わせて汚染除去の水準を定めることに賛成している。

基地汚染が除去されなければ土地の譲渡は基本的に進まない。ＤＯＤの基地には不発弾をはじめとして除去の困難な汚染が多くある。基地閉鎖、土地の売却・譲渡、跡地利用という流れにとって、除去困難な汚染は大きな障害となる。

基地経済からの再生のためには、軍事基地周辺には軍事基地に過度に依存した経済があることから、軍事基地に依存しない維持可能な社会をつくるための施策とは何かが論じられる必要がある。環境再生を汚染の除去と地域社会の再生からなるものとすれば、軍事基地の縮小・民生転換政策は、まさに環境再生のなかに位置づけられるべき最重要課題の一つである（宇井他 2003）。

冷戦の終結を契機として、米国内では、軍事利用されていた土地が民生利用のための土地に転換されるようになってきた。一九八八年以降、五ラウンドにわたって行われてきたのがＢＲＡＣである。ＢＲＡＣは、もともとは、軍事支出節約の圧力に対応するためＤＯＤによって進められてきたものである。ＧＡＯによれば、国内基地は二〇〇一会計年度末までに一九八八年に比べて軍事施設数で約二〇％が削減された。また、一九九五年までの四回のラウンドのＢＲＡＣに伴う純節約額は二〇〇三会計年度末までに約二八九億ドルにのぼる（GAO 2005）。当初の予測より減少したとはいえ、二〇〇五年のＢＲＡＣにおいても、二〇二五会計年度までの二〇年間で約一一〇億ドルの純節約額が生じるとのことである（GAO 2009b）。軍事支出の節約については、ＢＲＡＣは一定の成果をあげたといえる。ただしこれらの節約額のほとんどは、高度化した軍事兵器への支払いやイラクやアフガニスタンでの戦争等、他の軍事費目にまわされているだけであり、米国の軍事支出の総額は伸び続けている。

ＢＲＡＣにおいては、軍事支出節約に加え、基地周辺の地域経済の再生と基地汚染の除去とが特に重要な政策目標とされている。地域経済の再生は、基地周辺地域の経済が基地に過度に依存していたために必要とされる。また、基地汚染の除去はＢＲＡＣにおいて次の二つの意味をもつ。第一に、汚染除去が困難なほど、基地の汚染が深刻である。そのため、汚染除去を綿密に行えば行うほど長期の期間を要し、基地周辺の跡地利用が遅れる。第二に、汚染除去が高水準で行われなければ、土地利用の制限をうけるために跡地利用が妨げられる。(1)

跡地再生の目的は、経済発展や雇用の創出や所得の上昇に向けられることが多い。しかし、基地閉鎖・民生転換にはより積極的な可能性がある。すなわち、それが経済や政治の構造転換を意味することである。基地に依存している状況から、自ら積極的にまちづくりを進めていく状況に変わる。また、兵器や戦争に関する非生産的な財やサービスではなくて、生産的な財やサービスを提供することになる。象徴的な意味合いも含めて、これは重要な意味をもっている。

基地の閉鎖や再編は国家安全保障だけでなく地域経済と関連するが、DODによる二〇〇五年のBRAC対象基地選定の基本案の取りまとめは、当初トップ・ダウン式の有無を言わさぬものとされていた。しかし、二〇〇五年五月一二日にドナルド・ラムズフェルド国防長官がDODによる基本案を発表すると、たちまち大論争となった。このため、三箇所の大規模基地・施設の閉鎖が見送られることとなった。もはや軍事による国家安全保障だけの観点からではBRACを進められなくなっている。

跡地利用問題は、環境問題と地域開発問題という広い視野を国家安全保障政策に持ち込むこととなった。このことは、国の専管事項とされてきた国家安全保障政策に、地方自治体が影響を及ぼしはじめたことを示している。

2　米国内における基地跡地利用

軍事基地における汚染除去が米国内において最も早期にかつ制度的に取り組まれたのと同様に、基地跡地の再生に関する取り組みも米国内で早期に開始された。基地閉鎖が冷戦終結以前に実施されなかったわけではないが、跡地再生の問題が政策論として本格的に議論されるようになるのはやはり冷戦終結後で、BRACのラウンドが開始されてしばらく経ってからであった。

米国内の主要基地では、多くの周辺住民が長年にわたって基地で雇用され、収入を得ていた。冷戦が終結し軍全体が規模縮小を余儀なくされるまで、恒久的かつ安定的な経済的便益を基地は提供し続けていた。しかし、軍事支出抑制のためにＢＲＡＣが始まると、基地周辺地域の事情やそこへの影響がほとんど考慮されないまま、ＢＲＡＣ委員会の勧告にしたがって[2]、基地が閉鎖されはじめた。ＢＲＡＣが開始された当初に閉鎖された基地周辺地域の中には、制度が整わないまま地方当局に民生転換が任せられることになったところが少なからず存在した。基地に関連する収入に依存してきた地域が独自の努力で産業構造を転換するのは非常に困難であったため、徐々に跡地利用政策の重要性が認識されるようになっていった（Hansen 2004）。

本節では、まず米国内基地閉鎖の歴史を簡単にみる。その後、ＢＲＡＣにおける制度的枠組みについて述べた上で、特に基地経済の克服に重要な役割を果たした地域再開発促進政策（土地譲渡、跡地利用促進政策と連邦政府による財政支援）について分析し、それらの政策が一定の成果を収めた要因を明らかにする。また、ＢＲＡＣにおける政策の問題点についても述べることにしたい。

(1) 基地閉鎖の歴史

南北戦争以降の米国にとって最初の長期的な戦争であった第二次世界大戦は、多くの点で米国の風景を一変させた。その中でも重大な変化として、米国中で海軍補給地、軍用飛行場、軍事要塞、新兵訓練所、兵器貯蔵施設、造船所といった軍事基地が、沼地や森林や農地から急速にとってかわったことがあげられる。第二次世界大戦時の近代兵器は、第一次世界大戦時までの草原における簡素な基地よりも精巧な施設を有する基地を要求した。すなわち、舗装された滑走路、巨大な軍用機用格納庫、軍用機の整備施設、長いコンクリートの埠頭、喫水の深い船用の乾ドック等である。結果として、第二次世界大戦前と比べて軍事基地は巨大なものとなった（Sorenson 2007）。

一九四四年の二月までにフロリダだけで六四箇所の陸軍航空隊基地が存在していたが、それらの中にはテントや丸太小屋より小規模で、戦争終結後すぐになくなったものもあった。しかし、その他の基地には町の大きさまで成長したものもあり、冷戦期を通じて発展し続けた。それらの基地は、軍事任務の単なる支援施設以上のものになった。それらの基地は、多大な雇用を生み出し、地方にとってはほとんど唯一の連邦政府からの資金供給源となり、ときには地方における最大の人口集中地になった。一九六〇年代から一九七〇年代に軍人の仕事を可能な限り文民で代替するという動きが起こって以降、基地はコミュニティにとって特に欠かせないものとなっていった（Sorenson 1998）。

軍は、戦争準備やその他の軍事活動のために多大な基地を必要とするようになった。しかし、戦争終結後等に軍備の削減が避けられなくなると、軍は過剰となった基地を閉鎖しようとする。連邦政府は基地を存続させるか閉鎖させるかの決定権をもってはいるが、基地存続を望む個々の議員によって基地閉鎖は困難なものとなっていった[3]。軍事支出の削減という国家レベルの利益と基地周辺の経済発展というコミュニティ・レベルの利益とが、ここで対立することになる（Sorenson 1998）。

かつては基地閉鎖はそれほど困難な課題ではなかった。というのは、基地が小規模なものである間は、基地閉鎖がコミュニティに対して与える影響は限定的であったからで、基地閉鎖までの過程はBRACにおけるものより簡素なものであったし、一日も要さず閉鎖できる基地もあった。軍事支出削減圧力に対応して、一九六一年三月には、ケネディ大統領の下で、九五四箇所の軍事基地が閉鎖されている（Sorenson 1998）。

次の大規模な基地閉鎖はベトナム戦争に伴って実施された。一九六九年をピークに軍事支出は削減されていき、ベトナム戦争後に相当削減されることとなった。当時のDOD長官のロバート・マクナマラは、軍事支出節約のために、基地閉鎖に取り組むこととなった。マクナマラは、抑止力を高めながら軍事支出節約を進めるためには、核爆撃機から核弾頭ミサイルに資金を振り向けるべきだと主張していたこともあり、空軍基地を中心に基地閉鎖を進めた。費用効率だけから閉鎖する基地を決定するというマクナマラのやり方は、議会と基地周辺住民の両方から非常に不評だった。DOD長官だった間にマクナマラは、議会やその他の連邦政府機関にまったく関与させないままに、六〇箇所以上の基地を閉鎖させた。しかし、不満が限界に達した一九七六年に、議会は、①二五〇人以上の文民を雇用している基地を閉鎖させる際には議会への報告が必要である、②さらに、提案された閉鎖の経済上、環境上、軍事的価値上の影響に関する研究が必要である、という規定を盛り込んだ軍事建設法案(Military Construction Bill)を提出し、翌年に成立させた。この結果、基地の閉鎖は非常に困難となり、その後の一〇年間にはまったく実施されなかった(Sorenson 2007)。軍事基地がコミュニティと深い関わりをもつようになった結果、もはや連邦政府の都合のみで基地を閉鎖することができなくなった。

レーガン政権下では軍備が拡張され、軍事支出も伸びていたが、冷戦が終結すると、肥大化した軍事支出を続けていくことは不可能になった。基地からの経済的な便益に周辺地域が依存していたとしても、軍事による国家安全保障政策の優先度が低下していく状況下では、軍事支出節約の観点から基地閉鎖は不可避であった。一九八八年以降のBRACラウンドはこのような経緯ではじまっていた。ここでは、連邦政府やDOD長官といえども、基地周辺コミュニティを無視しては基地閉鎖を断行することはできず、下記のような諸々の政策をとらざるをえなくなっている。

(2) BRACにおける地域再開発の枠組み

基地による収入は安定しているし、基地周辺住民は長期にわたってその恩恵を受けてきたため、BRACの対象とされる可能性をBRAC委員会によって通達された基地周辺地域の人々は、まず基地を維持するための行動をとる(表4-1)。ラリーや示威運動だけにとどまる場合もあれば、本格的に資金を投入したり、ロビイストやコンサルタントを雇ったりする場合もある。なかでも地元の商工会との連携は重要で、三分の二のケースで行われている。基地維持行動のタイプの一つとして閉鎖決定前の跡地利用計画があることからわかるように、基地維

表 4-1　基地維持行動のタイプ

（単位：箇所）

民衆の支援（ラリーや示威運動）	16	37%
基地維持行動への資金投入	16	37%
ロビイストやコンサルタントの雇用	15	35%
閉鎖決定前の跡地利用計画	15	35%
地元の商工会との連携	28	67%

出所）Hansen（2004）.
注）標本数は 44 である．複数回答している場合がある．

表 4-2　LRA のタイプ

（単位：箇所）

市，郡，複数地域にまたがる機関	26	62%
特別区・州の機関	12	29%
NPO	4	9%
総計	42	100%

出所）Hansen（2004）.

持行動の主体がそのまま跡地利用の主体となる場合が多い。基地閉鎖に反対する地元の意見が反映されないことが考えられるので、基地維持活動、失敗した場合の跡地利用活動という二段構えの体制をとることが一般的になっている（Hansen 2004）。

米国において、ＢＲＡＣ以前に軍事基地閉鎖の経済的影響に対応していたのは一九六一年にＤＯＤ内部に設置された経済調整局（Office of Economic Adjustment）であった。しかしＢＲＡＣが進行するにつれ、一九九三年に、周辺地域と意見調整をする基地移行調整官（Base Transition Coordinator）がＤＯＤ内部に創設された。また、一九九四年に基地閉鎖コミュニティ再開発ホームレス支援法（Base Closure Community Redevelopment and Homeless Assistance Act）が定められると、ＢＲＡＣの対象となった基地周辺地域において、ボトム・アップ式の跡地利用が始められた。中心となる地域組織は地域再開発機構（Local Redevelopment Authority : LRA）とされた。ＬＲＡは、跡地利用計画の策定を請け負うため、ゾーニングの管轄権等の権限を持つ地方当局によって任命された代表者で構成される。市や郡が中心となってＬＲＡは運営されることが多い（表４-２）。ＬＲＡは下部組織である七つの分科委員会の意見を取りまとめて跡地利用計画を策定する。

ＢＲＡＣ対象基地跡地の地域再開発に関わる主体の関係について述べる[4]。地域再開発には、ＬＲＡが中心となり、ＤＯＤ、ＢＲＡＣクリーンアップ・チーム（BRAC Cleanup Team）、ＲＡＢの四者が主に関わっている（図４-１）。最終的な政策決定権をＤＯＤが有しているとはいえ、ボトム・アップ式の跡地利用が目指され、具体的な跡地利用プロセスにおいて、地域の利害関係者がＬＲＡやＲＡＢを通して意見を表明し、跡地利用のあり方や汚染除去水準に影響を与えうる点は重要である。

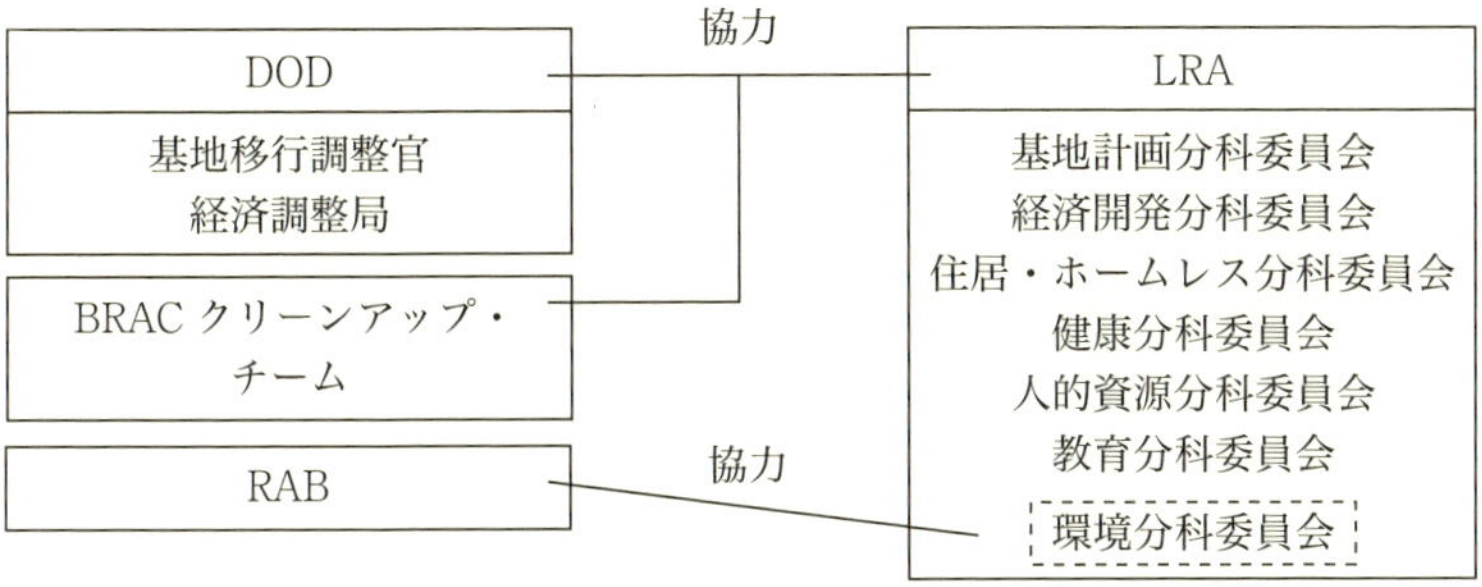

出所）Office of the Assistant Secretary of Defense（1995）より作成.

図 4-1　BRAC 対象基地跡地の地域再開発に関わる主体の関係

(3)　ＢＲＡＣにおける土地譲渡、跡地利用促進政策

一九九五年までの四ラウンドのＢＲＡＣで対象となった一一五箇所の軍事基地に対してケネス・ハンセンが行った調査によると（有効回答数は四四）、跡地利用の遅れの最大の原因は、連邦政府の干渉や遅れであり、七七％の基地で問題となっている（表4-3）。これには、基地を閉鎖して部隊を撤退させる前に十分に汚染が除去されず、民生転換の途中に汚染が発見され跡地利用が阻害される場合や、米国内全体の汚染サイトが多すぎて連邦政府機関だけでは対応が困難になっているにもかかわらず連邦政府機関が主導して対策することになっているため、汚染除去が早期に着手されない場合がある（Hansen 2004）。連邦政府の干渉や遅れの次に多い遅れの原因が汚染除去に要する時間であることを考えると、跡地利用問題において軍事基地汚染除去が最重要課題であることがわかる。

一九六〇年後半以来、米国における環境政策の歴史は、連邦政府レベルでの政策決定と実施が中心であり、州政府や地方政府は補足的な役割を演じるに過ぎなかった。その理由として第一に、一九六〇年代後半から一九七〇年代前半には、汚染を除去する州の能力が不足していたからであった。

第二に、大気や水のような共通資源の汚染に対しては、州政府や地方政府は不十分にしか対応できないと考えられたからである。第三に、巨大な汚染企業に対して実行力を持ちうるのが連邦政府だったからである（Hansen 2004）。

しかし、基地汚染に関しては、連邦政府だけに環境政策の決定と実行を一任できない理由が存在する。第一に、国家安全保障の名の下で軍隊が環境を汚染することを、明示的にではないにせよ連邦政府が認めてきたからである（Hansen 2004）。第二に、連邦政府が保有し民間の企業に運営させている施設では癒着が生じ、兵器を製造している企業への規制が緩くなっているからである。DODの環境局最高行政官であったウィリアム・パーカー（William Parker）の議会での証言によれば、連邦政府が保有し民間の企業に運営させている施設においては、軍需コントラクターが汚染を発生させた時に、合理的な事業活動の態度で施設を運用していたならば、DODが汚染除去費用のほとんどを負担するとしている（Seigel et al. 1991）。第三に、基地汚染の被害の範囲は地域的であるし、汚染除去水準等の対応においてもその地域の要望が優先されるべきであるからである。跡地利用と関連して、このことはより重要となる。第四に、前述したように、連邦政府が関わると手続きが煩雑になり、汚染除去が早期に着手されない場合があるからである。特にスーパーファンド法の定めるNPLに汚染地域が登録されると、連邦政府機関によって更に強い規制がかかることになり、州政府や地方政府の政策に連邦政府の政策が優越することになる。その結果、汚染除去が大幅に遅れることになる（Hansen 2004）。大別すると、①連邦政府が政策を誤った場合にそれを修正させるため、②跡地利用と被害の地域性を政策に反映させるため、基地汚染では州政府や地方当局の環境政策が重要となってくる。

BRAC対象基地と活動中の基地との間には、汚染除去後の土地譲渡の有無で重大な差異がある。DERPは、

表 4-3　跡地利用の遅れの原因

（単位：箇所）

連邦政府の干渉や遅れ	33	77%
州の干渉や遅れ	11	25%
汚染除去に要する時間	20	46%
地域間の抗争	15	34%
関連機関の縄張り争い	16	36%
利害関係団体間での訴訟	8	18%

出所）Hansen（2004）.
注）標本数は 44 である．複数回答している場合がある．

元来、活動中の基地の汚染除去を目的としていたため、土地譲渡に関する政策が存在しなかった。そのためBRAC対象基地における汚染除去では、土地譲渡の遅延や土地利用制限に対応するために、独自の早期跡地利用政策が展開されていった。

BRAC対象基地の売却・譲渡に関する最も重要な規定は、スーパーファンド法によってなされている。スーパーファンド法によれば、連邦政府から私企業、市民等の非政府の組織、個人に土地の権利が移転される前に、連邦政府は人体や環境を守るために必要な全ての汚染除去措置をとるように要求されている。汚染除去を完了しなければ土地を売却・譲渡できないスーパーファンド法の規定は、できるだけ早期に跡地利用を実現したいDODにとってBRAC開始当初から頭の痛い問題であった。

汚染除去が完了するまでには莫大な時間を要するため、閉鎖基地の土地の売却・譲渡は遅々としかすすまなかった。跡地利用を促進するためにDODは法改正も含め、いくつか政策を実行した（GAO 1995b）。

迅速な土地譲渡を実現するために一九九三年九月に導入されたのが、早期クリーンアップ・プログラムである。この中で、次の四点が規定されている。すなわち、第一に、住民との信頼関係を築くためにBRAC対象基地ごとにBRACクリーンアップ・チーム、RABを創設することである。第二に、BRAC対象基地が汚染されていたとしても、それが一部であれば、非汚染部分は利用可能にするというものである。第三に、高水準で汚染除去されていない土地が譲渡された場合、譲渡後であってもDODが汚染除去に責任を負うことである。この規定があるのは、スーパーファンド法では跡地利用形態に沿って必要な汚染を除去するとされているだけであるため、高水準での汚染除去がなされない場合があるからである。第四に、国家環境政策法（National Environmental Policy Act）で規定されている環境影響評価の手続きに要する時間の短縮を定めている。

以上の対策のうち、第一から第三までの改善は、確かに、汚染除去に着手するための時間を短縮したと評価されている。しかし、実際の汚染除去に要する時間はもともと非常に長期にわたるため、早期譲渡に関する効果は限られたものとなった（GAO 1998b）。

早期跡地利用に関しては、一九九四会計年度国防認可法で、跡地利用形態に沿った汚染除去が完了していない土地であっても跡地利用ができる措置が定められた。これによって、汚染除去中の土地の汚染物質情報と土地利用制限とが明記された認定書の定める内容が遵守されているという条件のもとで、土地の貸与が可能となった。また一九九七会計年度国防認可法では、スーパーファンド法に修正が加えられ、跡地利用形態に沿った汚染除去が完了していない場合であっても、州知事の認可があれば土地の譲渡が可能とされた。

こうした措置は、土地の貸与や譲渡が行われるまでの期間の短縮には効果がある。ただし、土地利用制限が遵守されるかどうかについては大きな懸念がある（GAO 1998b）。特に問題なのは、譲渡後はＤＯＤに土地の所有権がないため、新しい所有者に対して土地利用制限を強制する手段をＤＯＤがとることができないことである。

⑷　連邦政府による財政支援

直接的支援策

ＢＲＡＣ対象基地周辺地域は、深刻な経済的不況に直面する可能性がある。そのため、ＤＯＤを含む連邦政府からの直接的支援と間接的支援の双方がなされている。

まず直接的支援策について述べる。ＢＲＡＣ以前に導入されていたのは、一九八一年に成立した一般軍事関係法第一四一章（調達雑則（Miscellaneous Procurement Provisions））の下で実施されてきた連邦政府による支援プログラムで、基地閉鎖で影響を受けた地域に様々な無償資金供与（cash grant）がなされることになっていた。軍事基地閉鎖の経済的影響に対処することを目的として設置されたＤＯＤ経済調整局は、基地閉鎖後の跡地利用計画を作成するための資金をＬＲＡに無償資金供与している。運輸省連邦航空局は空港の計画・開発に対して、労働省は失業者対策に対して資金を無償供与している。

しかしＢＲＡＣが進行するにつれ、当初の予想を超えて無償資金供与が必要になり、新しい政策が実施される

表 4-4　経済調整支援の雇用に対する効果

	失われた雇用（人）	創出された雇用（人）	雇用回復率（%）
経済調整支援　なし	33,806	17,084	50.5
経済調整支援　あり	95,843	75,837	79.1

出所）GAO（1998），GAO（2005）より作成．
注）失われた雇用は基地閉鎖計画時の推計値，創出された雇用は 2003 年 10 月末時点の推定値．

ようになった。特に一般軍関係法第一四一章で規定されていない商工業の成長と雇用の維持・創出に対する無償資金供与が必要とされたため、一九九三会計年度国防認可法において、BRAC対象基地周辺地域への無償資金供与が商務省経済開発局からの経済調整支援としてつくられた。LRAの提出した跡地利用計画が、先見性、投資誘引性、成功見通し、雇用創出力、収益性等の審査基準からみて妥当であると経済開発局が判断すれば、LRAに対して経済調整支援がなされる。以上の無償資金供与は、一九八八ラウンドでは一四施設、一九九一ラウンドでは三〇施設、一九九三ラウンドでは三一施設、一九九五ラウンドでは四〇施設のLRAに対してなされた。ラウンドが進むにつれ無償資金供与が重視されている。

このうち重要な役割を果たしているのが、経済開発局による経済調整支援である。経済調整支援を受けなかった地域、経済調整支援を受け取った地域の雇用回復率を比べてみると、それぞれ五〇・五％、七九・一％となる（表4-4）。経済調整支援を受け取った地域の平均雇用回復率は、受け取らなかった地域の平均雇用回復率と比べて約二九％高い。連邦政府による無償資金供与、経済調整支援は、特に雇用の維持・創出に大きな効果があった。

間接的支援策

次に、間接的な財政支援策について述べる。これは主には連邦政府からの土地譲渡で、余剰な連邦政府所有地を民間に譲渡するという制度である。公益譲渡（Public Benefit Transfer）は、一九四九年の連邦政府による財産管理業務に関する法（Federal Property and Administrative Services Act）で導入されたもので、連邦政府から民間に土地が譲渡される際、その土地が港湾、飛行場等に利用されるので

表 4-5　非連邦政府主体に対する方法別の土地譲渡面積（2006 年 9 月末現在の実績値）

（単位：エーカー）

EDC	92,200	29.1%
自然保護譲渡	60,900	19.2%
公益譲渡	52,300	16.5%
交渉売却や競売	13,300	4.2%
財産復帰	37,200	11.7%
その他	61,000	19.3%
合　計	316,800	

出所）GAO（2007）より作成.
注）財産復帰（reversion）とは，州政府等が以前自らで所有していた土地を，軍事的必要がなくなった時点で契約によって取り戻すことを指す.

あれば無償で提供可能であると規定されている。ＢＲＡＣ対象基地の跡地利用に必要な土地譲渡に関しては、当初から公益譲渡が重要な支援策であり、これだけで十分な支援になると考えられていた。

　しかし、公益譲渡は、雇用創出や地域活性化という目的で利用される土地を対象としていなかった。そのため、ＬＲＡが連邦政府から安価に地域活性化のための土地を取得できず、新たな改善が必要とされた。そこで一九九四会計年度国防認可法によって、一九九三年一一月から経済開発譲渡（Economic Development Conveyances：EDC）が導入され、同目的のためであればＬＲＡはＤＯＤと交渉の上で適正市場価格以下での土地取得が可能となった。さらに、二〇〇〇会計年度国防認可法によって、一九九九年四月からはＥＤＣが無償化された。表４-５に示すように、ＥＤＣはＢＲＡＣ余剰地が民間に譲渡される場合の約二九％で利用されており、最大の割合となっている。ＥＤＣがなければＬＲＡは交渉売却や競売を通じて市場価格でこれらの土地を取得しなければならなかったはずであるから（市場価格での譲渡は、わずか約四％にすぎない）、ＥＤＣの導入によってＬＲＡは資金的な障害がのぞかれたと考えてよい（GAO 2007）。特にＥＤＣの無償化は重要な意味をもった。二〇〇一年九月末現在、無償での土地取得は、適正市場価格以下での土地取得が約一万八〇〇〇エーカーであるのに対し、約七万七〇〇〇エーカーにもなっている（GAO 2002b）。

　以上のように、ＢＲＡＣにおいては、直接的支援、間接的支援ともに従来までの支援策に加えて、雇用創出や地域活性化という目的で、経済調整支援とＥＤＣとが新たにつくられた。これらの制度改変は、深刻な汚染が存在する基地周辺で基地に依存しない経済を構築するためには、独自の制度が必要であることを示している。

(5) BRACの成果とその評価

BRACにおける政策は次のような成果をもたらしている。

第一に、確実に汚染除去が進み、地域再生の前提条件を整えていることである。第三章第一節でみたように、運用中の基地の全汚染サイトでは、二〇〇九会計年度において八六%で危険の軽減もしくは汚染除去完了か汚染除去準備完了が達成されているのに対し、BRAC対象基地ではIRPの場合、一九九五年までの四回のラウンドの場合には八八%で達成というように、運用中の基地とほぼ同程度の成果をあげている。しかし、二〇〇五年のラウンドの場合、五四%で達成されているにすぎない。MMPRの場合には、それぞれ六八%(一九九五年までの四回のラウンド)、三三%(二〇〇五年のラウンド)というように、BRAC対象基地でのIRPに比べて低い実績値となっている(The Under Secretary of Defense 2010)。BRACの対象となってから五年程度経過した時点においても、約半数のサイトしか汚染除去完了もしくは汚染除去準備完了(汚染除去準備完了後に実際に汚染除去が始まり、汚染物質の種類にもよるが、ここから数十年の時間を要する場合もある)の段階に達しないというのは、汚染除去に時間を要することを示す指標としてわかりやすい。とはいえ、一九九五年までの四回のラウンドの場合には、二〇〇六年九月末現在で約七八%の土地(約三九万エーカー)が譲渡可能な状態にまで汚染除去され、譲渡されている(GAO 2007)。

第二に、基地周辺地域の雇用が回復している。一九九五年までの四回のラウンドの全BRAC対象基地周辺地域で失われた雇用は約一三万人であるのに対し、二〇〇三年一〇月末現在、そのうち約九万人分の雇用が回復した。ラウンド別に見ると、雇用回復率は一九九五ラウンドで五〇・〇%、一九九三ラウンドで五九・八%、一九九一ラウンドで八三・〇%、一九八八ラウンドで一五二・一%となっている(表4-6)。基地閉鎖直後には雇用面で影響を受けるものの、徐々に回復し、基地閉鎖前より多くの雇用が確保されている。

これらの成果をもたらした要因としては、以下の点があげられる。

表 4-6　BRAC 対象基地周辺地域における雇用回復率

	失われた雇用（人）	創出された雇用（人）	雇用回復率（%）
1988 ラウンド	11,975	18,208	152.1%
1991 ラウンド	36,525	30,301	83.0%
1993 ラウンド	39,171	23,433	59.8%
1995 ラウンド	41,978	20,979	50.0%
総　計	129,649	92,921	71.7%

出所）GAO（2005）より作成.
注）雇用については表 4-4 と同様.

第一に、周辺住民のイニシアティブが重視されている点である。LRAやRABによって、周辺住民がBRAC対象基地跡地の汚染除去と地域再生に対して意見を表明し、跡地利用計画にかかわることのできる制度的枠組みが整備されている。また、いくつかの環境保護団体はRABを有効に利用し、成果をあげている。たとえば、一九九三年にBRAC対象基地に指定されたカリフォルニア州のメア・アイランド海軍造船所（Mare Island Naval Shipyard）において、放射性物質を含む汚染土壌を覆土するのみとした海軍の計画をRABを通して撤回させ、それらの除去を行うことを海軍に同意させた事例が報告されている（梅林 2003）。またフロリダ州ジャクソンビルの事例でも、LRAやRABを利用した住民参加が跡地利用に積極的な役割を果たしたことが明らかになっている。半世紀近くも基地に依存し、トップ・ダウンの意思決定が長年続いてきたジャクソンビルで、いくつかの契機を通して草の根活動が力をつけ、周辺住民が強く関与して跡地利用計画を策定し、BRAC委員会からの国防上の要望であった基地受け入れを最終的に住民自身で拒否したという事実は、国家安全保障というだけで国家が全てを決定しえた時代の終焉を、そして地域のあり方は住民自身が決定していかねばならないことを示すものとして象徴的であった（林 2011）。BRACにおいては、跡地利用計画段階から基地周辺住民の意見を反映することが、汚染の除去に重要な役割を果したとみてよい。

第二に、地域経済再生の政策と制度が含まれている点である。経済調整支援やEDCといった一連の跡地利用促進政策によって、大半のBRAC対象基地周辺地域で、失業率と一人当たり実質所得成長率が米国全土の平均よりも良好な数値を示している（GAO 2004）。

他方、下記に示す問題もおこっている。

第一に、土地の跡地利用利用が遅れている地域がある。DODによれば、一九九五年までの四回のラウンドで余剰となったほとんどの土地の譲渡が二〇〇七年までに完了する予定であったが、汚染が深刻なため二〇一六年を過ぎても譲渡不能とされている地域もある。原因は、汚染除去に要する費用と時間、利用形態と除去水準の決定の困難さ、不発弾の処理の困難さ、これまで知られていなかった汚染物質の発見等にある。土地譲渡が遅れている地域の約八割がこのような汚染除去の問題に直面している（GAO 2002b）。利用形態にあわせて汚染除去水準を変える場合でさえ、多くの時間を要し、跡地利用が妨げられる場合がある。

第二に、基地汚染が資金的、技術的に汚染除去困難な場合には、汚染除去が十分になされないままになっている。表4-7に示したように、DODから他の連邦政府機関に土地譲渡がなされる場合、約八〇%が魚類野生動物庁（Fish and Wildlife Service）に譲渡される計画である。魚類野生動物庁に譲渡された土地の汚染除去は低水準にしかなされず、自然保護地区にされる。また民間に譲渡された土地の約一九%も自然保護地区にされている（表4-5）。

表4-7 連邦政府内部における土地譲渡先（2001年9月末時点での計画値）

（単位：エーカー）

魚類野生動物庁	191,700	81%
DOD	7,500	3%
その他	37,300	16%
合計	236,500	

出所）GAO（2002b）より作成.

第三に、人体や環境への影響よりも跡地利用を優先する政策がとられる傾向にある。一連の早期跡地利用政策は、土地譲渡の遅延原因となっている汚染除去に要する時間を可能な限り短縮し、早期に土地譲渡を達成することを目的としている。一九九七会計年度国防認可法では、認定書に明記された土地利用制限を新しい所有者に遵守させる方法が確立されていないにもかかわらず、汚染除去が完了する前に土地を譲渡するようにまでなった。

第四に、基地依存からは脱せたとしても、軍事優先の思想からは抜け出しきれていないことである。基地維持活動、失敗した場合の跡地利用活動という二段構えの体制からも明らかなように、基地周辺住民の関心は、あくまでも雇用の維持や地域経済の活性化であって、米国内の場合には特に基地の存在自体に反対しようという動きは少ない。そのこともあって、ジャクソンビルの跡地利用では、航空機産業や航空宇宙産業といった軍需と深く関わる産業が跡地利用の主流をなしている（林 2011）。基地跡地利用を環境再生の一環として真剣に位置づけようとするのであれば、雇用回復率といった指標だけでなく、跡地利用後にどのような産業を育成させていくべきかについての理念も大切にされなければならない。

とはいえ、これらの問題を抱えつつも、汚染除去、地域再生ともに比較的良好なパフォーマンスを示している。これには、基地の種類や周辺地域ごとの特性や社会経済情勢によって、周辺住民の参加を促しながら柔軟な対応をとらなければ、跡地利用政策は成功しないことを連邦政府が認識するようになったことが大きいと思われる。つまり適切に制度設計が行われれば、軍事基地であっても環境再生が可能であることをＢＲＡＣの事例は示している。本節でとりあげたＢＲＡＣの経験は、米国との政治的な力関係や地位協定の存在等のためにフィリピン、沖縄、韓国等で起きている米国外での跡地利用問題に直接適用できるものではないが、多くのインプリケーションを与えてくれている。

3　沖縄における基地跡地利用

補論2で示されているように、琉球処分、太平洋戦争における地上戦、サンフランシスコ講和条約以後の米軍占領、復帰後における米軍基地の集中と、沖縄は常に日米両政府の軍事による国家安全保障政策の犠牲となってきた。久場雅彦は、米軍基地が地域に及ぼす悪影響を「機会喪失」と「負の投資」と言い表している（久場 2000）。米軍によって良好な立地条件の土地を占拠されずにいたなら、戦後半世紀の間に多くの平和産業や住宅・文化施設が建設され、健康で文化的な生活を享受できたはずなのに、沖縄の人々はその機会を奪われてきた。また、新しい軍事基地の造成による自然破壊や米軍の日々の軍事活動による汚染の深刻化によって、平和的使用に供する際に更なる時間と費用を要するようになっている。くわえて、宮本は米軍基地によって不生産的部門が肥大化し、基地需要という浮き草のような経済に寄生する労働者が増加することになったと指摘している（宮本 1979）。同様に、福丸馨一は、沖縄問題の深刻さをはかる三つの指標として、①基地経済、消費経済型の軍事植民地経済、②住民生活の貧困化、過密、水不足、犯罪、環境問題、③統治構造における自治権の剝奪ないし抑圧をあげており、所得面からだけで基地経済を評価してはならないとしている（福丸 1979）。

「米軍基地があることによって沖縄の発展が歪められてきた」、「自らの土地を早期に返還して欲しい」という意識は、特に米軍占領下の沖縄の人々がもっていた強い意識だったはずである。このことは一九五〇年代の島ぐるみの土地闘争における要求からも明らかであるし、復帰後の一九七七年に沖縄県がまとめた冊子『軍用地転用の現状と課題』からもうかがえる。冊子の中で、県は「軍用地が本県の社会経済に及ぼしている影響や障害は極めて大きく、これらの除去なくして本県の振興開発と県民生活の向上はありえないのが本県の実情である」と述べる等、米軍基地の早期返還を求めていた。そして返還に備えて県は、跡地利用の促進や返還後の補償に適切に対処するための法律を日本政府に求め続けてきた。ところが、「沖縄県における駐留軍用地の返還に伴う特別措置に関する法律」（軍転特措法）が施行されたのは、ようやく一九九五年六月のことだった。このように、米軍基地返還後の跡地利用の制度が整えられてきたのは、最近十数年のことにすぎない（林 2006）。

沖縄において跡地利用に関する措置が具体化していくのは、一九九六年一二月の沖縄に関する特別行動委員会（Special Action Committee on Facilities and Area in Okinawa：SACO）最終報告の中で大規模基地である普天間基地の条件付き返還が合意されて以降のことである。基地返還に関するもう一つの重大な出来事が在日米軍再編である。その合意内容の一つに嘉手納基地以南の相当規模の土地返還がある。米軍基地の返還は長い間沖縄県民の

表 4-8　所有形態別在沖米軍基地面積

(単位：ha)

	国有地	県有地	市町村有地	民有地	総　計
北部地区	7573.4	806.3	5704.0	2266.5	16350.2
中部地区	423.8	9.0	1077.2	5149.4	6659.4
南部地区	21.0	3.5	30.4	145.0	200.0
宮古・八重山地区	4.1	－	－	87.4	91.5
合　計	8022.5	818.9	6811.7	7648.4	23301.5

出所）沖縄県知事公室基地対策課（2008a）より作成.
注）2006 年度末現在.

望みであったが、現在においては再編をすすめたいという米軍の意図にも合致したものとなっている。普天間基地の場合にみられるように、移設条件付き返還合意が沖縄では多いために返還が新たな基地強化につながる可能性もあるが、米軍基地の返還と跡地利用とが今後の沖縄で重大な課題となっていくことは間違いないだろう。

ところで、普天間基地をはじめとする本島中南部所在基地の場合、表4-8に示されているように、民有地の割合が約七七%もしめている。この膨大な民有地の地権者の同意を得て、米軍基地返還地の跡地利用を円滑にすすめるには、様々な課題を解決していかなければならないと予想される。軍転特措法等の現行制度が、諸課題を解決する上で果たしてどれほど有効に機能しているであろうか。結論を先取りするならば、制定後の日が浅い現行制度では、制度上・運用上不十分な点が多々あり、跡地利用を円滑にすすめる上での阻害要因を解消しきれていない。

そこで本節では、SACO及び米軍再編の最大の課題である、宜野湾市の普天間基地の跡地利用を主として念頭に置きながら、今後避けられない跡地利用という課題に対して、その阻害要因を明らかにし、それらを解消していくための基本的な考え方を提示することとしたい。そのために以下では、筆者が跡地利用を阻害しているとみなす四つの要因、すなわち、①水質・土壌汚染、②軍用地料、③行財政上の特別措置の欠如、④跡地利用の推進主体の不在について、それぞれ詳述していくこととする。

(1) 水質・土壌汚染

二〇〇九年三月五日、普天間基地で燃料漏出事故が生じたとの連絡が、沖縄防衛局環境対策室から宜野湾市に入った。基地内で生じた燃料漏出事故が宜野湾市に通知されたのは、初めてのことだった。三月三日、燃料貯蔵所からホットピット・タンクへの燃料補給時に約二〇〇ガロンのジェット燃料が漏れ、その内の約一〇〇ガロンが土壌を汚染したという。米軍側の説明では、三月一八日までに約八〇立方メートルの汚染土壌が掘削除去されたため、地下水等の環境中への放出はないだろうとのことである。この事故を通して、市への通知が事故発生の二日後であったこと、汚染現場への立ち入りに際して撮影や土壌サンプル採取が禁じられたこと、汚染除去の実施を日本側が確認する術がないこと等の問題点が浮き彫りになった。

沖縄の米軍基地でジェット燃料をはじめとする有害物質が使用されていることは、復帰前からよく知られていた。一九六七年五月には嘉手納基地外へ大量のジェット燃料及び洗剤が流出する事故が生じ、「燃える井戸」が重大な問題として取り上げられた。以降、同種の基地外油流出事故は、嘉手納基地では一九九四年三月までに二〇件にのぼっている(福地 1996)。日米地位協定第三条で米軍に基地内の排他的使用権が認められているため、日本側は基地外に流出した場合にしか、汚染を把握できなかった。そのため、米軍基地の汚染問題といえば、水質汚染を指すことが多かった。

沖縄の米軍基地における土壌汚染が注目されるようになったのは、ここ十数年のことである。その理由の一つとして、一九九六年三月に米軍恩納通信所跡地からPCB等の有害物質が検出されて以降、米軍基地返還地から次々と土壌汚染が発見されていることがあげられる。沖縄防衛局によって提供された資料によれば、二〇一〇年一〇月末現在、五件の土壌汚染が発見され、約一〇億八〇〇〇万円の返還跡地土壌汚染等の除去費用が日本政府によって負担されている(表4-9)。日米地位協定第四条で米軍の原状回復義務が免除されると判断されているため、返還地の汚染除去費用を全額日本政府が負担することになっているが、この点は大きな問題である。土壌

表4-9　返還跡地における土壌汚染に係る除去費用

施設名	返還年月日	除去費（千円）	汚染物質と除去状況
キャンプ瑞慶覧メイ・モスカラー地区	1981.12.31	84,000	2002年1月にドラム缶に入ったタール状物質発見．県内処理場で除去．
恩納通信所[1]	1995.11.30	－	PCB，カドミウム等．県外で除去予定．
キャンプ桑江北側地区	2002.3.31	680,000	砒素，六価クロム等．県内処理場は逼迫しているため，県外処理場で除去．
読谷補助飛行場	2006.12.31	304,000	鉛，フッ素，油分．県外処理場で除去．油分は現場で攪拌除去．
瀬名波通信施設	2006.9.30	12,000	鉛，油分．鉛は県内処理場で除去．油分は現場で攪拌除去．

出所）沖縄防衛局提供資料より作成．
注1）発見されたPCB汚泥は約304トンにのぼり，航空自衛隊恩納分頓地内にそのほとんどが保管されている．北九州市の事業所に除去を委託することが決まっているが，実際に除去が開始されていないため除去費がいくらになるかは現状では不明である．

汚染が注目されるようになったもう一つの理由として、大規模な基地の返還がSACO合意を契機としてこれまでになかった大規模な基地の返還が現実味を帯び、跡地利用に対する関心が高まったことがあげられる。(5)二〇〇六年五月の在日米軍再編最終報告によって嘉手納基地以南の相当規模の土地返還が合意されたことから、土壌汚染の問題はさらに今後さらに注目を浴びることになるだろう。

米軍基地への立入調査がきわめて制限されているため、返還前に土壌汚染の状況を知ることは困難である。SACO合意で返還が決められている普天間基地では、一九七二年から二〇〇〇年までで汚水流出事故三件が宜野湾市によって把握されていただけであり、基地汚染の状況はまさにベールに包まれていた（宜野湾市基地政策部基地渉外課2009）。補論2で示したように、その汚染状況の一端が米情報自由法によって公開された資料によって明らかになったが、基地内の汚染状況が包括的に把握できたとは到底言えない。

一般的に言って、普天間基地内に存在する消火訓練場、燃料貯蔵タンク、燃料補給場、洗機場、有害廃棄物貯蔵施設は、揮発性有機化合物、殺虫剤、重金属、ジェット燃料といった有害物質で汚染されていることが疑われる。また基地内の建築物で使用されているアスベストも問題である。汚染区域はそれらの施設だけに留まらず全域に散在していることがあり、地下水を汚染している場合もしばしばある。第三章第二節でみたように、深土や地下水の汚染除去には莫大な費用や時間を要することが知られており、現在のように高水準で日本政府が汚染を除去しようとすれば、数十年以上の時間を要することもありうる。

普天間基地の汚染がどの程度深刻なのかを知ることはきわめて困難となっている。しかし、嘉手納基地と同様に普天間基地も頻繁に使用されてきたことから考えて、普天間基地も深刻に汚染されていると考えておいたほうがよいだろう。第三章第三節でみたように一九九〇年代に入って米軍も以前に比べて環境に配慮するようになったが、それ以前の汚染は横田基地のケースと同様に放置されたままとみられる。また、沖縄県内の廃棄物処理場が逼迫しているため、普天間基地のような大規模基地で大量の汚染土が発生した場合、その汚染除去をどこでどのように実施するか、前もって検討しておく必要があろう。このように、深刻な汚染は、早期の跡地利用を妨げる最大の要因になる可能性がある。

米軍基地における土壌・地下水汚染は、日本側の自治権が最も剝奪されている問題である。跡地利用を早急にすすめるためには、日米地位協定を改定する等して、少なくとも基地返還前に日本側が汚染状況を把握できる体制を確立する必要がある。

(2) 軍用地料

沖縄独特の問題であり、跡地利用促進にとって足かせになってしまっているのが、軍用地料である。まず沖縄における軍用地料の問題を歴史的に簡単に振り返る（来間 1998）。

よく知られているように、沖縄戦以後に民有地は米軍によって強制的に接収され、基地として使用されることとなった。しかも一九五二年のサンフランシスコ講和条約発効まで軍用地料の支払いはなく、基地内の地権者は生活の糧を奪われたまま耐えて生きていくしかなかった。一九五二年一一月に米国が出した布令「契約権」は、契約期間が二〇年と長期なことと軍用地料の水準があまりに低いこととから、地権者に拒否された。これに対し米軍は契約に応じなければ土地を強制収用し、新たに接収する土地については武力に訴えても取得するとし、銃剣とブルドーザーによる接収が強行されることとなった。米軍の横暴なやり方に対し島ぐるみの土地闘争が起き、その結果、軍用地料が大幅に引き上げられることとなった。

軍用地料が跡地利用促進にとって足かせとなっていくのは、復帰後に日本政府が米軍基地維持のために意図的に軍用地料を引き上げたためである。復帰にあたって沖縄が日本の法体系に入ることで、米軍はこれまでのように地権者の了解を得ることなく、強制的に土地を利用し続けることができなくなった。そこで、契約に応じない地権者を説得するための有力な手段として軍用地料が日本政府によって利用され、復帰時に約六倍にも引き上げられた。しかも、その後も軍用地料は一貫して増額し続け、二〇〇五年度で七七五億円もの軍用地料が沖縄全体へ支払われている。これは同年度の沖縄の農林水産業純生産額を二〇〇億円も上回る額となっている（沖縄県知事公室基地対策課 2008b）。

一九九八年の軍用地地権者へのアンケート調査結果をみると、軍用地料が地権者の生活にとって不可欠なものとなっている実態がわかる（沖縄県 1999）。調査結果によると、約七六％の地権者が軍用地料を生活費に充てており、ほぼ同じ割合の地権者が軍用地料がなくなった場合の生活に不安を抱いている。一方で、三〇代から五〇代の働き盛りの中に約二〇％の無職者がいることから、地権者によっては働かなくても多額の軍用地料によって生活が成り立つ者もいることがわかる。軍用地料が政策的に引き上げられてきたことによって、地権者たちは、部分的にせよ全面的にせよ、軍用地料に依存した生活を送ることとなってしまっている。そのため、地権者の中には返還に反対する者もいる。

米軍に土地を強制的に接収され、低額の軍用地料で苦しみ、土地返還を求めてきた地権者が、返還後に高騰した軍用地料に頼るようになり、生活のために土地返還に反対するようになってきたのである。しかし、ここで留意しなければならないのは、米軍が基地を返還するかどうかは地権者の都合によって決められるわけではなく、あくまで米国の軍事戦略次第だということである。このことは、返還に地権者が強力に反対していた瀬名波通信施設が一方的に返還されたことからも明らかである。このように不安定な軍用地料に生活を依存するよりも、跡地利用によって自立的に生活を成り立つようにすることが望ましいのはいうまでもない。そのためには、軍用地料依存から抜け出すためのクッションとなる政策が必要である。その一つが、返還地で収入が得られるようになるまでの補塡措置としての給付金制度である。

軍用地料は土地が米軍によって返還されてしまえば打ち切られる。しかし、返還日の直前に米側から通知があった場合や跡地利用計画に関する合意形成等に時間を要する場合等には、返還翌日以降すぐに地権者が返還地から使用収益をあげることは不可能である。このため、跡地の有効利用が図れず遊休期間が長期化した場合には、地権者に対して最長三年間の給付金を支給することが軍転特措法で定められた。また、汚染除去に予想以上に時間を要したこと等から、沖縄振興特別措置法で給付期間延長のための措置がとられ、大規模跡地と特定跡地の指定を受けた返還地の地権者に対して、軍転特措法で定められた三年間をすぎても一定期間給付金が交付されることとなった。

給付金の実態を、キャンプ桑江北側地区を例としてみることとしよう。北谷町のキャンプ桑江北側地区は、二〇〇三年三月に米軍から返還された。しかし、返還後の汚染調査で、土壌から環境基準値の二〇倍の鉛をはじめ、砒素、六価クロム、PCBが検出された。原状回復が終了したとして、日本政府から地権者へキャンプ桑江北側地区が引渡されたのは二〇〇四年九月だった。ところが、北谷町提供資料によると、原状回復が終了したとして引き渡された後も、土地区画整理事業の最中に土壌汚染、銃弾の発見が相次いだ。二〇〇四年一一月から二〇〇八年二月までの期間で、三六件もの新たな汚染等が発見された。二〇一〇年八月にはアスベストと鉛が新たに検出され、土地区画整理事業がさらに遅れる可能性があるという。さらに、沖縄の場合には、沖縄戦時の不発弾がいたるところで発見されるため、このことにともなって事業が長期化してしまう可能性もある。

返還前の二〇〇二年度にキャンプ桑江北側地区の地権者に支払われた軍用地料は、約四億四〇〇〇万円である。返還後の三年間で支払われた給付金は合計約一三億円であるので、ほぼ軍用地料と同額の給付金が支払われた。これにくわえて、キャンプ桑江北側地区には特定跡地給付金が支払われた。これは原状回復に要した期間について給付金を延長するという措置であったため、地権者へ土地が引き渡されるまでに原状回復に要した一年六ヶ月分、約六億一〇〇〇万円が支払われた。しかし、使用収益が得られるような状況になっていないにもかかわらず、その後は給付金が打ち切られている。二〇〇七年九月三〇日までの四年六ヶ月の間に総額約一九億円が約三〇〇人の地権者に支払われたことからして、一人当たり年平均約一四一万円、月平均約一一万七〇〇〇円の収入がなくなったことになる。

今後返還が見込まれる普天間基地における二〇〇六年度の軍用地料は、約六五億円である。地権者は約三〇〇〇人であるので、一人当たり年平均二一七万円、月平均一八万円の軍用地料収入となる。普天間基地の軍用地料は、キャンプ桑江北側地区にも増して高額である。この軍用地料が入らなくなれば、これまでの生活に支障をきたす可能性が大きい。

軍転特措法や沖縄振興特別措置法で給付金制度が整えられてきたとはいえ、給付金は期限付きであり、返還後の生活に対する不安を払拭しきれるものとなっていない。将来の不安が解消されていなければ、地権者は跡地利用に消極的にならざるをえない。跡地利用による使用収益まで給付金を保証する等の措置が必要ではないだろうか。

(3) 行財政上の特別措置（国有財産の譲渡）の欠如

沖縄県内において跡地利用を望む声が大きくなった一九七〇年以来、県はことあるごとに日本政府に行財政上の特別措置を求めてきた。たとえば、一九七五年一二月末に県が策定した「沖縄県軍用地転用基本方針」もその一つである。そこでは、すべての軍用地を縮小・撤去させ、その跡地の平和利用を目的としつつ、跡地利用問題における日本政府の責任の所在を明らかにし、戦後処理や戦災復興として、日本政府が行財政上の特別措置を沖縄に適用すべきだとの主張がなされている（沖縄県企画調整部 1977）。しかし、跡地利用事業費の国庫負担が、次項で取り上げる「大規模駐留軍用地等跡地利用推進費補助金」（跡地利用推進補助金）という形で結実したのは、ようやく二〇〇一年のことである。また、国有財産の無償譲与や公共用地取得のための行財政措置は、未だにほとんど実現していない。このため、跡地利用の困難が増している。

表 4-10　普天間基地の土地所有区分別面積（2006 年度末現在）

（単位：ha）

	国有地	県有地	市町村有地	民有地	合計
普天間基地	35.9	0	6.8	437.8	480.5

出所）沖縄県知事公室基地対策課（2008b）より作成.

民有地が全体の約九二％を占める普天間基地では、計画的なまちづくりを実現するために、公共公益施設用地の確保が跡地利用において決定的に重要になる（表 4-10）。そこで宜野湾市では、公共公益施設用地確保のために普天間基地内の軍用地の買取を進めている。一般会計から年一億円を目処に予算化していたが、財政状況の悪化のため二〇〇六年度では約二三〇〇万円しか予算化されなかった。市としては約二一ヘクタールの取得を目標としているが、二〇〇九年度末時点で達成された買取面積は約二・一ヘクタールにすぎない（表 4-11）。代替基地建設の目処が立たないため普天間基地が返還される時期は不明であるが、年間〇・一ヘクタール程度しか買取が進まない状況では、目標とする規模の用地取得はいつまで経っても不可能である。市では、沖縄金融公庫からの無利子及び低利子での資金の借り入れや、日本政府による土地の無償譲渡を期待している。日本政府による無償譲渡が実現しなければ、市はこれまでに要した費用の一〇倍にあたる七七億円を超える費用を負担しなければならなくなる。これまでに軍転特措法や沖縄振興特別措置法の規定によって日本政府による財政措置がなされたことはな

表 4-11　普天間基地における公共公益施設用地の取得状況

年度	2001	2002	2003	2004	2005	2006	2007	2008	2009	合計
買取面積（ha）	0.9	0.2	0.4	0.2	0.1	0.1	0.1	0.1	0.1	2.1
契約金額（100 万円）	311	75	144	67	44	23	27	35	44	771

出所）宜野湾市役所提供資料より作成.
注）四捨五入によるため，合計数が符合していない.

いが[6]、道路用地の提供にくわえて、普天間基地に存在する三五・九ヘクタールの国有地の一部を市場価格以下もしくは無償で譲渡することによって、市の負担を減らすことが必要ではないだろうか。また、現在進められている普天間基地跡地のまちづくり構想において、一〇〇ヘクタール規模の普天間公園の建設が有力な案として周辺住民や市民から提案されている。日本政府が土地を取得して、公園として提供しない限り、この案を実現させることは不可能であろう。

実は、日本でも戦後間もない時期に、旧軍港市転換法（横須賀、舞鶴、呉、佐世保）という日本国憲法第九五条の規定に基づく特別法が制定され、基地経済から脱却するための行財政上の特例措置が講じられたことがある。

軍港都市として発展してきた横須賀市等は、終戦後の海軍廃止に伴い、大きな打撃を受けた。横須賀市は、各旧軍港市を平和産業港湾都市として転換再建することを市の発展の指針とし、巨額の国有財産と長い年月を費やして設置された旧軍用財産とを活用するために、日本政府による特別の経済的援助を可能にする特別法を制定させた。横須賀市の場合、公共用地だけでなく、民間関係施設にも土地が譲渡されており、合計一〇〇〇ヘクタール近い土地が手厚く譲渡されてきた（表4-12）。市に無償で譲渡された財産の内訳をみると、公園緑地施設約九〇ヘクタール、上水道施設約八四ヘクタール、学校教育施設約六〇ヘクタール、道路施設約三二ヘクタール等となっており、地域経済の回復に重要な役割を果たしたとみられる。

基地経済からの脱却というよりは戦災復興という観点から制定された特別法だが、沖縄にとってもう一つ参考になるのが広島平和記念都市建設法である。この法律は被爆によって課税すべき人も物も失われ、税収の激減した広島市のために制定された。日本政府からの特別措置（軍用地等約三五ヘクタールの無償譲渡）により、それまで停滞していた戦災復興事業は大きく前進し、平和記念都市として発展していくこととなった(7)。

沖縄戦で長崎、広島に匹敵する被害を受け、しかもその後も米軍によって植民地以下の扱いを受け、復帰後も日米安保体制の犠牲とされてきた沖縄に対しても、広島市に対してなされた特別法と同様の行財政上の措置が導入されるべき理由が存在する。また、基地経済からの脱却のためには横須賀市に対してなされたような手厚い行財政上の特別措置が必要である。そして、民有地の多い沖縄の米軍基地で跡地利用を促進していく上で、行財政上の措置が不可欠であることが宜野湾市の事例からも明らかになっている。行財政上の措置が導入される理由も必要もあるにもかかわらず、これまでその措置がほとんど実現してこなかったことが、沖縄における跡地利用の大きな阻害要因となっている。

表 4-12　旧軍用地財産転用概況（横須賀市）

項　目	面積（ha）	割合（%）
公共施設	602.3	31.9
横須賀市関係	426.1	22.6
譲与財産	292.3	15.5
譲渡財産	24.4	1.3
借受財産	109.4	5.8
神奈川関係	81.1	4.3
官庁関係	95.2	5.0
民間関係施設	375.7	19.9
譲渡財産	336.6	17.8
譲渡財産（法前）	17.5	0.9
借受財産	21.6	1.1
米軍関係	337.2	17.8
自衛隊関係	281.4	14.9
農地所管換	223.9	11.9
未利用その他	68.7	3.6
合　計	1889.3	100.0

出所）横須賀市企画調整部基地対策課（2009）より作成.
注 1）2004 年 10 月 31 日現在.
　2）本表における譲与は無償で，譲渡は時価の 5 割以内において減額した対価で引き渡すことを指している.

(4)　跡地利用の推進主体の不在

民有地が圧倒的に多くを占める普天間基地の場合、跡地利用計画の作成に際しては、地権者が積極的かつ主体的な役割を果たすことが決定的に重要である。ところが、沖縄の場合、高額の軍用地料の存在によって、跡地利用にあたって中心的な役割を担うべき地権者の自主性が特に損なわれてきたため、跡地利用の推進主体をどのように育成していくかが重大な課題となっている。

跡地利用の推進主体の育成に関して注目すべき取り組みをしているのが、宜野湾市である。具体的には地権者懇談会や情報誌の発送、「普天間飛行場の跡地を考える若手の会」の活動支援、市民組織「ねたてのまちベースミーティング」の活動支援等を市が実施している。普天間飛行場の跡地を考える若手の会は地権者の団体で、今後のまちづくりを担う若い世代の参加や人材育成を継続的に行っていくための第一歩として、二〇〇二年度から組織化されている。月一回の勉強会、先進地への視察会等の継続的な実施を通して、跡地利用に関する提言を行う力を養うにいたっている。ねたてのまちベースミーティングは、市民側の意見を取りまとめる検討組織として二〇〇六年から組織化されている。二〇〇八年度には、ねたてのまちベースミーティング発足後初めて、会としての考えが成果として取りまとめられた。今後の方針としては「(仮)普天間飛行場まちづくり協議会」の立ち上げが目指されている。この協議会は、跡地利用に関する地権者と市民の意見を集約し、地域の意見として日本政府、県、市に発信していく役割を担うものである。将来的には、分野別の部会も設定し、専門的な検討・提言も行えるように、地権者・市民の組織を育成していく予定である（宜野湾市 2010）。

跡地利用の推進主体の育成を宜野湾市が積極的に進められるようになったのは、二〇〇一年度以降、跡地利用推進補助金が日本政府によって交付されるようになったからである。表4-13は、二〇〇一年度から二〇〇九年度までにおいて、日本政府から補助金を受けて宜野湾市において実施された跡地利用推進事業を示したものである。九年間に総額で六億円近い調査事業が実施されているが、跡地利用の推進主体の育成に関する「地権者意向関連調査」が約一億五七〇〇万円と、全体の四分の一ほどを占めていることがわかる。宜野湾市は、地権者意向関連調査の事業費を利用して、二〇〇一年度に「普天間飛行場関係地権者等意向全体計画」を策定し、二〇〇二年度以降、合意形成に向けた場づくり、人づくり、組織づくり等の活動を進めている。

表 4-13　跡地利用推進補助金一覧（普天間基地分）

（単位：千円）

年度	2001	2002	2003	2004	2005	2006	2007	2008	2009	合計
跡地利用関連調査	−	−	13,832	18,950	20,890	19,212	15,695	15,537	15,755	119,871
地権者意向関連調査	12,181	15,036	20,675	18,598	19,625	18,448	22,423	14,866	15,128	156,980
自然環境調査	6,146	34,063	35,330	25,318	11,403	14,258	10,443	11,244	7,275	155,480
都市計画関連調査	11,327	19,378	17,413	−	−	−	−	6,861	8,941	63,920
文化財関連調査	24,246	20,926	16,551	20,007	16,558	−	−	−	−	98,288
合　計	53,900	89,403	103,801	82,873	68,476	51,918	48,561	48,508	47,099	594,539

出所）宜野湾市役所提供資料より作成.
注 1）上記の事業費に対して，日本政府から補助率 90％ の補助金が交付されている.
　2）跡地利用関連調査は沖縄県と宜野湾市との共同事業.

跡地利用推進補助金の交付要綱によれば、当該補助金は「大規模駐留軍用地跡地等の利用推進を図るために沖縄県、市町村が行う跡地利用計画の策定及びその具体化を進めるために実施する事業に対して助成することを目的と」している。この補助金の特色は、日本政府が提示したメニューの中から事業を実施するのではなく、跡地利用計画の策定やその具体化に向けた調査で、かつ、日本政府に申請が採用されれば、県や市町村が自身で提案した調査を実施できる点にある。そのため、ある程度の自主性を調査に反映させることができる。また、自主財源だけでは実施困難だった自然環境調査や文化財関連調査を含めた様々な取り組みを実施できるようになった点、地権者や市民の合意形成を補助金導入前より格段に進められるようになった点で、この補助金は宜野湾市にとって非常に意義深いものとなっている。

まちづくりや地域開発においては周辺住民の自主性が欠かせないといわれているが、沖縄の地権者や市民は長い間自主性を奪われ続けてきた。このため、跡地利用を推進する主体の不在が、跡地利用の阻害要因であった。宜野湾市の事例にみられるような取り組みがどれだけ成功するかが、跡地利用の成否を握る重要な鍵となるだろう。

(5)　阻害要因解消のための原則

以上、①水質・土壌汚染、②軍用地料、③行財政上の特別措置の欠如、

④跡地利用の推進主体の不在の四点について、跡地利用を進める上での課題を述べてきた。最後に、これらの阻害要因を解消していくための政策を進める上で、考慮すべき四つの原則を示しておく。

第一に、沖縄の歴史を踏まえた上で、跡地利用の阻害要因の解消は戦後処理という観点からなされるべきである。これは、沖縄戦の悲惨な被害への補償であるし、米軍基地を長年集中的に押し付けてきたことへの補償でもある。沖縄戦も米軍基地も沖縄の人々が自ら望んだものではない。むしろ沖縄の人々は古来平和を尊重してきた。沖縄の人々が米軍基地の跡地利用を成功させ、平和都市として転換していくために、日本政府が特別な措置を積極的にとることは、戦後処理という観点からみれば当然のことである。少なくとも、本節で明らかにしたように、横須賀や広島等で講じられたのと同様の措置が採用されるべきであろう。

米国内基地における跡地利用に係る公共政策は、基地汚染を生じさせ、軍事基地に依存した経済を形成させてきたことに対する責任を連邦政府が認めた結果実施されたものではなく、どちらかというと軍事上の目的から基地を閉鎖させる際の基地跡地周辺地域経済支援策として実施された。そのため、責任論といったものはみられない。この点は重大な差異で、沖縄において、米国内で実施されているような基地周辺地域経済支援策はもちろん、それにも増して積極的な跡地利用に係る公共政策が日本政府に求められる理由になる。

第二に、軍用地の地権者や周辺住民の生活への不安を取り除くことが重要である。多くの地権者が軍用地料で生活を成り立たせている以上、返還後も代わりに生計をたてる術ができるまでは、給付金を支給し続ける必要がある。このことは、返還される基地や時期が本質的には米軍の都合で決定されることからも正当化される。周辺住民の不安を取り除くには、可能な限り早期に跡地利用を実現させることが必要である。なぜなら、跡地利用が遅れれば遅れるほど周辺住民は経済的な悪影響を受けるが、地権者のように給付金を受け取ることができないからである。早期の跡地利用のためには、基地返還前に汚染状況を包括的に把握しておくこと[8]や、地権者や周辺住民が納得して進められる跡地利用計画を作成しておくこと等が必要とされる。しかし、前述したように日米地位協定が早期の跡地利用を妨げている。汚染除去を遅らせ周辺住民の生活を脅かす日米地位協定は、改定されなければならない。この点に関しては、第三章第三節でふれた地位協定の環境条項をめぐる韓米の動きが非常に参考になる。また、基地返還後の地域経済の落ち込みに対する周辺住民の不安を拭うためには、日米地位協定の改定等にくわえて、米国内基地の跡地利用政策でとられているような地域経済を支える商工業の成長と、雇用の維持・創出といった分野への日本政府による一時的な財政措置が望まれる。

第三に、沖縄の人々の自己決定権を尊重したものでなければならない。復帰後に沖縄に対してなされた日本政府による特別措置は、メニューが決められた高率補助金制度であり、公共事業依存型の経済を生み出すこととなった。一方で、国有財産の無償譲渡や一括贈与金といった自由な地域開発を許すような措置は講じられてこなかった（宮本 2010）。しかし、高率補助金が沖縄経済を歪めてきた実態や跡地利用という課題から考えたとき、自己決定権を尊重する環境をどのようにつくりだせるかが重要になる。この点からして、本節で紹介した跡地利用推進補助金は、周辺住民の自主性向上に一定の役割を果たしていると評価できる。跡地利用推進補助金に支えられて育成された地元の組織によって、普天間基地跡地に普天間公園を造成する跡地利用計画案が提出されたが、戦後処理という観点にくわえて、自己決定権の尊重という観点からも、日本政府には行財政上の特別措置において特段の配慮が求められる。

第四に、米軍に跡地利用に係る費用を部分的にでも負担させるべきである。四大公害裁判等を通じて認められてきた汚染原因者負担原則（Polluter Pays Principle）という基本原則からすれば、汚染除去費用も、その後の地域再生のための費用も、汚染原因者である米軍が負担するべきである。しかし、米軍は地位協定の規定を盾に、跡地利用に係る費用負担を免除されている。米軍が本来負担すべき費用は、日本政府に関しては今後さらに増大していくだろう多大な汚染除去費用の負担、宜野湾市をはじめとする関係市町村に関しては公共公益施設用地の取得費用の過剰な負担、地権者に関しては給付金の打ち切りに伴う経済的な損失等という形で現れてくる。市町村や周辺住民は米軍基地による被害者であるにもかかわらず、不必要な費用負担を強いられている。この点からも市町村や周辺住民には手厚い措置が必要と言える。日本政府の費用負担に関しては、沖縄の基地問題が日本政府と米軍とによって引き起こされた点から考えて、一定程度の負担は仕方がないだろう。しかし、日本政府が米軍の費用を肩代わりすることが汚染を抑制するインセンティブを米軍から奪っている上、米軍の財政的な負担を軽減し、米軍の駐留を助けていることを考えれば、日本政府が税金を使って過剰な負担を続けることは許されないと言うべきである。

跡地利用は、基地維持政策から基地転換政策へとこれまでの政策を急転回させなければならない点で、象徴的な課題である。基地維持政策が跡地利用の阻害要因を生み出してしまったことを認識し、これまでの責任を認めた上で、日本政府は地域の自己決定権を尊重し跡地利用を促進させる行財政上の措置を積極的に打ち出すと同時に、米軍に対してしかるべき負担を求めていくべきである。

沖縄の米軍基地の跡地利用に関する現行法制度である軍転特措法と沖縄振興特別措置法の両法は時限立法であり、二〇一二年の三月に失効することになっている。沖縄県は、新たな跡地利用に係る制度を盛り込んだ恒久的な特別立法の制定を日本政府に働きかけているが、そこでも以上にあげた観点が考慮される必要がある。

環境再生としての軍事基地跡地利用の要諦は、跡地利用が本当の意味での転換を実現するかどうか、すなわち、軍事から環境もしくは平和への転換を実現するかどうかである。米国内の場合、BRACで節約された軍事支出は他の軍事費目にまわされただけであったし、基地跡地に育成される産業も軍需関連産業が多かった。このような軍事基地跡地利用は、本当の意味での環境再生につながらない。沖縄では本節で取り上げた普天間基地をはじめとして、多くの基地が返還されていくであろうが、その際には、環境や平和のためにはどのようなまちづくりが必要なのかも考慮される必要がある。この点に関しては、内発的発展や逆格差論のような考え方が参考になると思われる（宮本・佐々木 2000、宮本・川瀬 2010）。普天間基地跡地のまちづくりに関しては二〇一一年三月の

『普天間飛行場跡地利用計画方針策定調査報告書』において、「沖縄の自然や文化を活かして、緑豊かな風景づくりや環境共生に挑戦し、跡地の価値を高める優れた環境を形成」することが目標の一つとして掲げられ、①歩いて暮らせるまちづくり、②水資源循環や再生可能エネルギーの開発等の供給処理分野の取り組み、③廃棄物のゼロ・エミッションに向けたリサイクル産業の育成、④長寿命住宅や省エネルギー住宅等の普及に向けた住宅産業の育成、⑤沖縄らしい魅力づくりのための並松街道の復元や旧集落空間の再生、⑥普天間公園を中心とした緑地空間の整備といった方針が打ち出されている。これらの方針をどれだけ実現できるかが、本当の意味での転換を実現できるかの分岐点になる。

注

(1) 高水準な汚染除去とは、土地利用制限のかからない水準の汚染除去や住宅地として利用できる水準の汚染除去を指す。低水準の汚染除去とは、自然保護地区としてしか利用できないような水準の汚染除去を指す。

(2) BRAC委員会は、超党派のメンバーで構成される。対象基地・施設の視察や、その基地・施設がある地域での公聴会を経て、基地の閉鎖・再編に関する最終報告を大統領に提出する。大統領にはその提言内容を一部だけ採用したり変更したりする権限はなく、提言を採択するか否かの選択肢だけがある。

(3) 個々の議員による政治的影響を軽減させ基地閉鎖を進めるために、BRACにおいては、独立の委員会に諸基地の運命を決定する権力が与えられた。

(4) BRACクリーンアップ・チームは、DODのBRAC環境調整官（BRAC Environmental Coordinator）、EPA、州の汚染除去担当職員で構成される。これは、規制主体とDODとの長期にわたる汚染除去水準等に関する交渉期間を短縮し、BRACにおける跡地利用を早期に実現させるために、一九九三年に導入された。

(5) SACO最終合意による返還面積が約五〇〇〇ヘクタールだったのに対し、復帰からSACO最終合意までの間の返還面積は約四三〇〇ヘクタールにとどまっていた。

(6) ただし、旧沖縄振興開発特別措置法が適用され、一九七五年に与儀タンク跡地の約二ヘクタールの土地が古蔵小学校用地として那覇市に無償譲渡されている。これが唯一である。一連の特措法の規定にもかかわらず譲渡が進まない原因として、これまで返還された沖縄の米軍基地内で、まとまった土地をそもそも日本政府がほとんど有していなかったという事情があるようである。このような場合には、必要に応じて、返還前に日本政府が土地を取得し、市町村に譲渡するということも考えられてよいのではないか。特措法以外で、全国に適用されている国有財産法（いわゆる「関東プラン」）の規定に基づいて、土地が譲渡されたケースはいくつかあるが、有償の譲渡であるうえ、基本的に返還地の三分の一しか譲渡を受けられない。後述の旧軍港市転換法と広島平和記念都市建設法とでは、国有財産法に規定されている有償譲渡における優遇措置の適用限度にもかかわらず、日本政府はその限度をこえて土地を無償譲渡できることが定められている。

（7）　広島市役所ホームページ「広島平和記念都市建設計画のコーナー」を主に参照した。なお、広島平和記念都市建設法の制定過程については、石丸（1988）が詳しい。

（8）　返還前にＫＩＳＥ以上の水準での汚染除去を実施する唯一の方法は、現状では、第三章第三節の表3-4にまとめられているように、日本政府が追加分の汚染除去費用を負担することである。日米地位協定の第四条の規定によって返還後であっても日本政府が汚染除去費用を全額負担するのであれば、跡地利用を促進するために、返還をまたずに米軍基地内の汚染除去を始めるということが考えられてもよいのではないか。この場合、汚染情報を日本側が把握していることが必要であるので、米軍に情報の提供をうけるか、汚染調査を実施するかをしなければならない。韓国の場合には、少なくとも返還が決まった米軍基地に関しては、返還前に汚染調査が実施され報告書が作成された（林・有銘 2010）。

第5章

軍事の公共性から環境の公共性へ

本書ではこれまで第二章と第三章で、軍用機騒音や軍事基地汚染といった軍事環境問題が引き起こす諸々の事態をみてきた。これらをみれば、もはや軍事を不可侵のものとし続けることができなくなっていることは明らかである。

冷戦終結によって、軍事の公共性が相対的にそれまでよりは低くなったのは間違いない。しかし冷戦後の「軍縮」は、軍事戦略の変更、軍産学複合体の思惑等によって大きく歪められてきた。それゆえ、軍事基地の総面積としては減少しているものの、軍事力を重視する思想そのものには大きな変化がみられない。このことが、冷戦終結以降においても、軍事環境問題が地球環境にとって深刻な影響を及ぼし続けている原因であろう。

冷戦終結後減少傾向にあった世界及び米国の軍事支出は、二〇〇一年の「9・11」以降に急増している。「9・11」以降の対テロ戦費は、二〇〇七年の貨幣価値で六〇〇〇億ドル程度とされるベトナム戦争の戦費をすでに大きく上回っている。二〇〇九年一月のオバマ政権の発足後も米国の軍事支出は増加し続けており（Stockholm International Peace Research Institute 2010）、イラクやアフガニスタンの情勢も不安定なままで、戦争による深刻な被害が生み出され続けている（西谷 2010）。

「9・11」以降、軍事による国家安全保障政策に再び多量の資金が投入されるようになっているが、環境の観点から言えば、このような政策をとり続けることは不可能である。終章となる本章では、主に安全保障概念の検討を通じて、現代においては軍事の公共性よりも環境の公共性が重視されるようになってきていることを示したい。

また第四章の軍事基地跡地利用に関する公共政策で最も明らかなように、軍事といえども国は地方自治体や周辺住民や市民を無視しえなくなっている。これまでの議論を踏まえた上で、それぞれの主体の役割についても考えたい。

1　環境から軍事を問うべき時代

寺西は、軍事活動による環境破壊に対して、湾岸戦争開戦時とイラク戦争開戦時にそれぞれ短い文ながら重要な問題提起をしている。湾岸戦争開戦時には、「思い起こせば、戦争が最大の環境破壊を伴うことを改めて世界に印象づけたのはベトナム戦争であった。当時の米軍も、戦果を焦り、枯れ葉剤の集中投下によってベトナムの生態系を徹底的に破壊した。その深刻な後遺症はいまもなお続いている。戦後の覇権国家・アメリカは、この点では同じ愚行を繰り返したといわざるを得ないだろう。またこの愚行の繰り返しを客観的には支援する役割を担った日本政府の責任も重いといわねばならない」（寺西 1991）と発言し、イラク戦争開戦時には、「強大な軍事力を背景にした覇権国家として君臨してきたアメリカは、少なくとも過去二回、圧倒的な軍事力にものをいわせた問答無用の武力行使によって、多数の一般市民をも巻き添えにした殺戮行為のみならず、きわめて深刻な環境破壊の愚行を積み重ねてきた。そして、なおも懲りることなく、今年三月二〇日、現ブッシュ政権は、世界各国で高まった反対の声を完全に黙殺して、イラクへの武力攻撃を新たに開始し、三度目の重大な殺戮行為と環境破壊の愚行を繰り返すこととなった。こうしたアメリカによる武力行使は、いかにその正当性を主張しようとも、少なくともその帰結からみれば、最も愚劣な『環境犯罪』の上塗りというべきものである。これからの二一世紀は、こうした『環境犯罪』の愚行が厳しく裁かれていく時代にしていかねばならない」（寺西 2003）と問題提起をしている。ここには、平時の軍事活動も含めたあらゆる軍事活動に対する非常に強い反対が示されている。これは、「環境犯罪」を引き起こすような軍事活動は一切許されないという強い態度である。

本書で論述してきたように、平時の軍事環境問題である軍用機騒音や軍事基地汚染でも深刻な環境破壊が引き起こされている。被害が現れにくいが徐々に蓄積されていく基地汚染と異なり、蓄積されない反面で軍用機騒音は被害が現れやすい。被害が明らかである軍用機騒音問題でさえ、軍事による国家安全保障政策が優先されるあまり、基地周辺住民の反対意見が十分に考慮されず、深刻な環境破壊が引き起こされている。

軍用機騒音や軍事基地汚染から明らかなように、軍事活動は、平時においても深刻な軍事環境問題を生じさせ、基地周辺住民の安全を脅かしている。加えて、各地での環境破壊や資源浪費を通じて、人間社会全体の安全をも脅かしている。国家安全保障や抑止といった名目によって軍事に多額の資金が供給されてきたが、環境の観点からみれば現在の軍事による国家安全保障政策はもはや高度の公共性を有していないといえる。

であるならば、地球環境を保全するために軍事を縮小させていくこと、すなわち「環境軍縮」のための努力が当然はじめられなければならない。その萌芽は各地で少しずつみられるようになってきている。国家安全保障問題において、敵国（または敵国とみなされている国）を完全に無視することは困難である。敵国が存在する以上、伝統的な国家安全保障政策を求める声があがるであろう。しかし伝統的な国家安全保障政策は環境を破壊することによって、最終的には誰もが敗北者になる状況を生み出してしまう。環境破壊の規模という点だけでなく、相手国との協力によって解決していかなければならないという点においても、軍事環境問題は地球環境問題である。非軍事的な手段によってどのように安全保障を実現していくかが、今世紀の最大の課題といえるだろう。

日米関係について簡単に述べておく。

在日米軍再編において、集団的自衛権行使の問題、在日米軍と自衛隊との協力関係の変容、米軍による自衛隊基地使用円滑化、自治体の頭越しの合意等の多くの問題とともに、軍事環境問題が重大な問題の一つとしてクローズアップされることになった。

在日米軍再編で最も注目を集めた軍事環境問題は、普天間基地代替施設建設による自然破壊であろう。周辺住民や自然保護団体等の地道な反対運動が実り、辺野古沖への移設を日本政府は見送った。しかしキャンプ・シュワブ沿岸への移設計画が最終報告で盛り込まれており、自然環境への影響が危惧されている。また在日米軍再編に伴い沖縄では嘉手納以南の五つの米軍基地が返還されるが、そこでは深刻な基地汚染が問題となるとみられる。岩国基地には、厚木基地の空母艦載機と普天間基地の空中給油機とが移転することになったが、軍用機騒音被害への懸念から反対運動が起こった。二〇〇六年三月一二日には、岩国市の住民投票で空母艦載機の移転案に対し投票者の八七%が反対を表明した。在日米軍再編とは直接関係ないものの、横須賀基地では原子力空母母港化による放射線被曝の危険性を訴えて、市民団体による反対運動が繰り広げられている（原子力空母の横須賀母港問題を考える市民の会 2003）。

在日米軍再編において、日本政府は米政府の軍事による国家安全保障政策を支持し、日米安保体制を維持するために軍事基地周辺の軍事環境問題を激化させようとしている。一方、基地周辺住民は、日米安保体制や抑止の名の下に、軍事を無制限に拡大させてきた日本政府の政策の正当性を問うている。

日米安保条約やそれに基づく日米地位協定は、軍事による国家安全保障を目指すゆえに必要とされている。しかし、在日米軍再編をめぐって各地で起こった軍事基地周辺の軍事環境問題に対する反対運動から明らかなように、軍事基地の存在によって被害を受けている周辺住民の最低限の要求すら踏みにじるような軍事による国家安全保障政策は、環境を破壊するし、地元の理解も得られない。伝統的な国家安全保障の概念を環境の立場から問い直した上で、日本における軍事環境問題を複雑で深刻にしている日米安保体制の是非を、改めて問うことがいま必要とされている。同時に、軍事的支配国である米国の愚行を再び支援する役割を担わないために、さらには、米国の再度の愚行を阻止するために、日米安保体制のあり方を再考することが求められている。

なにも日米関係を断ち切るべきだと主張しているわけではない。しかし、補論1第二節で示したように軍事による国家安全保障政策を推進するために日米両政府によって締結された日米安保条約が、今後もその性格を維持し続けようとするのであれば、環境の観点からは反対せざるをえないのである。

2　軍事による国家安全保障から環境による人間の安全保障へ

「9・11」以後、米国は、安全保障を今まで以上に軍事的手段に頼るようになった。一方で、テロの防衛策は非軍事的な手段によって最もよくなされるという考え方が、EUを中心として議論されるようになっている。安全保障に対する考え方の変化として、第一に、紛争中、紛争直後の発展途上国に対して貧困緩和の支援をする必要が主張されるようになったこと、第二に、安全保障と開発との関係が議論されるようになったこと、第三に、安全保障の概念を拡大する必要性が主張されるようになったことがあげられる。安全保障概念の拡大には、国家と同様に人間を重視した人間の安全保障や、外敵からの防衛より国内的な安定を求める考え方も含まれる。「9・11」以降、米国を除く南北の国々では、安全保障を軍事的手段に頼らない方法、または軍事的手段の重要性を低下させ、それを安全保障政策の一部として扱う方法が模索されはじめている（Omitoogun & Skons 2006）。

(1) 軍事による国家安全保障

安全保障とは、誰かが何かを何らかの脅威から何らかの手段をもって守ることを意味する。そのため安全保障には、守る主体、守られる主体、脅威、手段が必要とされる（蓮井 1998）。軍事による国家安全保障は、一六四八年に三十年戦争を終結させるために締結されたウェストファリア条約を期に成立したとみられており、以降、国家のみが「正当な暴力を独占する」という大原則が続いている（武者小路 2005）。軍事による国家安全保障とは、国家（守る主体）が領域・主権・国民（守られる主体）を敵国の侵略（脅威）から軍事力（手段）をもって守護することである。

第二次世界大戦後には、軍事による国家安全保障という考え方のもとで、核抑止を中心にする抑止政策がとられてきた。抑止理論は、一九五〇年代後半から約十年の間にはぐくまれてきた。抑止とは、相手国にある行動をとらせないようにするために、もし相手国がそのような攻撃的行動に出た場合、こちらは懲罰的報復行動をとるという威嚇を行うことによって、相手国がそうした行動に出ることを事前に思いとどまらせることをいう。その際に鍵を握るものは、抑止する側の「公約」を実行しうるだけの「能力」と「意図」が被抑止側に「伝達」され、正しく「知覚」されることである（土山 1989）。

核戦争が生じなかったという点のみから世界の「平和」に貢献してきたという評価がある一方で、核抑止政策は「安全保障のディレンマ」と呼ばれる状況を引き起こしたという批判がある（阪中 1989）。安全保障のディレンマとは、自国の安全強化が相手国との安定的関係維持の妨げになることをいう。各国は何よりまず自国にとっての安全を高めることを意図して威嚇政策や軍備拡張政策をとるために、相手も武装を強化し、皮肉にも不安定な結果が生み出される（土山 1989）。抑止の「能力」を相手国に「知覚」させることが必要な軍事による国家安全保障は、ゼロ・サム的な性質を多分に有しており、競合的なものであった。そのなかで軍拡が進み、軍事環境問題が発生したのである。

軍事支出の減少から判断する限り、冷戦終結後から一九九六年までは軍事による国家安全保障政策がその優先度を低下させた時期であった。にもかかわらず、特に「9・11」以降の米国で、再び軍事的手段が安全保障政策の中心になりつつある。軍事による国家安全保障の問題点を明らかにし、新たな安全保障概念を構築することが求められている。

(2) 環境安全保障

環境問題と軍事による国家安全保障政策との関係が国際的に取り上げられるきっかけとなったのは、核実験やベトナム戦争での枯葉剤による環境汚染である。これ以降、湾岸戦争やユーゴ空爆による環境破壊、軍事基地の汚染、軍用機騒音等が部分的にではあるが研究されはじめ、軍事による国家安全保障政策が環境に重大な影響を与えることが認識されるようになった（蓮井 1999）。この時点では、軍事による国家安全保障政策が環境に与える影響が指摘されていただけであり、安全保障に環境保全が必要なことが明示されていたわけではなかった。

ベトナム戦争のことは直接取り上げられなかったものの、一九七二年のストックホルム国連人間環境会議で環境問題が国際的な関心事項になり、その後徐々に環境問題が現実の脅威として広く認識されるようになった。環境問題と安全保障を考えるに当たって重大な転機となったのが、一九八八年にトロントで開催された「変化する地球大気に関する国際会議」（The Changing Atmosphere: Implications for Global Security）である。この会議で気候変動が国際安全保障上の脅威であると宣言されて以降、安全保障にとって環境保全（特に地球環境の保全）が必要なことが認知されるようになった（蓮井 2002）。そのような下地があり、冷戦終結によって軍事による国家安全保障政策の優先度が低下すると、環境問題が安全保障の問題として議論されるようになり、環境安全保障という用語が使用されるようになった（蓮井 1999）。

環境安全保障という用語は、厳密な定義や学問的な裏づけの弱いままスローガン的に国連等で使用され始めたこともあり、使用者によって意味が異なる。蓮井誠一郎によれば環境安全保障には主に、地球環境の保全という意味と環境保全による紛争の予防という意味とで使用されている（蓮井 1998）。オゾンホールの拡大、気候変動等の地球環境問題といった新たな脅威に安全保障概念を拡大する必要があるという主張が前者であり、局地的な環境劣化によって生じる環境紛争を何らかの手段によって解決しようという主張が後者である。前者の関心が人類全体の安全にあるのに対して、後者の関心は主に地域や国家の安全にあり、したがって局地的な環境問題にある。

軍事による国家安全保障と比しての環境安全保障の特徴は、以下の四点である。

第一に、敵国が存在しなくても脅威が存在するとした点である。蓮井は、マイケル・フレデリック（Michel Frederick）による定義である「国民の幸福とその機能的な完全さの維持にとって不可欠な、環境的基盤に対する軍事的でない脅威の不在」と、バリー・ブザン（Barry Buzan）による定義である「すべての人間の生業が依存する不可欠な扶養システムとしての地域と惑星全体の生物圏の保存」とを引きながら、環境安全保障の定義を紹介している（蓮井 1999）。この定義に従えば、環境安全保障では環境的・生命的基盤（サブシステンス）に対して脅威かどうかが重要なのであり、敵対行為によるかは必要条件ではない。軍事基地汚染問題のように、加害者と被害者とが国家安全保障上では敵対的な関係になかったとしても、環境安全保障では汚染は脅威の対象になりうる。このことは、安全がいかにして脅かされるかではなく、どのような安全が脅かされるのかによって安全保障問題か否かを判断するという点で、新しい考え方の基礎になっている（蓮井 2002）。敵対的な関係を前提としていない環境安全保障は、ゼロ・サム的でない、言い換えれば競合的でない安全保障であり、安全保障のディレンマにみられるような果てしない軍拡競争を引き起こす可能性がない。また国際的な協力によって問題の解決を目指すものである。

第二に、生存の問題に加えて、幸福（well-being）の問題という色合いを強めている点である（蓮井 1999）。

これには冷戦終結によって、生存に関する危機意識が低下したことが大きく関係しているだろう。保障されるべき幸福とは何かという検討されるべき大きな問題はあるものの、この点も安全保障概念の重要な変化である。

第三に、国家を単位とする国家安全保障では対応できない部分が出てきた点である（蓮井 1998）。環境安全保障では、守る主体は人類であり、守られる主体は環境であるが、間接的には人類である。このため、国家を安全保障の単位とする競合的な性質を有する枠組みでは、協調が必要な地球環境問題に対応できない。国家を単位としない安全保障の必要から提案されたのが人間の安全保障である。人間の安全保障では、人間への脅威の一つとして環境破壊があげられている。人間の安全保障については直後で述べる。

第四に、非軍事的な手段によって安全保障を実現しようとしている点である。現実の政治において環境保全を名目に他国に武力介入する国家が出現する危険性があるとの指摘があるものの（蓮井 2002）、軍事的手段による環境破壊から環境安全保障の議論が始まっていることもあり、環境安全保障は基本的に非軍事的な手段による安全保障を目指している。

(3)　人間の安全保障

人間の安全保障は、一九九四年国連開発計画の『人間開発報告書』で登場した。これによると、人間の安全保障では、領土偏重の安全保障から人間を重視した安全保障へ、また軍事による国家安全保障から維持可能な人間開発による安全保障へと切り替えられる必要があるとされている。また二〇〇三年に提出された人間の安全保障委員会の報告書では、人間の安全保障は「人間の生にとってかけがえのない中枢部分を守り、すべての人の自由と可能性を実現すること」とされている。

人間の安全保障と国家安全保障との関係については、人間の安全保障は次の四点で国家安全保障を補完するという。すなわち、第一に、国家よりも個人や社会に焦点をあてていること、第二に、環境汚染、国際テロ、大規模な人口移動、感染症等の諸要因を安全の脅威に含めていること、第三に、国家だけでなく、国際機関、地域機構、NGO、市民社会等も安全保障の担い手としていること、第四に、その実現のため人々や社会の能力を強化することである。人間の安全保障の人間とは、必ずしも個人のことではなく、個人安全保障と国家安全保障とを対立させる考え方が、人間の安全保障であるという考え方は誤解である（佐藤 2004）。

武者小路公秀は、人間の安全保障委員会の報告書は、国連事務総長に提出される文書としての限界をもっているると指摘する。すなわち、同報告書では、人間の安全保障の概念が国家安全保障の概念を補完するとしており、それでは国家と国連がその軍事力・警察力の独占を正当化するために構築した理念という側面だけが前面にでてしまうという。そうではなく、人間の安全保障は、国家安全保障を批判したり、修正したり、否定するために活用されるのでなければ、「人間の不安全」に有効に対処できないというのが、彼の主張である（武者小路 2005）。

人間の安全保障委員会が、個人安全保障と国家安全保障とを対立させていないことは確かである。しかし、地球環境問題を国家安全保障の枠組みで解決することには限界がある。また、これまでみてきたとおり、軍事による国家安全保障政策が、軍事環境問題を通じて人間の安全保障を脅かす状況がある。人間の安全保障委員会の報告書を鵜呑みにするのではなく、現実を見据え、人間の安全保障の観点から軍事による国家安全保障を批判、修正、否定していく必要がある。

(4) 環境による人間の安全保障

騒音や汚染をはじめ、多発する自然災害、生態系の崩壊、自然資源の枯渇は人間の安全を脅かす。しかし、軍事による国家安全保障政策はそれらの問題に対処できない。このような現状をみる限り、軍事による国家安全保障という伝統的な安全保障概念は、現代において組みかえられる必要がある。

第一に、安全保障の内容を、軍事的な脅威から非軍事的な脅威（資源の枯渇、気候変動等の環境問題）も含むものへと拡張する必要がある。なぜなら、冷戦時代等とは異なり現代においては、国家間の戦争（もしくは国内の紛争）によって基本的人権が侵害される危険性よりも、環境破壊等によって基本的人権が侵害される危険性が大きくなっているからである。すべての基盤である環境の安全保障が確保されない限り、経済安全保障、食料安全保障、健康の安全保障、個人の安全保障、コミュニティの安全保障、政治的安全保障も確保されないという意味で、環境の安全保障は独自の意味をもっており、特に重要である（大島 2004）。また、環境問題をはじめとする非軍事的な脅威が、戦争や紛争の原因となることが多くなってきた。軍事的な脅威を軽減すること以上に、非軍事的な脅威を軽減するための施策が安全保障政策で重要になっている。

第二に、安全保障の範囲を、国家から人間（集団および個人）も含むものへと拡張する必要がある。たとえば、気候変動のような地球環境問題では、国家より大きな集団の安全保障が焦点となっているし、騒音問題では、個人の安全保障が焦点となっている。非軍事的な脅威の軽減が重要となっているのであるから、軍事的な脅威の軽減で主な対象とされていた国家だけでなく、人間にも焦点を合わせた安全保障概念が必要である。

冷戦終結後の現代においては、軍事と環境、国家と人間という二つの軸から安全保障概念を組みかえ、「軍事による国家安全保障」(Military National Security) から「環境による人間の安全保障」(Environmental Human Security) へと進んでいかなければならない。そして、環境による人間の安全保障とは、非軍事的手段を通してしか達成されない。なぜなら、本書で見てきたとおり、軍事活動ほど環境を破壊する活動はないからである。

軍事による国家安全保障と比して述べるなら、環境による人間の安全保障とは、人類（守る主体）が環境と人間（守られる主体）を、地球環境の破壊（脅威）から非軍事的手段（手段）をもって守護することである。理論的な問題を抱えつつも、これこそが今世紀に必要とされる安全保障概念である。

3　求められる軍事国家から環境保全国家への転換

冷戦終結後、軍縮の機運が高まったにもかかわらず、「9・11」以後には冷戦下以上に不安定な世界情勢になっている。二一世紀を二〇世紀と同様に「戦争と公害の世紀」にしないためにも、平和と環境の重要性を認識した上で、私たちは自らの意志で「平和と環境の世紀」に向けての一歩を踏み出さなければならない。

軍事国家から環境保全国家へ移行していくためには、現代的公共性とは何かを改めて問うていく必要があろう。情報の制限もあり、軍事によって引き起こされる負の面が十分に明らかにされてこなかったために、また、公共性の検討が不十分だったために、現在においてもまだ軍事に高度の公共性があるとみられることが多い。しかし、本書の第二章と第三章でみたように、軍事環境問題の負の面はこれまで以上に明らかにされた。また補論1で指摘しているように、軍事が社会的・経済的に重大な位置を占めるようになったことによって、現代社会に生への蔑視の上に成り立つ技術や産業が数多く生み出されてきたというデメリットも存在する。維持可能な社会を創出することが人類最大の課題となっている現代においては、軍事の公共性よりも、これまでの軍事活動によって引き起こされてきた諸問題を解決するための公共政策や、地球環境保全のための公共政策や、生を重視する技術や産業を育成するための公共政策のほうが、はるかに公共性が高いといわねばならない。いずれにせよ、これまで以上に現代的公共性とは何かについての議論が深められていく必要がある。

第一章第四節でもふれたが、二〇一一年三月一一日の東日本大震災に伴う一連の災害は、日本において地震や津波等の自然災害がいかに人々の脅威になりうるかをまざまざと示した。東日本大震災の対応において、米軍や自衛隊が重要な役割を果たしたことは疑いない。日ごろから訓練を受け、有事の際に組織として迅速に動ける集団を保有しておくことが、国家の公共政策として必要なことも疑いない。しかし、軍事活動が主目的である米軍

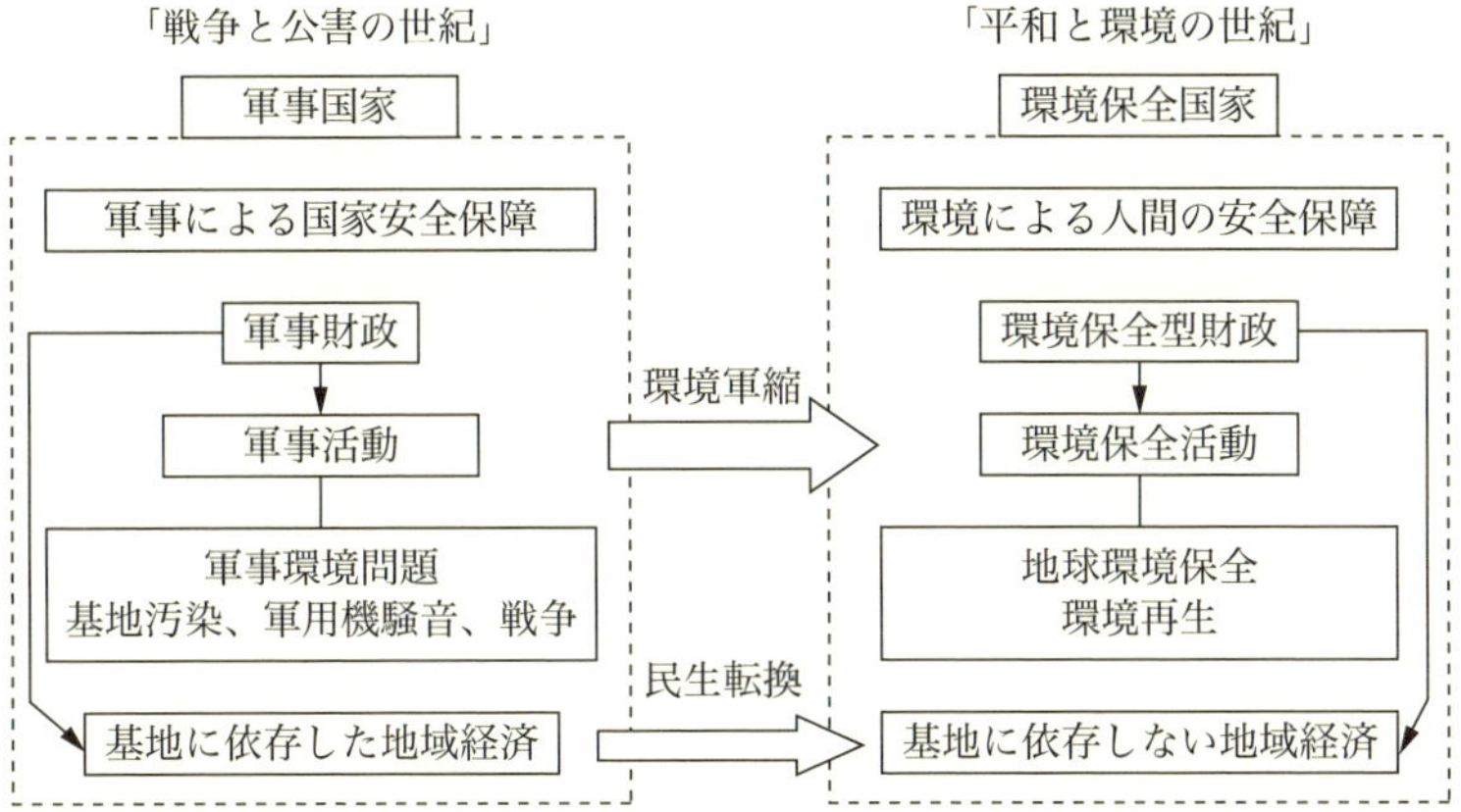

出所）筆者作成.
注）細い矢印は資金の流れを，太い矢印は現代的公共性の検討を通じて選択されるだろう方向性を示している.

図 5-1　軍事国家と環境保全国家の概念図

や自衛隊が、災害対応をも担当することが望ましいかどうかについては検討の必要がある。というのは、現代における軍事は多大な資金と資源を要するものであり、それによってほかの公共政策に手が回らなくなるだけでなく、軍事環境問題を引き起こすことによって多くの人々の基本的人権を侵害しているからである。軍事による国家安全保障政策が対処できる脅威はさまざまな脅威の中の一部であり、その脅威の重大性が冷戦下よりも低下していることを考慮に入れれば、少なくとも現代における軍隊の役割は変わらざるをえない。これまで軍事による国家安全保障政策は不可欠な公共政策として議論の対象となることが少なかったが、今後は多くの公共政策の一つとして相対化された中で優先度が検討される必要がある。

軍事国家から環境保全国家への転換を目指すときに必要な点をまとめると図5-1になる。

第一に、軍事による国家安全保障ではなく、環境による人間の安全保障が目指される必要がある。

第二に、軍事財政から環境保全型財政に移行する必要がある。これには、「防衛整備」から「環境整備」[1]へ資金を回すための方策の研究という課題に加えて（都留 2006）、「平和と環境の世紀」を実現するために国家財政および地方財政が果たすべき役割の検討という課題が含まれる。これらに密接に関連した具体的な課題として、基地に依存していた地域経済の再生がある。軍事基地からの再生に係る公共政策は、第四章で扱った。

以上を実現するためには、軍事の公共性よりも環境の公共性が高いことを示すことはもちろん、国際的な連携・協力や輿論の力が必要である。韓国では、基地周辺住民や市民にくわえて米軍基地により被害を受けている様々な国の人々が連携して、米軍基地汚染の実態を部分的にではあるが明らかにすることで、韓国政府を動かし、米国に対して正当な要求をしている。この結果、返還される米軍基地の汚染の調査と除去に関する画期的な合意が米韓政府間でなされることとなった。また、沖韓日の間で開催されている「米軍基地環境調査国際シンポジウム」にみられるようなNGOの国際協力は、軍事基地問題を解決するうえで大きな役割をもっているといえよう。また、個人個人がアジアをはじめとする様々な国の人々と信頼関係を築いていくことが、結局は安全保障を実現する近道なのかもしれない。環境による人間の安全保障では、軍事的手段に頼らず、NGOや個人レベルおよび国家間レベルでの相手国との協力によって問題を解決する。そのようなことを可能にする輿論をどのように形成していくかが今後の課題である。

また、環境保全運動と平和運動とが連携することも必要となろう。軍縮が望まれて久しいが、いまだに多くの軍備が残っており、戦争も生じている。従来の軍縮運動に新たな側面を加え、これまで以上に説得力のある軍縮理論が構築されるべきである。平和や人権といった立場からはもちろん重要であるが、それに加えて環境の立場からの軍縮を打ち出す必要がある。軍縮運動は、環境軍縮を前面に出す必要があるのではないだろうか。

軍事環境問題では、平和運動と環境保全運動が交わる点は特に多い。環境保全運動をする者にとって、軍事環境問題は深刻さの点から無視できない。平和運動をする者にとって、環境の立場から軍事を問い直すことは行き詰りかけていた軍縮を進めるきっかけとなる。両者は今まで以上に手をとりあわなければならない。

4　環境保全国家における国家、地方自治体、周辺住民と市民の役割

終章を閉じるにあたって、環境保全国家における国家、地方自治体、基地周辺住民と市民の役割と課題をそれぞれ描いておきたい。

(1)　国家の役割と課題

国家の役割としてまずあげられるのは、環境の保全である。ジョセフ・サックス（Joseph Sax）の公共信託財産論で示されているように（宮本 1989）、国家間の利害対立の調整が不可欠な地球環境の保全や、大気や水のように市民全体にとって重要な環境の保全を、国家は特に担っていかなければならない。同時に軍事活動によって人間の安全を脅かすことをやめ、国民の、場合によっては将来世代までを視野に入れた世界中の人々の安全を保障する役割がある。

第二に、戦争や日常的な軍事活動によって環境を徹底的に破壊してきた責任を認め、軍縮を進めると同時に、環境を再生させるために多くの資金を供給することである。第二次世界大戦後から現在に至るまで軍事超大国として存在し、世界中のあらゆる地域で軍事環境問題を引き起こしてきた米国の責任は特に重い。ベトナム戦争、湾岸戦争、アフガニスタン・イラク戦争、海外基地での軍用機騒音や基地汚染、資源の浪費といった軍事環境問題の責任を、米国はこれまでほとんどとっていない。しかし、これらの環境犯罪は地球環境保全の観点から許されるべきではない。前世紀の莫大な負の遺産は清算されなければならず、米国をはじめとする各軍事国家、そしてそれらの国家と密接な関係を有してきた軍産学複合体がそのための費用を負うべきである。思いやり予算を支出し続ける等、日米安保体制下で米国の世界戦略の一端を担い続けている日本もこの例外ではない。軍事支出節

約のための「軍縮」はこれまでに何度か行われてきたが、戦争や軍事環境問題といった環境犯罪をなくしていくための軍縮が、現代においては必要とされている。

第三に、軍事環境問題によって破壊された地域経済を再生するための支援を行うことである。米国において典型的な軍需依存の地域経済や、沖縄において典型的な補助金づけの地域経済の最大の問題点は、軍需や補助金によるうまみを利用して国家が地域経済を支配していることである。特に沖縄では迷惑施設である基地を受け入れさせるために、日本政府が補助金を利用している。この日本政府の補助金政策によって、沖縄では地方自治の精神が侵食されてきた。これまでみてきたように地域経済の再生には、地方自治体や基地周辺住民が自ら主導権をもつことが重要な意味をもっていた。国家は、地域に依存体質を生じさせるような補助金政策をやめる必要がある。跡地利用政策をみる限り、基地閉鎖直後を典型とする地域自らではどうしようもない地域経済状況から自立した地域経済状況へと移行するために、一時的に国家による支援策が利用されることが望ましい。

第四に、国家はトップ・ダウンをやめる必要がある。ウェストファリア条約締結以降、軍事による国家安全保障政策は国家の役割とされた。しかし、軍用機騒音、基地汚染、基地跡地利用、在日米軍再編のどれをみても、国家安全保障政策といえども地方自治体や周辺住民や市民の意見を無視できなくなっている。しかも、軍用機騒音、基地汚染、基地跡地利用に関しては、少なくとも米国内では積極的に地方自治体や基地周辺住民と連携する方向性が目指されている。軍事による国家安全保障政策によって、上から国家が政策を押し付ける時代は終わったことを認識し、地方自治体、市民や周辺住民の意見を反映させるような制度を導入していく必要がある。

(2) 地方自治体の役割と課題

地方自治体は、軍事基地跡地の再生において中心的な役割を果たす。

第一に、土壌汚染等の地域的な問題に関しては、国家より地方自治体が有効に機能する。米国内基地の跡地利用における主要な遅延原因の一つは、連邦政府が機能不全に陥っており汚染除去が進まないことであった。また汚染除去水準も地域の要望を反映したものになりにくいといった問題点があった。そのため米国ではRABが形成されるようになったし、日本でも宜野湾市における取り組みがみられるようになっている。軍事環境問題が国家によって引き起こされるため、国家自身では十分に規制できていないという事実からも、地方自治体が基地汚染に関して主導権をもつことは重要である。

第二に、まちづくりにおいても地方自治体が国家より有効に機能する。米国内基地で当初、国家が主導して跡地利用を進めようとしたにもかかわらず、現実はLRAを創設し地方自治体に権限を与える方向へ進んでいった。軍事基地がいつ返還されるかがまだまだ国家の政策によって決定されてしまう現在においては、基地返還前から市がまちづくりを周辺住民や市民と考えておくといったことも重要である。

軍事の問題は、これまで国の専管事項とみられ、地方自治体が口を出しにくかった。しかし、国家の安全保障政策によって管轄下の基地周辺住民や市民が不条理な被害を受けているのであれば、また軍事による国家安全保障政策がなによりも優先されるという古いパラダイムに国家が引きずられ続けているのであれば、地方自治体がそれを正すべく行動を起こさなければならない。本書の内容との関連で実例をあげれば、横田基地の軍用機騒音が都民を苦しめているとして、美濃部都知事が横田基地内都有地返還訴訟を日本政府に対して提訴したことや、沖縄における土地の強制使用の際に、大田昌秀県知事が代理署名拒否等を通じて基地反対の姿勢を示したこと等がある。(2) また、二〇一〇年一月には名護市長選で当選した稲嶺進が、普天間基地の辺野古移設反対の姿勢を明らかにして、国政に大きな影響を与えている。国家の利益と地方自治体の利益とがぶつかる場面もあるだろうが、軍事だからといって地方自治体が国家に服従する必要はない。特に、これまでみてきたように、汚染除去や跡地利用といった分野においては、地方自治体の意見を主張していくことが、よりよい結果につながる。

(3) 基地周辺住民と市民の役割と課題

基地周辺住民と市民には、参加という独自の重要な役割がある。彼らの参加が重要である理由は以下の通りである。

第一に、基地周辺住民が軍事環境問題の被害を日常的に受けるからである。軍事は、多くの場合、その専門性によって一部の専門家によって決定されてきた。さらに軍事機密という理由で、軍事に関する情報は秘匿されてきた。このために軍産学複合体やそれにつながる一部の議員が、軍事に大きな影響力を与えてきた。軍事から利益を得ている者たちだけにより、軍事に係る問題が取り組まれるなら、軍縮は難しい。軍事が専門家の判断に委ねられてきた結果、軍縮が限定的にしか進められてこなかったが、環境軍縮は周辺住民や市民に軍事を問い直す機会を与える。というのは、軍事活動によって被害を受けるのは、政策決定者ではなく基地周辺住民である場合が多いからである。公害の歴史をみても、被害住民が声を出すことで事態が進展させられてきた。軍事環境問題により、軍事を専門家のみで決定することは困難になる。環境軍縮は、軍縮に関する議論を国家から基地周辺住民や市民の手に取り戻すためのきっかけとなる。

第二に、地方自治体の項でも述べたが、国家が自身を規制するのは困難であるからである。大気や水等の環境は国家に公共信託されなければ保全が難しいものの、公共信託しているからといってすべてを国家に委ねてしまってよいわけではない。適切な環境政策が実現されるように、基地周辺住民や市民は国家や地方自治体を監視する必要がある。これは、軍事環境問題では特に重要である。

第三に、環境再生において、基地周辺住民の要望がもっとも重要だからである。汚染除去が不適切になされたり、基地跡地が深刻な不況に落ち込んだままだったりした場合、そこの住民がもっとも被害を受ける。その意味で、汚染除去水準やまちづくりのあり方を周辺住民が決定するのが望ましい。国家および地方自治体がトップ・ダウンで汚染除去水準や跡地利用政策を進めてしまうと、計画を進めようとしたときに周辺住民との対立が生じ、跡地利用の実現までに余計な時間を要してしまう。また、地域の実情を知った周辺注民が汚染除去水準や跡地利用の議論に加わることによって、より適切な判断が下される。

周辺住民や市民の参加には、様々な形態が考えられる。RABやLRAといったような委員会で直接意見を述べる方法から、情報公開を利用することを含めての国家、地方自治体の監視、予算のチェック、NGOへの参加等、数え上げればきりがない。国家や地方自治体が市民の参加を保障する制度を要求し、実現した場合には、積極的にそれを利用すべきである。特に日米両政府から二重の抑圧を受け、安全を多大に脅かされている日本の基地周辺住民がこの役割を担い、現状を変えていく力となる必要があるだろう。

軍事環境問題の解決には、どうしても基地周辺住民と市民の成熟が必要である。なぜなら、軍事による国家安全保障が行き詰っており、環境による人間の安全保障が必要とされているというような状況が専門家によって十分に示されたとしても、周辺住民や市民の力なくして軍事国家から環境保全国家への転換はきわめて困難だからである。周辺住民や市民がこれまで以上に軍事環境問題に関心を向け、自らの手で将来を選択できる力を養わなければ、環境保全国家を実現することは難しい。基地閉鎖を含む軍縮を戦略の変化の結果としてではなく、自分達の意志で選択していけるように、できるだけ多くの基地周辺住民や市民が成長していかなければならない。

注

（1）たとえば、ニューヨーク州選出下院議員のテッド・ワイス（Ted Weiss）が一九八九年に提出した防衛経済調整法（下院法案一〇一号）は、連邦政府に軍事から民生への資金供給の移転を促させる仕組みを備えている。防衛経済調整法案は成立しなかったものの、様々な国の転換推進者から転換構想のモデルとして注目されている（レンナー 1990）。防衛経済調整法案で特に重要なのが、経済調整基金である。経済調整基金は、基地閉鎖で実現した軍事支出節約分の一〇%と基地の維持から利益を得ている軍需コントラクターの年間軍需総収入の一・二五%相当額とを資金源とする。この基金は基地閉鎖で影響を受けた地域の再開発のために利用される。つまり経済調整基金は、DODの土地を軍事利用から民生利用へ転換するための積極的な仕組みである。この際に、税財政のグリーン改革という視点もあわせて取り入れられる必要がある。税財政のグリーン改革とは、「環境関連税の創設や導入にとどまらず、環境保全の観点から、既存の税制全体のあり方や補助金をはじめとした税財政全般のあり方、さらには予算配分の原則とそのあり方などを含めて、税財政上のゆがみを除去し、国や地方の税制と財政の構造や制度を抜本的に改革していくこと」（寺西・大島・除本 2004）とされている。この視点が必要なのは、これまでの軍事環境問題の検討から明らかなように、軍事支出が拡大し続けるのであれば、基地汚染除去への資金供給をどれだけ増加させようと、跡地利用促進のための補助金をどれだけ整備させようと、それらの支出の意義はかなりの部分相殺されてしまうからである。

（2）　軍事の問題と関連させて言うと、地方自治体が有する権限に、港湾管理権や公有水面埋立許可権がある。これらの権限を弱めたり奪ったりしようという日本政府の動きがあるが、現状ではうまく利用できさえすれば、軍事に対して地方自治体が一定の影響を与えうる。

補論1

軍事技術の発展と経済

本書の主要な研究対象は、第二章や第三章や第四章で取り上げられている軍事基地周辺の軍事環境問題である。しかし、軍事環境問題を本格的に取り上げた専門書はこれまでほとんど存在していないし、まして環境経済学の分野では皆無と言ってよい。そのため、軍事環境問題を環境と経済という視点から取り上げる理由を、どうしても明らかにしておく必要がある。

補論1の目的は、不十分で至らない点もあるが、技術論、経済学、財政学、社会学、環境学といった様々な分野の関係諸研究を参考にしながら、経済と深く関わりながら軍事技術が発展していったことと、軍事技術の発展に伴い多大な負の影響が生じたことを明らかにすることである。

1　世界の軍事技術の発展史の概観

古代文明や中世においても戦争が行われ兵器が使用されていた以上、その兵器を製造するための特別な技能をもった職人が存在していた。ただ、原料の入手が困難で高くついたから、青銅の刀槍や甲冑を一揃い入手できるのは少数の特権的な戦士階級に限られていた。そのため、この時期には戦争の専門家だけがほとんど独占的に職人の製品を使用していた。一〇〇〇年頃、ラテン・キリスト教圏として知られるヨーロッパの一角の村民たちは、専門家戦士を貢税によって扶養していた。

キリスト教や儒教の影響力が強かった頃、それらが市場で重視される考え方（私利の追求）と敵対的であったために、ローマ教皇や中国の文官集団は兵器等の軍事品の調達を市場に任せず自らの管理下に置こうとした[1]。中国ではこのことにかなりの程度成功した（マクニール 2002）。しかし、近代的な産業が誕生、発展していくにつれて、市場や利潤追求の力が、徐々にではあるが軍事に対してほとんど先例がないほどに影響を及ぼすようになっていく。軍事技術の発展と経済を主要な焦点とする本節では、この時期以降に生じたことを以下で詳しくみていくことにする。

(1) 近代軍事技術の黎明期

一六世紀は、近代的な産業技術の誕生と近代的な自然科学の発生とをもって特徴づけられる。地理上のあいつぐ新発見がこれまでの狭い市場的限界を打ち破った結果、商品・貨幣関係はますます発展した。商業の発達につれ、大資本を擁した商人、高利貸、銀行家、企業家、鉱山経営者たちがぞくぞくと現れ活躍しはじめた。時代の転換は、政治のうえでは中世の精神的主柱であり物質的大勢力であった教会の支配に対する反抗となってあらわれ、新旧両勢力の利害の対立は、熾烈な宗教戦争の形をとることとなった。そして旧封建勢力と新興の資本勢力とを利用して、両者の上に国民的統一を目指す専制君主が登場してきた。

前世紀からひきつづいて、火器にむけられた膨大な需要は、その材料である銅、鉛、鉄、錫等への需要の増大と、鉱山そのものに対する激しい獲得競争を引き起こした。鉱山は諸侯と高利貸資本家との奪い合いの的となり、彼らがその中から無限の利益を引き出すことのできる生産の源泉となった。戦争技術の改良の結果、特に砲身の急速な発展のために鉄の消費は著しく増し、これが鉱山に新しい需要をもたらした。支払いを十分見込める大量の鉄の注文は、鉱業をさらに発展させた。戦争と採鉱事業は、互いに刺激し助長し合い、その存在を大きくしていった（小山 1972）。

初めて動力機械が大規模に導入されたのは鉱業である。これは、採鉱では諸々の技術の中でも、つるはし、鉄槌、砕鉱機のような打撃を加える操作が重要だったからである。そこでは物理的環境を制圧する必要があった。農業や林業や水産業等の部門では、大規模化された機械が導入されなかった。これらの部門も環境に働きかけるのではあるが、強すぎる力は環境をとりかえしがつかないくらい破壊してしまうからである。近代技術が鉱業と軍事で進んだのには、それらの背後に生への蔑視、すなわち生の多様性、生の個性、生の自然の反発と豊穣に対する蔑視とが存在したからだとの指摘がある。経済との関わりでもう一つ大事な点は、鉱業が近代資本主義の最初の発展と密接に結びついていたということである。というのは、坑道の水の汲み上げや鉱石運搬等に必要な機械が、労働者の手には及ばない多額の資本を要求したからである。そのため、この分野の労働者は事業の共同者ではなく、単なる賃金労働者とならざるをえなかった（マンフォード 1972）。鉱山が莫大な利益を引き出すことができた理由の一側面である。

この時期に機械が社会に受け入れられるようになったのには、機械的な世界観である物理科学が広まっていたことが大きい。物理科学の方法は、①質の消去、②客観主義、③対象の分離であった。この結果、形状、量、運動とは別に存在する匂い、音、美といった主観的なものが締め出されたり、分離され「死んだもの」が重視されたりするようになっていった。また、具体から抽象への変化も起こっていた。数の重視には、資本主義の興隆に貢献したという側面がある。様々な少量の物々交換から、国際的な取引（金、為替、手形、そしてついには数だけ）を絶えず問題にする貨幣経済への移行が起こった。万物が貨幣と交換できるようにされ、商品の差異が貨幣の中で消えうせた。そして抽象という手段を用いて権力が探求されるようになった。貨幣は権力の源泉となり、戦争、鉱山、大規模生産といった巨大な利潤を獲得できる行為が目指されるようになっていく（マンフォード1972）。

一七、一八世紀は、封建制度の崩壊がいよいよ押し進められ、近代的国民国家の完成にいたるまでの政治上の過渡形態としての絶対主義権力が、ヨーロッパの各地に打ち立てられた時期であった。ヨーロッパに出現した専制君主の力の大小は、その軍隊と宮廷との規模によって決められた。そして、この二つとも莫大な貨幣を必要としたから、この権力の現実的基礎は、従来の「所有地」の大小から「貨幣」の大小へと移らざるをえなくなった。専制君主の無限の軍備拡張欲は、経済上の新興資本家たちの無限の貨幣獲得欲と照応し結びつきあった。

この時期に広がったマニュファクチュア（工場制手工業）と軍事生産部門との関係は極めて密接である。一六世紀末頃から、需要に対する手工的技術および経営の制約からくる矛盾は、他のどの部門よりも火器製造の領域で強く感じられていた。一七世紀に入ってからのヨーロッパ各地にわたる政治紛争の激化と、そのうえ世界の辺域までも巻き込んだ植民地の収奪、歴史を血と鉄できざみつけた遠征の数々は、前時代には夢にも思われなかった数万数十万の大量の武器と火薬への需要を巻き起こした。もはや単なる手工業的生産では間に合わず、小規模な作業場では実現不可能な労働の特殊分業化と、機械的な作業機の使用とを必要とした。火砲の材料についても、それを安価な鉄から造ろうとすればどうしても巨大な溶鉱炉を建ててかからねばならない。冶金や製鉄業の全体が順次新しい資本主義的マニュファクチュアへと変わっていった。また、これに原料を供給する採鉱事業もいっそう大規模な形態にまで発達していった。マニュファクチュアの時代においては、一般に国家がその資本を工業の各部門に投じ、みずから官営の工業的企業を創立することによって、私的資本の工業の発達に強力な影響を及ぼしたが、これらの官営マニュファクチュアの中心をなしたものこそ、軍事マニュファクチュアに他ならなかった。当時のヨーロッパの国王たちは、この官営軍事マニュファクチュアを唯一の直接の物質的支柱として、大常備軍を維持していけるようになった。このようにマニュファクチュアは安く大量に製品をつくることには貢献したが、新たな発明をうみだすことはなかった。それは、マニュファクチュアが、労働行程の手工的特質をそのままにしておいて、ただそれを細かく分割し、その分割された細分労働の熟練化を極度までおしすすめるというものであったからである。この間の約二〇〇年は発明という点ではほとんどみるにたるものを残さず、産業革命を待たねばならなかった（小山 1972）。

絶対王政は、かつて俸給の大小にしたがって自由に移動した傭兵隊の群れを直属の常備軍とした。国王は平時戦時を通じての軍隊の長官となり、それまで指揮権をもっていた騎士や傭兵隊長らは、政府の一官吏にすぎなくなった。ここにようやく、無規律な傭兵制下ではみられなかった命令、指揮、作戦の統一や軍行動の規律性等が実現されるようになった。隊列の行進、展開、運動等は厳格な訓練の下に機械のように正確となったが、そのかわり兵士個人の創意や熱情というものは、まったくこの自動機械の中に叩き込まれてしまった。周り中で戦友がばたばた死んだり傷ついて倒れたりしているのに隊列を崩さずに自らの任務を果たすのである。そのような行動様式は、本能からしても理性からしても説明がつかないが、一八世紀の軍隊はそれを当たり前にこなしていた。ここに、手工的技術の上に極度に分業化され熟練化させられたマニュファクチュア的労働の軍隊組織と部隊訓練への反映をみることができる（小山 1972）。

このことと関連して、武器の標準化がなされるようになった。すなわち、訓練を標準化するならば、その前提として武器をもまた標準化する必要があった。武器や支給品が標準化されると、短期的には軍事のコストがかなり下がった。戦場での補給もまた容易になった。そして、損耗人員の補充も弾丸の補充とほとんど変わらぬ作業となった。つまり兵隊たちは、巨大な戦争機械の交換可能部品となりつつあったのである。しかし、長期的な観点からすると、何万人もの兵隊が使う武器を統一したことは、武器の調達の構造に新しい型の硬直性をもたらした。ひとたび一つの軍隊がその装備を標準化してしまうと、いかなる改良であってもそれを導入するコストははなはだ高くなった。そのため、小銃や火砲や軍艦が改良されてもそれが戦術に反映されるのに数十年を要することも珍しくなかった（マクニール 2002）。

軍事的要求の圧力は、初頭における工場編成を促進したばかりではなく、工場の発展全体を通じて根強く残った。軍事では他のいかなる部門でもみられないほどの標準化が出現した。武器の標準化は大量生産を実現させた。軍事活動は大量消費という点でも申し分なかった。大量生産、大量消費、大量廃棄という体系をうみだしたのも軍事であった。鉱業と軍事に関わる部門で、大規模な機械が導入されはじめた。しかしこれは、人間を下劣な労働形式から救うためではなく、鉱業においては多大な利潤を得るため、軍隊においては権力を欲したためであった。発明を通じて多大な善がもたらされたが、発明の多くは善や幸福とは無関係に現れた。効用の是認が第一のものであったならば、人間の必要が痛切に感じられる分野である衣食住で発明が最も進歩しただろう。ところが、農園や共同住居では、戦場や鉱山に比べると、新しい機械技術によって利益を受けることは遅かったし、少なかった（マンフォード 1972）。このような性格をもつこの時期に、現代にも続く問題の萌芽が形成されたと言ってよいだろう。

(2) 産業革命以降

長いマニュファクチュアの時代を通じて成長し蓄積されてきた生産技術そのものは、産業革命を導いた諸発明となって開花した。しかしこのために必要となったのが封建体制の崩壊であり、民主主義の確立であった。各地の国民戦争がどんなに多様な姿をとったにせよ、そこからうまれたものは、共通の性格をもった近代的軍隊であった。かつての半徴募制度が、その組織や訓練においてマニュファクチュア的生産様式の特徴を反映したものだとすれば、機械に基づく大工場工業の組織的特徴は、国民皆兵制度のうえに最も早い表現の形式を見出した。政府の軍隊は、国民の軍隊へと転化した（小山 1972）。

産業革命前における技術史的特徴をあげてみると、政治上の要求がある特定の産業部門の上にだけ集中的に作用した結果、それらの部門の生産技術だけが次第に著しく発達していき、他方で一般経済上の欲求の諸産業に及ぼす影響が抑制され、それらの技術が立ち遅れていくようになった点にあった。集中化された官営マニュファクチュアにおける技術的発達は、一般産業技術の発達とは無関係に、むしろしばしばその抑制や逆行化を条件としておしすすめられたため、かつては一般市民技術の発達に一定の役割を果たした一連の技術部門も、いまではそれと反対の役割を演ずるようになっていた。一七六〇年代を起点としてその後約一〇〇年間にイギリス、フランス、米国、ドイツ等で次々に遂行されていった産業革命の過程では、長い間諸々の外部的条件によってその前進を阻まれていた経済的欲求が、怒涛のようにおしあげてきた。前時代に先導的役割を果たした軍事の部門は、一時的に歴史の背後に退き、新たに衣料生産、蒸気機関、機械製作という一連の非軍事的技術部門が、舞台の前面に乗り出してきた（小山 1972）。

衣料生産からだったとはいえ、蒸気機関の導入や機械化の進展が、軍事的な要素と無関係だったわけではない。蒸気機関は独占と集中に向かわせる傾向があった。火夫と技師とが絶えず見張っていないといけないから、蒸気機関は小規模のものより大規模のほうがずっと能率的である。蒸気機関の性質から強制される大規模ということが、逆に、能率の一つのシンボルとなり、同時に大きいことがよいことという信念を生むこととなった。また、新発明が次々と生まれる状況下で利潤を最大化するためには、社会的陳腐化を避けるために工場機械を二四時間動かすほうが有利である。これが蒸気機関によって実現できるようになると、昼夜の別を尊重していた産業にも二四時間労働が入ってきた。蒸気機関が労働のペースとされるようになった。しかし、蒸気機関の大規模化や労働時間の延長は金銭的報酬だけが目的であった。エネルギーの多さと時間的はやさとは人間関係において目的の一つであるにすぎないのに、人間の生を無視した状況が産業革命後に広がっていった（マンフォード 1972）。

ヨーロッパでは、一九世紀の前半には、銃砲兵器の製造が近代工業の最も遅れた部門をなしていた。有名な兵器廠でも、手工業がきわめて広く用いられ、機械的生産への編成替えは遅々として進まなかった。他方において、ヨーロッパの民間の兵器事業は、官営企業の重圧の下からようやく自己の道を切り開き始めたばかりであった。しかし、米国のように前時代からのなんらの組織上ないし経営上の制約をもたず、まったく新しく資本主義的技術を発達させたところでは、機械制兵器工業はもっと別の役割を演じた。米国の兵器工業が、一九世紀初頭の機械制大工業への編成替えにおける中心的部門となったのである。(2) 従来の手工的労働に基づく生産の範囲内では、どうしても各部品を自由に組み合わせるだけの精度をうることができなかった。そのため、どの部分が損傷しても、予備品の利用がきかず、熟練工が長時間かけて直すしかなかった。しかし米国における完全に規格統一された製品の互換式大量生産の成功は、一般生産技術ならびに兵器生産技術の上に画期的重要性をもつものであった。兵器製造において最初の成功をみた互換能力のある部品生産様式は、その後しだいに時計やタイプライターやミシン等の製造部門に広がっていき、いわゆる米国式工業様式をつくりあげた(小山 1972)。

機械制に基づく近代軍事産業が、資本主義工業の中の有力な一翼として、真に独立の地位を占めることができるようになったのは、一九世紀後半においてであった。米国をのぞいて、一般に産業革命の段階にその技術的変革を遂行したこの部門がはじめて確固とした地盤の上に立つことができたのは、一八五〇年から七〇年代にかけて、クリミア戦争、仏伊戦争、アメリカ南北戦争、普墺・普仏戦争、露土戦争等の大規模な戦争が次々に引き起こされて、軍事産業全体の上に前代未聞の大量の兵器が要求されたためである。戦争のおかげで各国の民間兵器業者は、大量生産と大量取引に乗り出すことができるようになった。

産業の重心は基礎的な生産手段を提供する重化学工業(鉄鋼、化学、電力)の方面へと移り、中小企業は大企業によって併合され、カルテル等の独占体が姿を現した。先進諸国の国内市場は、資本にとってはあまりに狭隘となり、それで高率関税によって自国を閉鎖するとともに、他方で海外の植民地市場を目指すようになる。商品の販売市場、原料資源地、または資本輸出の対象として、世界の遅れた地方の隅々までが先進列強によって狙われ、その国家的争奪の渦の中に巻き込まれた。一九世紀の四半期とそれに続く二〇世紀の最初の一〇年間に、先進列強はいずれも軍備拡大のために猛烈な競争をくりかえし、世界の領土を分けどる帝国主義戦争を展開した。

各国政府がこの時期に国家財政の限界いっぱいにまで軍事予算を高めるという手段をとったのは、市場争奪戦への準備という一般的理由のほかに、当時の一般生産力の急速な発展による軍事機構の更新の必要という緊急の理由に基づいていたからである。軍事上への膨大な国家支出は、当然、軍事産業の発達のための強力な推進力になる。これまではあまり利用しようとしなかった民間兵器工場に対して、政府はいままでは逆に、補助金や免税制や注文保証等の方法によって援助をはじめた。こうして、クルップ、アームストロング、デュポンといったような有名な軍需コントラクターの根幹が形づくられた。これら各国の軍事産業の発達における著しい特徴の一つは、その集中化ないし独占化の猛烈なはやさと強さだった。資本と設備が絶えず膨張し、その生産額と利潤とが未曾有の数字を示し、その需要が国際的に拡大されつつあるという事実のもとでも、軍事産業は、戦時と平時によって急激な注文上の差があり、またその需要者が主に政府という特定の形態に限定されているといった、企業上の特殊条件をもっていた。この特殊条件こそ、各国の軍事企業を最も早く独占と国際結合との形態に移らせていった大きな要因だった。猛烈な競争によって極度の飽和化の状態があらわれると、特殊条件のゆえになんらかの妥協点を見出さない限り各企業は共倒れになってしまう。したがって、軍事企業が他の工業部門に先んじて、最も早く国際組織を実現させた（小山 1972）。

この時期の出来事で最後に指摘しておかねばならないのは、政府による意図的な発明がイギリスで始められたことである。一八八〇年代以前には、発明はほとんど常に個人の仕事であった。たとえ軍事に関わる発明でも、企業家は新しい大砲のモデルやその他の機械を開発しようと思ったら、自身で開発費用を負担しなければならなかった。こうした条件の下では、武器の研究開発への投資額は比較的小さなものにならざるをえなかった。しかし、一八八〇年代以降、イギリスの海軍本部は、民間企業が要求するような購買保証をルーティンとして与えるようになった。新しい大砲にせよ軍艦にせよ、海軍の技官たちが望ましい性能の仕様書を指示して、それに合致した設計をもってこられるならきてみろ、買い上げてやるからと民間の技術者達に挑戦した。こうして発明は意図的にするもの、させるものとなった。限界内ででではあったが、先に戦術的・戦略的な計画があって、それに合わせた性能の軍艦が後から造られるようになったのである。たとえば、政府の注文による技術開発から生まれた最初の成果のひとつが速射砲であった。これは、水雷艇の脅威に対抗するために開発された。政府の注文による技術開発は一八八〇年代より前にもあっただろうが、それまでと異なっていたのは、その守備範囲の奥行きと幅と絶え間なく枝分かれしていく細分化の度合いとが以前に比べて段違いになっていたことだった。要するに、市場ではなく政府が軍事技術の方向性を決めるということが始まったのである（マクニール 2002）。

一八八〇年代以降、イギリス海軍のうえに降り注いだ新技術の群れは、士官個々人の道徳と、予算と、運営組織とに緊張を強いただけではなかった。そもそも技術それ自体が暴走して制御不能になりつつあった。たとえば第一次世界大戦前夜には、砲撃管制機器はあまりにも複雑になっていたので、どの設計を採用しどの設計を不採用にするかを決定する立場の提督たちには、競合する複数の設計を示されても、それらが何を目指して競っているのかそれ自体が理解できなくなっていた。この種の決定をもてあますほど抱え込み、日常業務も忙しい男たちには、砲撃管制機器の数学的原理やそれが依拠する連動機構のメカニズムを学習すること自体がそもそも不可能であった。にもかかわらず、問題全体は機密事項であるとの了解で扱われた。そして結局、このケースでは、性能の劣った砲撃管制機器が採用され、実際の戦闘において砲撃がまったく当たらないという不合理な結果を生むこととなった。したがって、第一次世界大戦以前の時点ですでに、技術をめぐる問題は制御不能になっていたといっていいのではないか。砲撃管制機器の事例は、私たちが現在生きている技術が制御されておらずまた制御しえない時代の予兆をはらんでいた（マクニール 2002）。

(3) 両世界大戦期

一九世紀末以降のヨーロッパ列強の帝国主義的対立の激化はますます軍拡競争をあおり、軍国主義の強い風潮をもたらした。ヨーロッパの主要国の軍事費は、一八八一年から一九九〇年の一〇年間と比べて一九〇一年から一九一〇年の一〇年間の合計が二倍以上に増えていた。その帝国主義的対立の激化は、独・墺・伊の三国同盟と仏・英・露の三国協商の対抗となってあらわれ、ついに伊土戦争やバルカン戦争を引き起こした。

このように軍事事情が切迫していたにもかかわらず、軍事技術は一般生産技術の成果を十分に取り入れようとしなかった。これは、国際軍事資本が独占によって十分に利潤を確保していたからであるし、膨大な軍隊を新兵器で編成替えするのが困難であるからであった。だがそのような事情の下でも、軍事技術の個々の分野では新しい進歩への探求が行われていた。たとえば、無線電信、電気機関車や自動車、航空機等である。しかし、自動車や航空機は第一次世界大戦前夜には軍事上で単に通信ないし運輸の手段としてしか認められず、戦闘手段としての価値はほとんど評価されていなかった。

攻撃兵器として重視されたものに、化学兵器の出現があった。一九世紀には化学者たちの実験室の棚の上にあった諸薬品も、大戦の直前にはマスタードやホスゲン等の恐るべき毒ガスに変貌しつつあった(3)。当時における発煙剤や焼夷剤や火炎放射剤等が、硫酸や人造窒素その他についての化学および化学工場の非常な進歩に基づいて準備されていたことは否定できない。しかし、これらの技術的進歩の意義についてはもとより、その基盤をなす経済的条件、産業や工業の諸部門のもつ軍事的意義について、各国の軍当局は基本的な認識を欠いていた。彼らは一九世紀的な戦争のイメージにとらわれ、速戦即決の短期戦を構想していたから、長期戦の可能性を少しも予想しなかった。軍事を拡張し、軍隊を膨大なものにしながら、戦争のための経済的準備、産業と工業の戦時動員、科学技術の軍事的利用等について各国ともほとんど計画らしいものをもっていなかった。こうした状況で、一九一四年八月、第一次世界大戦が始まった（小山 1972）。

第一次世界大戦がはじまるやいなや、戦争当事国の指導部にとってまったく予想外の事態が現れた。はじめの三〇日間の戦闘で、フランスの砲兵は全準備砲弾の半分を使ってしまった。ドイツでも火砲、機関銃、小銃のすべてにわたって、弾丸消耗の量は戦前のあらゆる予想を覆した。それだけでなく、短期決戦の構想が破れて戦線が膠着状態となり、陣地戦の形で戦争長期化の様相があらわれたから、単に弾薬や戦闘資材の準備不足といったものでなく、軍需品全体の生産そのものの準備の不足が明らかになった。こうして交戦各国は急いで民間工業の動員に着手し、軍需品の生産に役立つすべての企業と工場を戦時生産の中に引き込みはじめた。戦争の長期化にともなって、軍需品生産の部門はますます拡大し、国家総動員の名の下に国内生産の大部分を飲み込んでいった。工業の面で大量生産方式が交戦諸国全体で導入されたのも第一次世界大戦が引き起こした変化であった。

この大戦で初めて使用された新兵器としては、戦車、航空機、化学兵器等があげられる。大戦中もっとも急速に発達した兵器は航空機であった。戦争とともに当局から資金、設備、技術者等が豊富に投入されて、たちまち有力な近代兵器に一変した。開戦後半年たって、最初の毒ガスが使われ、戦争の長期化にしたがってその使用量はますます増大した。一九一五年四月にイープルでドイツ軍によって使用された毒ガスでは中毒者約一万四〇〇〇人、死者約五〇〇〇人もの被害が記録されている。その後、毒ガス開発はエスカレーションし、一九一七年から一八年にかけて化学戦は最高潮に達した（和気 1966）。また、火薬の改良と発達も促された。第一次世界大戦直前には近代化学の成果によって新しい炸薬や起爆剤、空中窒素からアンモニアを合成する有名なハーバー法が発明されていた。この硝酸の人工的製法は一九一三年に工業化が達成された。この方法によってドイツに火薬が供給されなかったなら、戦争はいち早く終結していたといわれる。この結果、基本材料としての塩素、窒素、臭素、砒素、燐、硫黄、塩酸、アニリン、その他の材料の生産が増大し、化学研究と化学工業はどこでも急速な発展を示した。

第一次世界大戦の技術的発展を総括すると、それは高技術の兵器がその生産設備や生産基盤を含めて、戦争の遂行と勝利とにとって不可欠であることが明らかにされた点である。ただ、それまでの工業的技術的成果に対する認識と準備の不足とのために、戦場に現れた航空機、戦車、自動車、無線通信等、新しい戦闘、輸送、通信の器材はそれらがもつすべての性能を十分に展開させることができなかった。しかし、これらの発明は、いわば「軍隊の機械化」に端緒をひらいたものであり、その実験時代に他ならなかった。[4] 他方で、この戦争は、全体の様式の上でも総力戦形態への移行の原型を示した（小山 1972）。

第一次世界大戦は三国同盟側の敗北に終わったが、同時に三国協商側のロシアに社会主義革命が勃発した。ロシア革命は帝国主義陣営からの武力干渉と国内戦争を切り抜け、ついに資本主義体制から離脱して社会主義体制を志向するに至った。ヨーロッパと異なって戦争の災禍を受けなかった米国では、一九二〇年代、ラジオ、自動車、航空機、人絹等の新興産業部門が次々と開発され繁栄した。あらゆる分野に新しい発明と技術、動力の供給の増大に基づく電化と自動化が普及することにより、ここに独自の米国的生産方式としての大量生産システムが確立し、そのうえに米国的生活様式が繁栄した。巨大独占資本の力はますます強まり、他には匹敵できない生産技術の向上と大量生産の成果によって、米国資本主義の世界的制覇を達成させた。[5] このときを境に、戦争にイデオロギー的な側面が加わっていった。

米国とヨーロッパ各国との間に大きな経済的格差がうまれたにせよ、資本主義経済全体に通ずる傾向として、一九二〇年代から三〇年代にかけて軍事技術が特別の位置をしめ、他の産業技術に比して次第に優位にしつつ、それらを先導していくという状況が生まれてきた。他方において大戦の経験は軍事産業と平和産業との厳密な区別を取り払ってしまった。生産技術の発達に基づく未曾有の拡大、それに使用されるエネルギーの増大と国家総動員の必要は、すべての産業部門に、大なり小なり軍事的性質を付与するようになった。種々の理由により、多くの平和産業が盛衰の起伏を繰り返しているとき、軍事産業だけはひとりそのテンポをはやめていき、他のどんな産業部門をもしのぐ巨大な技術的発展をうみ出した。それは上からの政治的要求によって進められ、第一次世界大戦前とは反対に、冶金、機械製造、自動車、航空機、化学その他の諸部門は、技術的にも経営的にも、現代戦における決定的用具としての戦車や軍用機、艦船や軍用火薬や軍用ガス等の諸部門の発達に依存するようになった。したがって、平和産業に属する機械や装置は、技術的に最も優れたものであっても放置された。独占資本は、いかに大衆にとって役立つものであっても、企業として独占的な利潤の源泉とならないような発明や技術は、これを故意に握りつぶした。そして軍事産業に属する技術だけが、政府や軍部の保護、奨励、過大な援助のもとに、次々と新しい成果をあげていった。政府の注文による技術開発、換言すれば政府による意図的な発明という手法が大きく守備範囲を広げていった（マクニール 2002）。

第二次世界大戦は、全般的危機のもとにある世界資本主義が、再びその帝国主義的対立を激化させ、地球領土の再分割を目指して武力で争った戦いであった。第二次世界大戦の特徴は、それが世界経済恐慌に一応の終止符を打ったことにあった。開戦は、各国資本主義が悩んでいた設備と生産の過剰を一気に解決した。総力戦の名の下で、経済、産業、生産、技術の全てが総動員され、戦争遂行計画の中に組み込まれた。

軍事産業、軍需品製造部門が優先的立場に立ち、平和産業や二次的軍事産業は後回しにされた。軍隊への動員で労働力不足をきたしたため、労働を節約するための機械や方式への強い刺激が与えられた。非軍事部門にも、労働力不足に対処するため可能な限り機械化が進められ、技術水準の向上がはかられた。経済の統制権を国家が総資本の立場から握ったため、新しい発明や科学の研究、技術の開発と実用化等が、すべて政府の統制の下におかれた。第二次世界大戦は、すでに戦前に開発されていた技術を実用化させるとともに、新たに多くの技術を開発させ、画期的兵器を生み出した。たとえば、短機関銃、無反動砲、ロケット砲、火炎放射機、レーダー、電子技術兵器、弾道ミサイル、ロケット、ジェット機、電子計算機、原子爆弾等である。戦略爆撃機による空襲作戦は、完全に前線と銃後の区別をなくしてしまい、全国土、全国民を爆撃と破壊の直接対象としてしまった。日本の降伏直前における原爆投下は、数十万人の死者とその数倍の負傷者とをだした。

フリッツ・ハーバーが空中窒素固定法の開発に必要な科学の専門知識を提供したり、毒ガスを発明したりしたが、おそらく航空機の設計という一分野だけを例外として、総じて第一次世界大戦中の科学者の協力は間歇的かつ周縁的なものにとどまった。第二次世界大戦は違った。一九三〇年代後半から兵器の改良のペースが一段と加速し、政府による意図的な発明が様々な兵器に及んだので、戦争が始まった時点においてあらゆる交戦国が、この戦争は何らかの秘密の新兵器で勝負が決まるかもしれないと実感していた。そこで、科学者、技術者、設計技師、生産能率改善の専門家が集められ、それ以前より格段に大きな規模で、既存の武器を改良し新兵器を発明する仕事に従事させられた。原爆を生み出したマンハッタン計画がその代表例である。マンハッタン計画に取り組んでいた人間の数はピーク時で一二万人に達した。しかもその中には、全世界の指導的物理学者という少数者集団が異常に高い割合で含まれていた。費用は二〇億ドルを上回ったにもかかわらず、最後の実験の当日までは、原子構造論という純理科学がまともに爆発する弾頭をつくる工学技術として具体化するかどうかについて、何人も絶対の確信をもつことはできなかった。このような不確実性の高いプロジェクトに対して法外な費用を支弁することは、いかなる国の政府でも平時においては不可能だっただろう。米国とイギリスの政府が原爆を製造するのに必要な研究・開発の桁外れの大事業に着手することがなかったならば、単に対日戦の最終局面が違った成り行きになっただけでなく、戦後の国際関係そのものがまるで別物になっていただろう。第二次世界大戦においては、科学的合理性と経営的合理性が軍事に応用されて非合理性を生み出すという逆説的な事情が、それ以前よりもはるかに劇的な形で幾度も証明された（マクニール 2002）。

両世界大戦は一種のハルマゲドンであり、ヨーロッパと世界の歴史の一時代が突然の暴力的な終焉を迎えた事件であったという見解に同意するとしても、それ以降長い年月が経過した今日では、大戦の意義はむしろそれ以上に、世界史上の一つの新しい時代の始まりを告げたことにあるのだということがわかってきている。それは、国主導の「意図的な発明」が主流となり、軍事技術の過剰な発展に重きを置く「経営された経済」が常態となったということであった（マクニール 2002）。

(4) 第二次世界大戦以降

第二次世界大戦は日・独・伊の枢軸国側の完全な敗北に終わったが、その結果は、第一次世界大戦の終結によって生じたものよりもはるかに大きな世界情勢の変動となってあらわれた。一九四〇年代に東ヨーロッパ諸国が次々に資本主義体制から離れてソ連を中心とする社会主義共同体をつくり、アジアでは、朝鮮北部、ベトナム北部、全中国に人民共和国が成立して、社会主義の建設を志向しはじめた。そのうえ、世界各地の旧植民地国が続々と独立国家をつくりはじめ、旧帝国主義体制に対する一定の独自性を打ち出した。戦後の国際政治は、米ソを先頭とする二つの体制の対立を中心に展開し、冷戦時代へと突入した。世界大戦のような全面戦争は回避されたが、民族の独立その他をめぐって、またこれへの大国の介入を支えとして、無数の局地戦争が勃発した。たとえば、朝鮮戦争、ベトナム戦争、中東戦争、湾岸戦争、アフガニスタン紛争、イラク戦争等である。

一方で、第二次世界大戦以降は、経済と産業、科学と技術の領域においても有史以来未曾有の変化と進歩の時代であった。第二次世界大戦中の技術的発展は戦後にもちこされただけでなく、大戦中端緒形態であったものがいっせいに開花し、それはさらに次々と新しい分野を開拓した。たとえば、電気機器中心の家庭用品、自動車、テレビ等の関連工業、航空機工業、新薬品、合成繊維、プラスチックその他の合成化学工業、石油化学工業、発電所その他の原子力産業、レーダー、電子計算機、半導体等の電子工学関係工業（いわゆるハイテク産業）、宇宙産業等である。これらの発明の多くは、第二次世界大戦後、すべての先進工業国において平時の常態となった「経営された経済」と関連して生み出された。一見非軍事産業にみえるものでさえ、軍事との関係を無視しては語ることができない。

冷戦時代、核抑止の思想下で、米ソの両国で数万発の核弾頭を保有していた。「全人類を一〇〇回殺せる」等と言われたが、これは、先制攻撃を意図しない以上、自国のミサイルは相当数が発射されることなく破壊されると思われるので、それを見込んだ数のミサイルを用意しておかねばならないという考え方（相互確証破壊理論）

の下に保有された。弾道ミサイルの歴史は、第二次世界大戦中にドイツがV2号ミサイルを開発したことに始まる。V2号ミサイルは二万メートル以上の高高度に上昇してから、音速の四倍（マッハ4）で落下してくる。これでは迎撃できる手段がないだけでなく、事前の探知警戒さえほとんど不可能であった。大戦後、防御のきわめて困難なこの兵器に米ソが関心を示した。弾道ミサイルは阻止手段がないという点、奇襲攻撃を仕掛けられる点、大砲に比べると弾頭を遥か遠距離に到達させることができるという点で兵器として優れていたが、ミサイルが大きくなると（遠くに飛ばそうとすると必然的に大きくなる）、費用対効果で引き合わないところがでてくる。これへの答えが核弾頭であった。弾道ミサイルの技術が進歩し、核弾頭がそれに搭載できるほど小型化されると、この二つの兵器システムの組み合わせは絶対的な力をもつ新たな兵器システムとなった。これらの長距離弾道ミサイルの開発は、人工衛星の打ち上げ、すなわち宇宙空間の軍事・平和利用と表裏一体のものであり、長距離弾道ミサイルの開発に成功した国はいずれも人工衛星の打ち上げビジネスでも大きな実績をあげている（江畑 1994）。宇宙開発事業としては、スプートニク・ショックによって一九六一年から一九七二年にかけて米国で実施されたアポロ計画が代表的なものである。

長距離弾道ミサイルを防御するために弾道ミサイル迎撃ミサイルが開発されるようになったが、盾の方はなにしろ分が悪かった。弾道ミサイルは高速で小さく、高空から音より速く落下してくる。これに対抗するための捜索探知手段としては当時の技術ではレーダーしかなく、それも弾道ミサイルのように小さい目標を、迎撃の時間を確保できるような遠方で探知可能な短い波長を使用する大出力レーダーが開発されるまでには、長い時間を要した。そのレーダーを配備したところで、弾道ミサイルを阻止できる手段はなかった。米国は一九七二年にノースダコタ州の弾道ミサイル迎撃ミサイル基地を閉鎖して以来、それを配備することはなかったが、それから一〇年経って再びその新しいタイプを開発配備する計画を生み出した。これが戦略防衛構想（Strategic Defense Initiative）、通称スターウォーズ計画であった（江畑 1998）。レーガン大統領は、核抑止論の従来的形態である相互確証破壊戦略を「非人間的」と非難し、核弾頭ミサイルを戦略防衛構想によって無効化することで核廃絶を主張し、宇宙軍拡を進めた。これらの航空宇宙産業の成長は、研究開発の巨大システム化と加工組立の複雑化、組織化を強め、技術的、組織的、財務的な寡占化、独占化を必然化させた（産軍複合体研究会 1988）。

核弾頭生産への集中投資とそれから生じた過剰設備が原子力発電の急激な普及の原動力になるとともに、その輸送手段、とくにミサイル量産のための膨大な設備投資を誘起した。航空宇宙産業の拡大は、半導体、コンピュータ、通信衛星等、情報通信産業の技術的基礎とともに市場をも形成してその自立化を準備し、そこでの過剰設備が、民間輸送機、軍用機、衛星通信等、米国の軍事、経済をむすぶ国際的枠組みの基礎となっている（産軍複合体研究会 1988）。

現在では、ミサイル防衛によって核弾頭ミサイルから自国民を守ることはほとんど不可能だとされている。というのは、特に大陸間弾道ミサイルのような長距離ミサイルでは、おとりと呼ばれる核弾頭に酷似した多数のダミーと本物の核弾頭とを見分けることができないからで、核弾頭を打ち落とせる可能性はきわめて低くなる。ミサイル防衛の不可能性にもかかわらず、一般的にはそのことが認知されていない。むしろ、湾岸戦争の際にイラクのスカッド・ミサイルを米国のパトリオット・ミサイルが効果的に迎撃したと考えられている。しかし、パトリオット・ミサイルの迎撃率はわずか九％に過ぎなかったとされている。にもかかわらず、ミサイル防衛の成功に関する根拠のない楽観論が展開されることによって、ミサイル防衛にはその開始から二〇〇五会計年度までに約一五〇〇億ドルという巨額の資金が投入されており、それは今後も膨らみ続けるとみられている（カルディコット・アイゼンドラス 2009）。

重大な問題は、次々とミサイル防衛の実験が失敗しているにもかかわらず、政府を批判から守るためにその結果がますます機密扱いされ、多くの人々の目に触れることが少なくなっていることである。また米国は、各種衛星等の宇宙資産を制御し支配するために宇宙の軍事化を進めている。しかしそれに関連する予算は、多くの事項が機密扱いになっているだけでなく、ほかの名目に組み込まれたり、国家安全保障上の理由から報道管制が敷かれたりしているため、一般の人々が把握できない。軍事政策の決定権が、これまでになく一部の専門家や利益集団に握られてしまっている（カルディコット・アイゼンドラス 2009）。

多数の科学者と巨費を動員したマンハッタン計画の手法は、政府、軍、大学、企業が兵器開発に成功したものとして、大戦後の新兵器開発システムの原型となり、アポロ計画や戦略防衛構想につながるハイテク開発のプロジェクト研究の出発点となった。一企業にはとても負えない巨額の政府資金による研究開発と、企業がリスクを負担しないで受託した経験とは、独占企業に随意契約の旨味をおぼえさせ、軍事機密を口実にした忠誠義務と思想調査による労働者支配等も含めて軍産学複合体の組織的機能的枠組みの先駆を形成し、その活動を通じて政府、軍、独占企業、大学を結ぶ強い人脈を育てた。この結果、大戦後の米ソ両国の技術革新に関わる政府支出が、大戦中のピーク時におけるそれを格段に上回る状況が生じている（産軍複合体研究会 1988）。第二次世界大戦前には、米国の政府研究開発費は年一億ドル以下で、しかも中身をみると軍事向けのものは農業関係のそれを下回っていた。ところが、大戦時の軍事技術開発への政府支出の急増を経た戦後においては、政府研究開発費の規模は格段に膨らんでいるし（七七年度で約二三〇億ドル）、軍事向け支出の割合も、大戦前とは桁違いに高くなっている（六〇年代末頃までＤＯＤ、航空宇宙局、原子力委員会の三者で八割以上。七七年度でもなお六割）[6]（坂井 1984）。

軍事目的のための技術の開発が、平和的意味をもつ発明や新技術の出現を一定の枠内で推進していることは事実だとしても、それよりもはるかに、軍事面への集中によって非軍事的な一般の科学技術の進歩が妨げられ、様々の圧迫によって遅らされたり放棄されたりしているということは、否定できない。資本主義の高度独占下の科学と技術の軍事化、経済と産業の軍事化は、社会の正常な科学技術の発展や革新を阻止し、その全体的な停滞や偏りや退廃化を引き起こしつつある。第一章第一節でも取り上げている米国の軍産学複合体というものは、いわばその象徴である（小山 1972）。

米国内において、第二次世界大戦後に形成された軍産学複合体は、冷戦終結によって「冬の時代」を経験することになった。しかし「冬の時代」においても軍産学複合体は解消しなかった。冷戦終結後、米国は東西衝突よりも蓋然性の高い第三世界の地域紛争に対応する能力の整備に軍事戦略の方向性を変えたし、情報革命に対応するための軍事革命（Revolution in military affairs）によって新たな兵器を製造する理由を得た。これまでソ連を相手としていた軍拡競争は、自国内での軍拡競争へと性質を変化させ、現在でも兵器開発の正当性を主張している。自国内での軍拡競争とは、攻撃兵器の開発、開発された攻撃兵器を防ぐための防御兵器の改良、改良された防御兵器を破壊するための攻撃兵器の更なる改良というサイクルを指す（佐藤 2001）。また、ミサイル防衛、宇宙の軍事化を兵器製造の理由として掲げている。軍産学複合体は、冷戦終結後も新たな戦略を提示することによって恒常的な戦時体制を正当化している。

核兵器は破壊力の究極的表象ではあるけれど、宇宙ロケットはおそらく、上記の体制全体の基礎的原理をいっそう典型的に示す。というのは、宇宙ロケットは最大にエネルギーを要求し、設計はもっとも複雑微妙であり、制作費や修理費が最も高くつくものであるが、飛行士の離れ業が権力複合体体制に与える威信と評判を別にすれば、実体のある人間の生にとって無益であるからである。にもかかわらず、宇宙開発は、あらゆる資金と人材を占有した。どんな地上的活動とも違って、宇宙探検は無限であり、また、これに必要な技術的要求は尽きることがない。このような意味で、宇宙開発は性質の悪さでは戦争に勝っている。原子力技術や宇宙技術がこのように急速に完成されてきたのは、明らかに、人間の幸福を主目的としてのことではない（マンフォード 1978）。

2　日本の特殊性

日本では、荘園制度の解体、貨幣経済の発達、都市の勃興という一連の現象が、一五世紀から一六世紀にかけてようやくあらわれた。戦国時代に入ると、絶え間ない戦乱の中から流民と化した農民層があふれ出し、それらが新しく足軽兵とよばれる軽装の歩兵を形成して、重甲をつけた騎馬武者と対抗するようになった。この新しい軍隊組織は、ちょうど初めて外国から入ってきた鉄砲の技術と結び付けられ、織田信長によって全面的に編成化された。ただ、日本では自由都市の発達が中途で潰され、徳川時代には鎖国政策の下に一つの自由都市もなくなり、すべてが城下町としての発展を辿るようになったことと、鉄砲と火薬の生産や管理が厳しい幕府の統制と制限を受けて技術的に中断させられたこととによって、ヨーロッパにおけるような生産技術と軍事技術の発展をみることがなかった。鉄砲の製造も、幕末になっても、なお手工的な道具類を用いて小さな仕事場で一挺ずつ製作する手工業的様式をでるものではなかった。

現代まで続く日本の特殊性が形成されるのは、鎖国が終わった明治維新以降である。以下、一八六八年（明治元年）の明治政府成立前後以降の展開をみていく。

(1) 明治政府成立以降

日本へ近代的な機械類が紹介されたのは、一八五七年（安政四年）、オランダ政府の配慮によって汽船が積み込んできたものが最初とされている。これには、船舶の修繕や鉱山に用いる蒸気機関、穿孔機、らせん盤、蒸気槌、鉱床、蒸気ポンプ車等の機械器具類の模型等が取り揃えられていた。一八六一年（文久元年）、工事完成した長崎製鉄所にすえつけられた機械類がこれらのものだった。明治維新に際して、幕府および各藩がもっていた主要な造兵造艦機械は、すべて明治政府にひきつがれ、陸海軍工廠創設の基礎として利用された。明治初年には、ともかく日本では、オランダやフランスやイギリス等から輸入された工作機械によって、一般機械類が製作されるようになっていた。一方で、この頃の内乱の日本に欧米の旧式兵器が流れるように殺到し、結果、その後長い間、後進国日本が国際的な兵器市場にされてしまった。

日本の特徴的な点は、紡績機械類が輸入、創製されるのにさきだって、旋盤等の工作機械が軍事用として輸入ないし創製されたこと、また一般機械製作技術の確立にさきだって、まず造兵造艦の技術が独立化したことにある。これは、資本主義国家として立ち遅れた日本が、なによりも近代軍備を強化して先進列強に対抗し、その半植民地的状態から脱しようとしたあらわれでもあった。この方針は、殖産興業、富国強兵という言葉に集約されている。日本の機械製作業は、まず陸海軍工廠を中心として発生し、少数の造船所や車輛工場をのぞけば、機械工場として規模の大きなものはすべて官立の造艦所もしくは兵器工場であるという状態であった。多数の工作機械類を利用する兵器の大量生産というものは、日露戦争の勃発を契機として初めて実現した（小山 1972）。

日本の代表的な経済学者の一般的な議論を具体的な日本の産業の発達史に適用してみると、現代資本主義が日本において独占的な段階に移行し始めた時期は日露戦争後の一九〇七年の恐慌のころからであり、第一次世界大戦、戦後恐慌を経て独占体制が確立されたことになるという判断がある（渡辺 1967）。独占段階以前の日本の産業構成においては、圧倒的に伝統的産業の比重が大きく、在来産業の近代化という形で化学薬品を輸入し、その在来産業への利用という形がまず進行した（染色、肥料等）。と同時に、近代資本主義的な経済体制をつくりだすための制度的地ならし作業ないし近代貨幣制度の作出、および近代化のための資本の利潤獲得のための制度の作出に、直接的に近代化学工業製品が利用された。しかもこの部門は、日本の資本主義社会の発展の特殊性にしたがって、農業部門、在来的な農法を主軸とした農業経営の近代化の線に沿って発展した。有業人口の六五％以上が農業に従事し、そこがほとんど唯一の工業化のための資本の創出源であった。当時の唯一の近代化学工業の基礎部門である硫酸工業は過燐酸石灰肥料の生産によって急速に拡大した（渡辺 1967）。

明治政府の成立後、諸外国の武力に抗しうる力の培養と西南の役等の内戦に必要な兵器火薬の近代生産体制の確立が急がれた(7)。富国強兵の軍国主義的スローガンによくあらわれているような兵器生産の一翼を担って火薬、爆薬等の化学製品の製造が軍自身の手によって行われ、軍自らの経営する火薬製造所が設立されている。この傾向は、その後長く続けられ、化学工業のひとつの出発となった。日本では、繊維工業でなく火薬生産から近代化学工業がおこった。日本における近代的製鉄製鋼の技術も陸海軍を中心として明治の中期から発展の途につきはじめたが、近代的製鉄製鋼業の真の確立は、一九〇一年からその銑鋼一貫作業を開始しはじめた官営八幡製鉄所の出現によってもたらされた。日本の鉄鋼業の発達はヨーロッパと異なり、産業社会全般の近代化、機械制的大工業の発達が市場をつくりだしたというよりも、日清戦争以降の日本の軍事的膨張政策を背景とした陸海軍兵器生産のための体制を準備する意味を含んでいた。近代的産業社会の建設に出発して以来、当初における先進資本主義国からの圧迫、内戦、新しい産業社会形成の早期における海外膨張政策による日清戦争、日露戦争と相次ぐ軍事行動を背景として、火薬、爆薬製造や製鉄製鋼の近代的技術が軍自身の手で工業化されていった点に日本の特色がある（渡辺 1967）。

ここで注意すべきは「日本の死の商人」がいち早く誕生したことである。明治維新当時の上方商人は日本の富の七〇%を握っていたが、ここから提供された軍用金を考えないで官軍の勝利はありえない（三井家はその大部分を提供）。明治政府の強化も三井、鴻池、岩崎等の大商人の献金と御用金で行われたから、政治、軍事の権力を握ったもとの下級武士は、ここで資本家と深い関係をつくりだした。一八八〇年の工場払下概則は、後に軍事産業を資本家の手に委ね、資本の集中、独占支配に向かわせた重要な政策の先駆けであった。機械、鉱山、冶金、造船、造兵等の戦略的工業が財閥資本の手に握られてからも、各財閥は政府の保護と特典をほしいままにした（林 1957）。

日本の資本主義は、もともと貧弱な基盤の上に、強大な世界の資本主義競争に伍して発達しなければならなかった。したがって高度に組織された有機的構造を必要とする資本主義のあり方に対し、日本のそれは各産業部門の間にきわめて不均衡な発展の差を生じてしまった。とりわけ過度の軍事産業と一般的な生産産業の水準の相違は極端であった。それにもかかわらず外国の産業と競争できたようにみえるのは、国民大衆を犠牲にした低賃金のおかげであった（林 1957）。

明治政府の本質は、専制的絶対主義に立つ藩閥権力であったから、反政府的民主主義革命の傾向の弾圧と、産業資本の確立とその市場確立とを目標とした。こうして、富国強兵へと向っていった。しかし、日本の幕末には、ヨーロッパ全域に産業革命が進行、拡大されつつあった。日本が外国の侵略に対抗して国防を強化するためには、さらに負けずに進出していくためには、国主導の軍事マニュファクチュアを何よりも優先しなければならなかった。近代産業の未発達、先進強国の圧迫、民主主義の未発達といった環境の中で、日本は初めから奇形化された形でスタートした。それゆえ、日本では、第三節でみるように労働環境、自然環境、人権は徹底的に無視され、軍事に傾斜した生産が行われていく。

(2) 両世界大戦期

第一次世界大戦の勃発にともなって欧米からの輸入が途絶えたことで、国産化への要請にこたえうる原料的基礎、技術的基礎が特に化学工業で準備された。第一次世界大戦中のソーダ工業、合成染料工業の企業化はこうした基礎の上で開花した。第一次世界大戦の勃発は先進国からの技術的独占、市場支配を取り除いたということで、日本の化学工業史上において意味の深い事件であった。この段階での基礎製品部門は戦時中の特殊な便宜に支えられたものであり、国際的な自由競争に耐えうるような体制をもたなかったが、外国品の輸入をまつことなく完結される化学工業における産業の技術的諸関連の体系が準備された。そして、第一次世界大戦後の恐慌と合理化を経て一応の体制が確立される。

これに続いてアンモニア合成技術の工業化がはじまる。(8) 日本におけるアンモニア合成技術の工業化は、一九二二年に日本窒素（後のチッソ）によってはじめられた。水力発電の大規模な開発と結びついて、一九三〇年頃までに日本窒素のほか、昭和電工、日産化学等いわゆる新興財閥グループが参入し、それぞれの資本集中化の出発点となった。最も先端的な例として、日本窒素の北朝鮮における大コンビナートの結成があげられる。三井、住友、三菱の三大財閥は、明治期からその財閥の主力部門たる鉱業資本の巨額の利潤の中で主に活動してきたが、石炭とくに原料炭の独占を出発点として、それぞれが石炭化学コンビナートの結成に乗り出し、一九三六年から第二次世界大戦中にかけて急速にそのコンビナート体制を確立している。軍事との関連を示すように、太平洋戦争が開始された一九四一年前後に日本の化学工業の生産量はピークに達する。これらの新旧財閥の化学工業における戦時中の展開は、人造石油、ハイ・オクタン、各種合成樹脂の企業化にいたるまでの多彩な発展が、政府とくに軍との緊密な関連において行われていることは注目しておく必要のあることである。日本の市場における国際競争は、一方において強い合理化を誕生間もない企業に強いることになったし、他方において政府による保護の体制が国産奨励等というスローガンの中でとられた。この中で誕生したものが窒素肥料を主とする合成アンモニア工業であり、人絹工業や合成染料工業である。前者についてはふたたび農業部門がその最大の市場的基礎であったし、後者二つについてはインド、中国等のアジアの後進地帯がその主要な市場となった（渡辺 1967）。

軍事技術にとって重要だったのは、アンモニア合成が爆薬用の硝酸製造につながり、染料の製造装置および技術がただちに化学兵器の製造に転用が可能だったことである。前述のように第一次世界大戦はヨーロッパ各国の経済力を軍事に総動員させたが、その中で軍事産業としての化学工業の重要性が再認識された。なかでもドイツの実例によって、日本でも国防工業としての合成染料工業の重要性が認識された。詳しく言えば、合成染料工業は、戦時にあたって必要欠くべからざる工業であるということ、その戦時における利用価値は、平時における合成染料の製造能力に比例するということが立証された。こうして化学戦という言葉が生まれ、染料工業はもとより、化学工業のあらゆる部門が潜在的な軍事力として評価されるようになり、奨励金制度の手厚い援助政策が規定された（渡辺 1967）。ゆえに化学兵器は、軍の指揮の下、当時の日本の産業界の力を結集させてつくられた。

このことは、当時の資料の中の「化学戦資材を調査し之が平時に於ける用途を講ずるは経済的国防完成上極めて重要にして…（中略）…。茲に言わんとする平時用途とは化学戦資材が平時各種の方面に利用消化せられ戦時必要の秋極めて迅速確実に国家の要求に応じ其態勢を変移し以て戦争目的の達成に遺憾なからしめんとするものなり」という記述からもうかがえる。同書によると、化学兵器の平時における用途は、治安維持、工業的用途、農業的用途、医療及び衛生的用途の四方面に大別される。工業的用途の主なものとしては工業及び鉱業による用途（木材パルプの漂白等）、工業薬品（晒粉、無水酢酸等）、化学染料、溶媒（化織、火薬、セルロイド等）が、農業的用途の主なものとしては農薬、化学肥料が、医療及び衛生的用途の主なものとしては医薬品、殺菌消毒等があげられている。これらの平時の用途と密接な関連をもつのが塩素工業であり、水俣病を引き起こしたチッソの関連企業も当時の代表的な塩素製造工場の一つであった（中村 1936）。

基本的戦略工業は、財閥によって独占され、利潤の源泉となっていた。石炭では一九一九年時点で、三井が採炭量の三五％を、三菱が二〇％を占めており、貝島、安川、古河、大倉、住友の財閥全体で八〇％近くを支配していた。鉄鋼は典型的な軍事統制の下に八幡製鉄所や満州鞍山製鉄所で生産された。このほか、三菱製鉄、日本鋼管、釜石製鉄、住友製綱等が戦争で膨張した。しかし原鉱の問題もあり、軍事用に必要な鋼材、鋼塊は必要量の半分以上を輸入に依存しなければならなかった。軍事的に重要な金属である銅は、古河鉱業（足尾）、日本鉱業（日立）、三菱鉱業（尾去沢、吉岡、荒川）、住友銅山（別子）、藤田（小坂）等の諸財閥によって早くから独占された。素材は直系の子会社によって製品化され、軍に納入された。その他の金属としては、三井が鉛（神岡）、亜鉛（三池）を、三菱が錫（明延）を独占していた（林 1957）。

日本の戦時経済の主要な経済主体は民間企業であった。大量の公企業が創設されたが、それらは戦時経済の運営にあたって民間企業の生産活動を補完するものにすぎなかった。軍工廠の存在が大きかったとはいえ、直接兵器生産を支える部品、設備、素材等は広く民間企業に依存していた。各財閥とも大同小異であるが、第二次世界大戦の時代になると利潤の追求を表面から後退させ、従来の経営方針を多少変えなければならなかった。表面的には戦争協力の姿勢を示し、その陰で企業の利潤をいかにあげるかという形に移行しないわけにはいかなかった。右翼や国民の一部から最も戦争に協力しない非社会的な財閥であるとみられていた三井は、三井合名理事長團琢磨が暗殺された一九三二年以降から急速に軍需生産において戦争に協力する方向に転換していく。それは、そうすることだけが生産活動を継続できる途であり、それによって原価主義から算出される安易な利潤を軍から期待することができたからである。(9) 三井の三池染料工業所や三井化学が一九四〇年頃に軍に納入した品目に、爆薬の原料、火薬の安定剤、毒ガス原料、起爆薬原料、航空機塗料用溶剤、ロケット燃料等がある（渡辺 1967）。

一九四一年末、日中戦争は、米国およびイギリス等、高度に発達した資本主義国との間に拡大するにおよんで、総力戦的性格を明らかにした。日本の全産業機構が直接に軍事目的のために再編成され、化学工業もまた急激な軍事産業化のための体系に再組織されはじめた。すなわち、一九四一年頃までに化学工業部門においてようやく独占資本主義段階に照応する巨大企業がコンビナート体系を基礎として成立したが、この工業の技術的性格のもつ軍事産業的特色が急速な軍事化を可能にした。その資源を日本がもたない石油の合成をはじめ、火薬、爆薬への転換が化学工業の軍事化の直接的な局面であった。基礎化学製品であるソーダ、硫酸、アンモニア、カーバイドおよびタール系製品は直接この軍事目的のための生産に使用され、または生産工程の一部を変更させられた。民間企業のこのような転換は、結果的に日本の化学工業のもっていたコンビナート化の潜在的可能性を急速に開花させる役割を果たした（渡辺 1967）。

軍需省、軍需会社法の成立によって一九四三年以降に確立した軍需会社体制が戦時経済の最高の段階であり、重化学工業志向型の戦後企業体制の出発点を形づくることになった。また軍需会社法によって、軍需会社は、統制立法によって制限されていた設備投資、労働力保護規定、土地・建物に対する諸規制から解除され、統制経済の中で規制緩和の恩恵を十分に獲得し、労働力や環境の公認された濫費を通して戦後企業の資本蓄積基盤を拡大した。[10]日本の戦時経済は、国家総動員法や各種の事業法等の統制経済が実施されていたにもかかわらず、何よりも利潤の獲得または保証を基本に据えた経済体制であり、私的資本の活動原理が貫徹していた。そして、両世界大戦期を通じて独占的組織化の原形が創出された（下谷・長島 1992）。

(3) 戦後復興、高度経済成長期以降

戦後直後の日本経済は深刻な危機に陥っていた。敗戦とともにすべての軍需生産は一挙に停止されたし、また占領軍も軍需生産の全面禁止を指令した。一方、ほとんどすべての工場が何らかの形で軍需生産に動員されていたため、民需生産は最小限に縮小していた。他方で、日本政府は敗戦後も臨時軍事費等の支払いを続け、その額は急速に増大した。戦後末期から高騰し始めていた物価はこれを契機に爆発的に上昇しはじめ、猛烈なインフレーションが引き起こされた。これに加えて、食料と生活必需物資の不足が国民に襲いかかった。

戦後復興の第一段階として、一九四六年、石炭生産に対していわゆる傾斜生産方式がとられることとなった。これは、重油の輸入を占領軍に要請してこれにより鉄鋼を増産し、増産分の鉄鋼をすべて炭鉱に投入して石炭を増産し、その増産分の石炭を再び鉄鋼部門に集中的に投入してさらに増産を図り、これを繰り返して鉄鋼と石炭を増産し、いったん経済を徹底的に石炭、鉄鋼に傾斜させることにより増産のきっかけをつかもうとするものだった。この傾斜生産に対応した重点融資が行われ、実施後半年ほどのあいだ増産効果は判然としなかったが、徐々に効果が現れて出炭高は増加してきた。鉄鋼や石炭に投入された資金には、米国からのガリオア（占領地域救済のための政府特別支出金）やエロア（占領地域経済復興）資金があった。

米国による初期占領政策では、日本の武装解除、軍事能力の破壊政策と、それの保証としての民主化政策とを軸とした日本の非軍事化が目指された。非軍事化とは、単に現有武力の武装解除というだけでなく、戦争潜在力としての経済能力の破壊を内容とする「経済非軍事化」を指しており、そのために軍事産業そのものの範囲をこ

えて、重化学工業をはじめとする戦争準備に関係のある特定産業の規模および性格の制限が確認されていた。また、財閥解体、独占禁止法の成立、労働三法の成立といった経済民主化の政策もあわせて実施された（小椋・島 1968）。これらの政策が徹底され続けたなら、日本は現在とまったく異なる社会を形成しただろう。

しかし一九四七年、冷戦の公然化に踏み切り、米国の世界政策の画期的転換を告げるものとなったトルーマン・ドクトリンがアジアにも影響を及ぼし、対日政策も大幅に変更されることとなる。対中国、対朝鮮政策における転換路線と軌を一にして、日本には「極東の工場」へという新たな位置づけがなされるようになった。そして一九四八年に米陸軍長官ケネス・ロイヤルによってなされた対日政策の転換声明では、経済非軍事化を放棄して、戦争潜在力をもつ産業による経済成長を支援していくことが述べられた。また、製造工場の能率を傷つけ、全般的生産と日本工業の輸出力とを減退せしめ、日本の自立を遅らせるとして、財閥の解体や工業の極端な集中排除は望ましくないものとされるようになった。そのため財閥解体は再編的保存に帰着しただけであったし、独占規制や労働規制も徹底されず米国的民主化の導入に留まった。しかも、軍工廠や燃料廠等の官営施設までが撤去を免れたばかりか、その多くが日本の基幹産業育成のために民間大資本に払い下げられた。三菱に払い下げられた四日市燃料廠もその一つである（小椋・島 1968）。

戦後、日本は社会混乱の中からの立ち上がりと生産の戦前水準への復帰とを目指した。ここで化学工業は、戦前の歴史をもう一度繰り返しながら化学肥料工業に著しくかたよった形態を生み出した。肥料工業は、戦後日本独占資本主義再建のための重要な一環として、また米国の軍事化政策の軌道に乗り、急速に復興された。食料危機の緩和に奉仕し、軍事産業としての潜在力を強化するという理由で、化学肥料工業の再建は強力な国家の保護を受けた。(11) 一九五〇年の外資に関する法律以降には、外国技術が次々と導入された。外国技術の導入は、合成樹脂、合成ゴム、合成繊維のような新しい分野と、在来の肥料生産に著しく片寄った化学工業の脱肥料化の体制の整備とにその力点がかけられた。この新しい分野への展開と、次々と行われる新しい技術の企業化とは、急ピッチで化学工業の伸びを促進した。そして石油化学工業化の時代に至る。石油化学工業は、高分子合成化学の技術の工業化と相まって、初めて日本の化学工業を農業を主要な市場とする体制から訣別させると同時に、繊維工業、電気機械、建築材料、雑貨等の各種部門に新しい合成物質を供給して、新しい産業を発生させる誘発産業となった。この産業は装置工業として設備投資が大きいこと、技術の進歩が早く投資意欲が高いこと等から、高度経済成長の先導産業となった（渡辺・林 1974）。

戦後続いていたインフレの停止は、一九四八年の経済安定九原則と翌年のドッジ特使の派遣による超均衡財政の強行、補助金支給の打ち切りならびに単一為替レートの設定によってなされた。日本の各種産業はドッジ・ラインによる厳しい不況の下にあったが、一九五〇年からの朝鮮戦争により大量の滞貨と在庫は一掃され、日本は安定恐慌から脱した。特需は特定産業部門（自動車、鉄道車両等の運輸機械、兵器、砲弾、鉄鋼、石炭、金属製品、繊維製品、食料等の各部門）の生産促進に巨大な効果をもった。鉱工業生産水準は飛躍的に上昇し、日本は朝鮮特需によって戦前水準を回復した。また、特需収入がドルという外貨で得られたことは、戦後日本の国際収支にとって画期的なことだった。しかし、戦後日本経済復興の決め手となり、その後の高度経済成長の基礎を築いた特需の内容の中核部分は、隣国に雨あられと降りそそいだ砲弾や兵器であった[12]（原 2002）。日本の重化学工業の比率は、一九三四年から一九三六年には三八・三％（従業員構成比による）であったが、一九五一年には四五・四％になっている。戦後に重化学工業がいかに温存されたかがわかる。米軍に供給する石油製品の供給体制の確立、兵器生産の基礎である機械工業の振興、重化学工業に不可欠であるエネルギー産業とくに電気の供給確保がすすめられた[13]（木原 1994）。

日本の再軍備は、マッカーサーの命令として、一九五〇年に発令された。日本の再軍備は、国民世論の審判を得ることなく、さらに国会の討議を経ることなく、ポツダム命令の公布という方法で実施された。再軍備の命令は朝鮮戦争勃発後、わずか一三日目であった。名称は警察予備隊であった。朝鮮戦争において在日米軍が大陸に前進するために、後方基地としての日本の空白を埋めることだけを目的として、警察力の充実をはかるという形式がとられた。朝鮮戦争後、米国はアジア、とりわけ中国を主目的とした極東政策に乗り出し、これに伴い対日政策は急速に徹底的に転換した。警察予備隊は保安隊とされた。将来の平和需要の限度に日本重工業の規模および性格を制限するという経済非軍事化によって、日本を非武装平和国家に育て上げると、無条件降伏を機に世界に宣言した米国は、躊躇することなく初期の方針を投げ捨てた。全面講和の方針を放棄し、日本を米国側に引き込むために対日平和条約（サンフランシスコ講和条約）は単独講和として締結された。日米安全保障条約は一九五一年に調印された。この安全保障条約第一条は日本の国防権を無期限に外国に譲与することを規定し、数量、兵力、種類を制限されない外国武装軍力が日本に駐留することを認め、したがって全面的な治外法権が成立した。日米安全保障条約は、日米相互の平等、自主の立場にたつものではなく、米国のための日本の軍事基地化、反ソ、反中の反共前線基地化を一方的に規定したものであった。ここには、日本側からの要請による基地提供への米軍からの応諾協定ともいうべき隷属関係が存在していた。

一九五四年に批准された日米相互防衛援助協定（U. S. and Japan Mutual Defense Assistance Agreement）において、日本の再軍備は国内治安と秩序の維持のための部隊から、自国の防衛を担当する部隊に発展した。日米相互防衛援助協定は、アジアの戦略体制強化の一環として日本の再軍備の促進を要求した米国に対し、日本がこの要求を特需にかわるものとしてできるだけ多くの援助を得ようと意図したものであったが、援助受入れの基本的条件は、軍備の増強であり、潜在的軍事力としての工業力の強化であった。この援助は、米国の相互安全保障法(Mutual Security Act）に基づいて実施され、米国の世界的軍事体制強化に結びつけるものであり、被援助国は、米国の軍事体制にいっそう強く引き入れられることが義務付けられた（鷲見 1993)。

一九五二年に発足した経済団体連合会の防衛生産委員会は、一九五三年に「防衛生産態勢の整備に関する要望意見」を公表した。この意見書の特徴は、日米相互防衛援助協定の締結ならびに防衛庁の発足を契機として、防衛生産は単なる特需としての形態から自衛力の裏づけとしての態勢に発展すべきであることを強調し、そのために政府がとるべき措置を具体的に述べたものだった。その後に続く防衛法案の国会成立ならびに陸・海・空自衛隊の発足とも関連して、日本の防衛生産は「自衛力の裏づけとしての防衛生産」という合言葉のもとに、新たな段階、すなわち自主的な生産態勢へと漸次移行することとなった（経済団体連合会防衛生産委員会 1964）。別の言い方をすれば、防衛生産委員会は、特需のようなきわめて変則的な突発的なものに頼るだけでは軍事産業は維持できないので、堅実にこれを再建しようというのであれば、日本自体の自衛力が一定以上の規模で必要であると主張しているのである。このように、戦後の日本の財界は自身でも潜在的軍事力としての工業力を再び発展させていくという道を目指していった。

一九五〇年代後半からの高度経済成長期の内容は、日米経済協力を履行するための重化学工業化の優先的発展の基礎確立政策、拡大政策だった。一九五四年には特需から自衛隊需要のための自主的軍事生産へと移行し、一九五五年からジェット機の国内生産、潜水艦、戦車等の主要近代兵器の生産に着手する等、重化学工業の発展とともに、兵器生産も第二段階に入った。一九五八年、第一次防衛力整備計画による防衛力の整備と相まって、軍事産業の整備についても積極的な措置が講じられ、軍事生産の基盤が確立され、宇宙開発、ロケット、ミサイル等の新兵器の生産もはじめられて、兵器生産は第三段階に入った（木原 1994）。

同時期にうみだされた第二次防衛力整備計画と所得倍増計画は、その内容、その精神において驚くほどの共通点をもっていた。第一に、第二次防衛力整備計画は軍事産業の設備投資を保障するための防衛関係支出の長期計画であったのに対して、所得倍増計画は重化学工業の設備投資を保障するための公共投資の長期計画であった。第二に、前者は軍事技術の研究開発に必要な科学技術の重要性を強調し、後者は技術革新競争に欠くことのできない科学技術の育成を強調する。第三に、前者は軍事産業の合理化を主張し、後者は重化学工業の生産の合理化を主張する。第四に、前者は防衛関係費の長期的な支出を保障するために予算制度の改革（単年度主義の改革）

を主張し、後者は長期的な公共投資を保障するために予算制度の改革を主張する。前者も後者も、実は一九六〇年代の安保体制下におかれた日本経済の二つの側面に焦点をあてていて、第二次防衛力整備計画が狙うのは日本経済構造の軍事化であり、所得倍増計画が狙うのは、その基盤になるような日本経済構造の重化学工業化である（島 1966）。高度経済成長とはこのような面を多分に有していた。

一九六〇年の日米安全保障条約改定では、旧安保の片務的関係が独立国同士の双務的関係に形式上は改められた一方で、対米軍事協力、経済協力がより積極化された。それは事実上、米国の極東軍事体制への日本の組み込みを意味していた。一九五〇年代は、占領または駐留費が徐々に減少し、一方で日本の防衛関係費が増加しているが、全体としてはほぼ横ばいだった。しかし日米安全保障条約改定による軍事力増強要求に沿って、一九六〇年代から日本の防衛関係費は急速に増加していった。米国の日本に対する軍事力増強要求は、ベトナム戦争の敗北が決定的となった時期に一層強まった。さらに一九七八年に日米両国政府当局者がともに安保史上画期的としたガイドライン（日米防衛協力のための指針）が了承された。一九八一年には「日米同盟」、「一〇〇〇カイリ・シーレーン防衛」が政府間の公約として確認され、以後、米国の日米防衛分担要求、すなわち日本の軍事力増強、防衛関係費増加要求の基礎となってきた。結果、日本の防衛関係費はこれらの期間を通じて増加し続けた（鷲見 1993）。また、一九九八年四月に閣議決定された新ガイドライン関連法案では、旧ガイドラインが武力攻撃を日本が受けた場合の日米両軍の協力のあり方を定めていたのに対し、日本周辺における米軍の行動に日本がどのように協力するかが主要なテーマとされた。

宇宙軍拡と密接に絡むミサイル防衛の分野では、日本は世界にでも稀に見る優等生として対米協力の道をとっている。二〇一〇年までのパトリオット・ミサイルの初期配備だけで約一兆円を費やし、やがては六兆円に達するとの試算さえ存在する。北朝鮮による核の脅威が煽られる中、地上配備型迎撃ミサイルであるＰＡＣ３は、周辺住民の反対を押し切って、二〇〇九年三月までに首都圏四基地（入間、習志野、武山、霞ヶ浦）と浜松基地と岐阜基地に配備され、二〇〇九年末までに近畿、九州で導入が終了した。しかし、日本上空でミサイルを迎撃するタイプのPAC3では、たとえ迎撃に成功したとしても壊滅的な核被害を受けてしまう（カルディコット・アイゼンドラス 2009）。PAC3で核弾頭ミサイルによる被害を回避できないにもかかわらず、そのことを多くの人々に知らせずに、日本政府はミサイル防衛、宇宙の軍事化をおしすすめている。また、米国の対テロ戦争に呼応して、日本ではテロ対策特措法、イラク特措法、有事法制が次々と成立し、二〇〇七年には防衛庁が省に昇格した。

日米安全保障条約改定以降の経済構造は、鉄鋼、機械、化学工業等を中心とする重化学工業化が進み、加工度の高い自動車、航空機、電子機器等の工業の発展によって高度化が進んでいる。生産能力と生産規模もますます大きくなり、技術水準もまた、主として米国技術の導入によるものとはいえ、高い水準にある。安保条約により軍事的、政治的、経済的従属が制度化されているので、日本の軍事生産は、日米独占資本の支配下におかれている。このような関係の下での軍事生産は、個別企業における兵器やその他の軍需物資の生産という単純な問題ではない。これらのことは、国民経済に与える軍事生産の影響を複雑なものにしている。軍事生産の位置づけとその役割は、経済的側面とともに、米国との関係という政治的側面と切り離して解明することはできない（木原 1994）。日米軍事技術協力、戦闘機共同開発、戦略防衛構想への研究参加といった米国の意向を受け入れる政策は一貫しており、防衛力整備計画をみれば明らかなように現在でも基本的な構造はまったく変わっていない。

以上でみてきたように、明治以降の日本の経済は第二次世界大戦後の一時期を除いて、常に軍事の強い影響を受け続けてきた。そして、産業革命の後進性や敗戦国という条件の下で、より苛烈な形で人間や環境は破壊された。次節ではそのような状況をみていく。

3　日本における労災、公害・環境問題と軍事

人類史上において戦争がいつ発生したのかという類の議論と同様に、現象面からだけみて労災（ここでは職業病も含むこととする）や公害の発生を古い時代に遡らせることは可能である。たとえば、鉱山採取という生業は、極端な言い方をすれば古代からなされていたものであり、鉱物の性質上、これを採取すればその周辺でなんらかの被害が生じていたことは考えられる。しかし、政府や企業等、環境破壊を引き起こす主体が防止策をおこたり、環境に関するコストを十分に負担しない結果、人間の健康に悪影響が及ぶまでに環境破壊が進行するか、そのような状態がもたらされることが予想される中で、社会内部で問題化されるまでに至った状態を公害・環境問題というとすれば、原因者である事業体と被害者の労働者や住民という基本軸に沿って考えるとき、原因者である事業体というのは、強力な権力を備えた機関の支持のもとに、多少とも経営的に運営されたものに限定される。したがって、遡っても日本では江戸時代までとなる（飯島 1977）。

鉱業は、江戸幕藩体制下で盛んになった。欧米の先進資本主義国にはるかに遅れて資本主義国家として歩みはじめた日本に、かろうじて蓄積のあった業種の一つが江戸時代に幕藩の後押しで推奨された鉱業であるが、その鉱業が江戸時代から明治時代にかけては労働者と住民の生活と健康を破壊する中心的役割を担った。鉱業による被害という現象面だけみれば、江戸時代も明治時代も共通である。しかし、以下にみていくように、明治時代以降、江戸時代と比較にならないほどの深刻な被害実態がつくりだされた一大要因である日本における資本の独特の利潤追求のあり方において、両時代の問題は本質的に異なる（飯島 1977）。そして労災、公害が軍事と密接にかかわりをもっていくのも明治維新以降である。以上から、本書では明治政府成立以降の労災、公害をみていくこととする。(14)

なお、公害のほかに労災をとりあげたのは、以下にみていくように、労災が発生する根源的原因が公害の場合と同様だからである。また、多くの場合、環境中に有害物質を放出して深刻な公害を生じさせた企業は、公害発生前に同種の有害物質によって労災を引き起こしているからである。

(1) 明治政府成立以降の日本公害史の概観

日本における公害被害者の抵抗運動は、知られる限りでは一七世紀頃の農村で起こされたものが最も古い。茨城県の日立鉱山の前身の赤沢銅山は、鉱毒水を流して下流の村の田畑に被害を与えたために被害農民の激しい抗議を受け廃山となった。赤沢銅山の鉱毒水による農作物被害をめぐる事件の解決のされ方は、食料を確保するための農業の方が、鋳貨材を提供する鉱業よりも政策として重要視されていた時代の風潮を反映するものだった。しかし江戸時代初期と末期とでは、鉱業よりも農業を重視する方針に大きな転換が生じた。一九世紀はじめ頃に問題化した別子銅山の鉱毒事件の場合には、江戸幕府が重要輸出品とした銅の最多産出山であったために被害者の人権は幕府によって完全に無視されたし、地方の自治も完全に踏みにじられた。鉱害問題に対するこのような対応は、明治政府でも踏襲されていく。しかも、江戸時代には地方によってはなお農業の方を重要産業とする方針がとられる場合もあったが、江戸幕府よりも強力な統一政府の地位を獲得した明治政府は、制度や法律の改革を通じて、地方政府をも次第にその統制下に組み込んでいった（飯島 1974）。

明治時代に入ると、鉱業に起因する深刻な公害がいくつかの大鉱山によって引き起こされていく。また、「国の強弱は物産の多寡に係る」という考えの下に工業振興を最優先する政策がたてられた。この結果、政府が育成に積極的であればあるほど、そして鉱工業の生産量が伸びれば伸びるほど公害は増大するという事態が生じた。日本の鉱工業は、そもそも成立の時期から生産力を上昇させることのみを追及し、その過程で発生する排出物による地域住民の損害等は、初めから計算外のものとしていた。この時期にはただ一つの鉱山あるいは工場といえども、設立当初から除害装置をつけたり、排出物の成分の分析をして無害化を試みたりする等の努力をしていないはずである。この時期に大問題となった足尾鉱毒事件は、明治政府が異常なまでに古河家を庇護した結果、きわめて悲惨なものとなった（飯島 1974）。

日清戦争、日露戦争、第一次世界大戦、第二次世界大戦と続いた時期には、急速な発達を反映して鉱業とならんで重化学工業からの公害被害が増えてきた。産業構造としては、農業の工業に対する社会的地位が完全に劣勢化する時代である。この時代の後半期は、軍国主義化が最も進んだ時期であり、安全性を無視した生産力伸長の陰で記録にも残されない公害被害が多くなったものと考えられる。満州事変から日中戦争へ進む過程で軍の独裁が強まると、富国強兵に対立する性格の公害反対運動は抑圧されていった。前時代の小規模工業や中規模工業がこの時代には大規模化したことも、反対運動を難しくした要因として指摘できる。興味深いのは、両大戦間期に、大阪市や東京市等の大都市では、ばい煙に対して住民運動を先取りした格好で地方自治体によって防止運動が展開されたことである。ただし一方では、中小都市や農漁村地域ではこれとは逆に、地方自治体が住民運動をおさえて加害源企業を擁護する立場を露骨に示す傾向が強まるという地方自治体の公害対応に新しい動きがでてきてもいる。地方自治体の行動に現れたこの特徴は、西欧諸国を意識した表玄関としての大都市は美しく装い、その他の地域は工業化のために利用しつくすという政府の使い分け政策、換言すれば政府の差別政策を反映するものである（飯島 1974）。

敗戦時、日本の鉱工業生産指数は、一九四六年において戦時最高時（一九四一年）の一七％にまで落ちていた。敗戦直後は、鉱工業の規模、能力ともに戦前の水準にまで回復していなかったため、公害による被害発生は少ない。とはいえ、敗戦から数年のうちに石炭や電力等の基幹産業に対する重点的育成政策がとられた結果、炭鉱における労災の激発や水利をめぐる紛争が頻発している。一九五〇年の朝鮮戦争勃発に伴う軍需景気やこの頃から積極化した先進技術の導入によって鉱工業の生産力は急速に回復し、一九五五年頃には戦前の水準を上回るに至った。これと呼応して、公害問題も一九五〇年代に入ってから増加する傾向を示した。日本の驚異的な経済復興は、日本国民にとっては、そのまま生活と自然環境の破壊につらなるものであった。戦前における富国強兵が経済復興へと名前を変えただけで、工業生産力の向上が最優先される方針にはまったく変更はなく、したがって、戦前に大きな社会問題となった公害問題を教訓として企業の有害排出物を取り締まるといった方針等は、この時代においてもたてられなかった。むしろ、殖産興業から富国強兵そして経済復興にいたるまで一貫してとられた鉱工業の成長最優先の経済政策は、前節でみたように敗戦にもかかわらず完全に温存された。この時代には水俣病やイタイイタイ病等が発見され、鉱工業との関連が指摘されたにもかかわらず、この指摘は政府や自治体、財界、学者等によって積極的に否定され、深刻な人体被害を拡大した。これらの事件においては、明治以来続いてきた経済原則である資本の原理の遂行のみが先行し、この時代の大きな特徴である導入された民主主義が働かなかった。この時期には公害反対運動がほとんど提起されなかった。戦時中のように軍事強化が目的ではないとしても、経済が復興するまでは多少の犠牲には耐えよとする社会的風潮が強かったことが要因であろう。しかし一方では、第二次世界大戦中に立ち消えた運動が戦後になって盛り上がった例もあり、もはや戦時ではないという条件によって徐々にではあるが公害反対運動は広がっていった（飯島 1975）。

高度経済成長期は、日本において経済成長が最も急速に進み、工業、特に重化学工業の大規模化が進んだ時代であり、公害や環境破壊現象もかつてなく巨大化し、その影響をほぼ全土的に及ぼし、また、多数の人々の健康を破壊する等、歴史上で公害問題が最も深刻化した時代である。日本の財界は太平洋岸を中心に収支計算の見合う地域ならどこにでも工場を立地させ、利潤を最大限に上げる方法でこれらの工場を操業させ、奇跡的な高成長を成し遂げた。利潤最大化追求の方針は、工場において労働者が安全に働くための支出や工場からの排出物を地域住民のために無害なものとする支出、および製品を使用者にとって安心して利用できる品質のものにするのに必要な支出等の、利潤獲得と相反する支出はすべて切り捨てる方針でもあった。多様にして大量の有害物質を排出する仕組みの石油化学工業が出現し、工業生産力がかつてなく伸びているときに、有害物質を出さないあるいはつくり出さないための対策を実施しなければ、有害物質が工場外に出てゆき、そこで何らかの害を引き起こすのは当然の結果である。こうして、この期間に日本は世界に類のない経済活動に起因する多くの悲惨な被害者を生み出し、また公害、環境破壊現象の最多発国となった（飯島 1975）。

以下では、日本の労災、公害・環境問題の中から、特に軍事と関係が深いと思われる事件のいくつかを少し詳しくとりあげてみたい。

(2) 三井三池炭鉱での労災

江戸時代の高利貸し三井組が政商に育つのは、明治元年の一八六八年の鳥羽・伏見の戦いで薩長官軍の軍資金調達を賄ったことにはじまっている。このときに結びついた三人の長州出身者、伊藤博文、山県有朋、井上馨をとおして三井組は様々な特権を獲得していった。一八七六年、明治政府に一八七三年に官収された三池炭鉱から産出された石炭の輸出を、三井物産が一手に引き受けることになった。三井物産の狙いは、欧米の帝国主義国が東アジアを侵略するための軍艦用、および綿花売り込み蒸気機関商船用の燃料であった。三池炭はまたたく間に上海、香港、シンガポール市場を独占し、高利潤を生み出した。廉価な三池炭は、囚人坑夫の増強と政府資金に支えられた西欧技術の導入とによってなりたち、増産要求によって手工業炭鉱から近代的炭鉱へと急成長していった。明治の殖産興業では、囚人使役の事例は炭鉱だけでなく道路建設や鉄道敷設等にもみられる[15]。いずれも人道上の非難を受けて早期に廃止されていくが、三池炭鉱だけが一九三〇年まで囚人使役を続けることができた[16]。

石炭を地上に出すためには、採炭と運搬およびその補助過程として通気と排水とを必要とする。その各々が人力作業から機械化へ進み、採炭現場が浅部から深部へ移行し採炭現場が大規模化していく過程で、落盤、石炭の自然発火、坑内火災やガス爆発によるガス中毒、じん肺といった様々な問題が噴出する。最大の問題は、地底の自然条件が採炭の進捗によって刻々と変化していくために、工場保安のような固定マニュアルがないことである。この問題に対応するために必要な原材料や機械等を企業が節約すると、炭鉱災害が発生する。三池炭鉱では産業資本確立期における機械化、合理化の過程で災害が激発し、災害統計がはじまった一九〇六年から満州事変の前年の一九三〇年までにかぎっても、死者およそ一三〇〇人におよぶ惨状が出現した。

炭鉱爆発にはメタンガス爆発と炭じん爆発とがある。炭じん爆発は坑内にたまった炭じんがひとたび爆発すると次々と坑内の他の炭じんに伝播して大爆発に至るために、被害は桁外れのものになる。大規模採掘と出炭量の激増とが炭じんを多量に堆積させたのが炭じん爆発が生じるようになった最大の原因であるが、炭じん爆発は、清掃によって炭じんを除去し、散水して炭じんの浮遊をおさえ、溜まる炭じんには岩粉等を散布混合して爆発性をおさえれば避けられた。にもかかわらず、炭鉱資本が利潤を追求して対策を怠ったために日本全国の炭鉱で炭じん爆発が連続した。一九一一年から一九四五年の敗戦時までに炭じん爆発は全国で一五〇〇回余、死者は五六〇〇人余に達している。統計にない爆発を加えれば一万人に近い死者を出したとも言われている。年間の爆発が多い年は日清戦争、日露戦争、第一次世界大戦、日中戦争中であることから、いかに石炭増産と災害の多発とが戦争と密接に関連しているかがわかる。戦争中には鉱山労働者の増加とともに能力を越えた増産および乱獲が行われたが、保安は等閑視されたため、災害は増加の一途をたどった。一九三九年には朝鮮人の強制連行が開始され、女性や少年の労働も許可され、それすら不足すると中国人、俘虜、囚人が調達され、炭鉱に送られた。資材不足の坑内は荒廃して災害が続発し、未熟練者の乱掘によって事故が事故を招いた。

地底の荒廃、未熟練者の増加、災害の圧倒的な頻度と深刻さにもかかわらず、全国出炭量は一九四〇年に史上最高の五六〇〇万トンに達して、同水準を一九四五年の敗戦まで維持している。この数字は、坑夫からの収奪のすさまじさと財閥炭鉱資本の利潤の膨大さとを示している。これは、軍需の動力源、軍事産業の基礎材料である石炭に対する政策という大義をもって、生産実費補償、前渡金、軍需手形割引、戦時金融制度等あらゆる名目で国家予算から補助金を引き出し、それに寄生したことによる。さらに一九四〇年の石炭配給統制法と一手買取機関である日本石炭株式会社の設立とによって、炭鉱資本と政府が一体化していくこととなる。この制度は、政府が資材と労働力を調達し、掘った石炭は日本石炭株式会社に売って、石炭会社は補給金をとるだけという、政府資金へ寄生することの合法化であった。一九四〇年から一九四五年までに炭鉱資本が受給した政府資金は、補給金一四億円の巨額に達した。そして炭鉱資本はその利益を次々と植民地へ投資した。

敗戦後も石炭は重視され続けた。一九四六年、政府は石炭委員会を発足させ、二大基礎原料である鉄鋼と石炭とは相互不足にあたるとして、傾斜生産方式による炭鉱資本のてこ入れを決定した。そこでは、植民地から連行した労働者にかわって、戦争の復員者、引揚者等の戦争失業者を人海戦術で投入することと、石炭価格を政府資金によって低価格におさえることとが決められた。出炭は敗戦前の四〇〇〇万トンに対して、一九四七年には三〇〇〇万トン、一九四八年には三五〇〇万トンまで回復した。同時に国家による融資総額は、三井鉱山を筆頭に、三菱鉱業、北炭（三井系）等大手一九社で七三%を占めている。各鉱山への投資の性格をみると、炭鉱住宅等の労務者を募集する間接的設備と運転資金に集中して、本来の目的である戦時中に荒廃した坑内構造や保安対策はほとんど取り上げられていない。このような傾斜生産方式による増産は、荒廃した坑内での労働強化と事故の増加を招いた。

一九五二年、一九五三年の国内炭の価格は、米国の約四倍であった。国内炭の価格を引き下げるための政策が、一九五五年の石炭鉱業合理化臨時措置法である。同法の戦略は、非能率鉱を政府が買い上げて（閉山費用と失業対策を国庫負担）、高能率鉱のコスト平均を二〇%下げることで石油ならびに輸入炭との価格競争を可能にすることを建前としていた。しかし、これは現実には中小炭鉱のスクラップ化による大手炭鉱の生き残り政策であった。事実、一九六〇年までに二〇〇鉱を閉山に追い込み、二万五〇〇〇人の炭鉱棄民を生み出すことによって大手炭鉱は生き延びた。

一方、大手炭鉱に対する政策を最終決定するために、一九六二年に石炭鉱業調査団が結成され、そこから石炭政策大綱が提出された。石炭政策大綱には、石油と価格面で競争することを目的としたスクラップ・アンド・ビルド政策から、石炭が重油に対抗できないとの前提にたった閉山政策への転換が記されていた。その具体的方針は、企業の累積赤字を政府資金で補塡し、高能率鉱への生産集中を図りながら、大手炭鉱の閉山をすすめることであった。この結果、無権利で低賃金の組夫が大量投入され、保安設備の節約とからまりあいながら災害が激発した。石炭政策大綱が誘発した災害はこれまでと性格を異にしていた。落盤等の原初的事故の増加もさることながら、産業資本確立期にも増して、炭じん爆発事故が多発した。しかも、被害の内容としては、従来の爆死、火傷に比べて、一酸化炭素中毒による大量死亡と後遺症が頻発した。その理由として、炭鉱構造を改善する機会を逸してきた間に、斜坑の坑道がますます延長かつ複雑化して、ベルト下、天井、壁等に炭じんがたまって、事故の要因が無限に増加したことがあげられる。この典型が、一九六三年に三井三池三川鉱ベルト斜坑で発生した炭じん爆発で、爆死者五八人、急性一酸化炭素中毒四五三人、さらに生存者から八三九人の同後遺症患者を出し、世界の災害史上最悪の惨劇とも言われた(17)。戦時期を除けば、この時期こそ日本の近代が体験した未曾有の炭鉱大災害時代であった。

炭鉱政策大綱以後、一酸化炭素中毒だけでなく、落盤等の原初的事故も再び急増した。その結果、続発する大災害を前にして若い労働者と技術者たち、そして保安監督官のとめどない炭鉱離れが進むことになり、もはや低廉な労働力の供給源はどこにもなくなった。その後も石炭政策に基づき政府資金が投入されていくが、石炭の生産規模は縮小の一途をたどり、一九八六年の第八次石炭政策では、国内石炭エネルギー資源の放棄が決定された。三井三池炭鉱も一九九七年に閉山されることとなった。

右のように日本のエネルギー政策は、明治以降重大災害を繰り返してきた（森・原田 1999）。石炭産業における災害犠牲者は、政府統計がはじまった一八九八年（明治三一年）から一九九九年までに限っても、死者五万六〇〇〇人、負傷者四五〇万人を記録した。これほどの死傷者を出した産業は世界にも例はない。石炭が日本の戦前の近代化、工業化に、そして戦後の復興と経済成長に大きく貢献したことに間違いはない。しかし、その陰で囚人、朝鮮人、中国人、俘虜等のように、人権が無視された多くの人々の犠牲が発生した。

日本のエネルギー政策の中心は、石炭、石油から原子力へ、特に準国産エネルギーになりうるとして核燃料サイクルという考え方の下でプルトニウムへ移されようとしていた。しかし、研究開発の中核として位置づけられていた東海村の再処理工場と高速増殖炉もんじゅの両施設で重大な事故が起き、ここでも災害を繰り返している。そして、二〇一一年三月一一日の東日本大震災に伴って、福島第一原発で深刻な事故が発生した。また、原子力発電は、電力会社の下請け労働者やウラン採掘に携わっている先住民らといった、あまり知られていない人々の犠牲なしには成り立たない。そもそも、石炭、石油、原子力をみてわかるように、エネルギーを大量に消費する部門は軍事と密接な関係をもっている。気候変動問題が地球規模で重大な問題となっているが、この問題に対しても直接、間接に軍事は無視しえない関連をもっている。

(3) イタイイタイ病

神岡鉱山の中心鉱区にあたる茂住銀山および和佐保銀山は一六世紀末に発見稼行され、その盛山は慶長年間(一五九六年から一六一四年)だった。両銀山の盛況は一世紀も続かなかったが、この頃から鉱害に関する文書がみうけられる。この頃の鉱山経営においては、農業や飲料水への被害を生じさせないような対策が義務づけられた。

幕末には衰退していた神岡鉱山は、明治維新後、高山県の稼人らへの低利の貸付によって次第に復興していった。しかし、一八七三年以後、新規貸付が停止されるようになると、経営は悪化していった。そこで稼人らは三井組等の特権商人への依存を強化することによって活路をみいだそうとしたが、貸金返済が滞るようになった。

こうして、神岡町に出張店を開設した三井組は、つぎつぎと鉱区を買収、拡大していった。三井組は一八八二年に通洞の開鑿を完成させた。他の諸銅山のような新技術の導入がなされてこなかった神岡鉱山においては、この通洞開鑿はとくに採鉱、排水、輸送の能力を増大させるものであり、重要な意義を有するものであった。

しかし、神岡鉱山での三井組の業績は一八八一年以降悪化し、一八八五年には多額の欠損を生じた。業績の悪化は、一方では鉱質の変化あるいは品位低落に起因し、他方では旧来の稼行形態が限界に達していたことに起因するものであった。このような中で、一八八五年、全山統一の指示が、時の外務大臣井上馨によってなされた。これは、当時の日本で最も巨大な資本を動かせる商業資本に大規模鉱山経営を行わせることによって、日本の近代的鉱業を育成しようという意図にもとづいていた。旧来の鉱業人による強い抵抗もあったが、明治政府の公権力に支えられて、三井組は一八八九年には神岡鉱山の全山統一をほぼ完了した。

一八九七年に金本位制が実施され銀価格が低落したため、銀の採取、生産を主目的とし、副産物として鉛を採取、生産していた神岡鉱山は大きな欠損を生じた。そこでこの頃より次第に鉛の採取、生産に重点がおかれるようになった。その後、一九〇二年から再び設備拡大を開始し、一九〇四年の日露戦争の勃発による鉛に対する需要の拡大、価格の騰貴により、鉛の生産量が拡大していった。

注目すべきは、一九〇五年頃からそれまで夾雑物として廃棄されていた亜鉛鉱石の採取が開始されたことである。亜鉛鉱採掘開始を画期とする著しい技術発展は、労働力編成にも大きな変化をもたらした。この時期における三井の収益金の急増は、低賃金、長時間労働、強制貯金等の搾取強化に基づくものである。こうした搾取強化は、労働災害、とりわけ機械化に伴う災害を増加させ、新坑道開鑿、採鉱量増大は、坑内災害を増加させた。労働者を犠牲にしての保安設備の節約がおしすすめられ、労働災害が増大する中で鉱害も激化、拡大していった。亜鉛鉱がそのまま廃棄されていた一九〇五年までの採鉱量、亜鉛品位から含有亜鉛量を推定し、イタイイタイ病の原因物質であるカドミウム量を推定すると六二トンになる。これらの一部は河川へ放流された。選鉱部門から一九〇六年から一九一二年までに廃物化したカドミウム量を推計すると二一二トンになる。本格的に亜鉛を採取しはじめた結果、各過程から排出される亜鉛量は増大した。また、一九〇九年より採用された浮遊選鉱法による鉱石の細粒化が鉱害を激化させ、富山県側にまで拡大させ、被害を農作物被害から人体被害へと転化させた。このような中、一九一二年頃からイタイイタイ病患者が発生しだした。

一九一三年以降、生産が拡大する中で、各過程から発生する廃物量が増大していった。第一次世界大戦およびその後の不況下で、生産の集積と集中がおしすすめられ、鉛と亜鉛の生産における神岡鉱山の独占的地位が確立されていく中で、三井は廃物を出すことの節約（実収率の上昇と廃物の再利用）は追求したが、鉱害防止設備は徹底的に節約した。こうして、とりわけ、浮遊選鉱法と全泥優先法の採用による廃物の量的、質的変化によって、第一次世界大戦下の増産のなかで、かつてない規模で鉱害（煙害や廃物流出による農業、畜産、人体への被害）が激化、拡大した。この時期において最も被害を受けたのは鉱山周辺の住民であった。被害住民がたちあがり、それが生産の遂行、拡大にとって支障になったとき、三井は初めて対策に乗り出した。しかし、その対策は、被害額よりもはるかに少ない補償金の支払いであり、廃物を出すことの節約と廃物の再利用と結びつく限りでの、言い換えれば新たな利潤獲得と結びつく限りでの防止設備の設置であった。

一九三一年の満州事変以降の十五年戦争下の戦時増産体制の下で、神通川流域でかつてない大規模な農業被害が激化、拡大し、イタイイタイ病という人間そのものの破壊が、イタイイタイ病の発生史のなかで最高点に達した。とりわけ一九三七年の日中戦争を契機にして、日本資本主義が戦時国家独占資本主義体制に本格的に移行する過程で、鉛、亜鉛の生産は著増していった。一九四二年から一九四四年の日本における鉛と亜鉛生産量のうち六〇％以上が直接に軍事用に供給された。とくに神岡鉱山は一九四三年に海軍の指定工場となり、軍事工場として生産を行っていた。

鉛、亜鉛の増産体制は、重要鉱産物増産法、補助金政策の強化、銅、鉛、亜鉛公定価格の引き上げ、配給統制会の設立、大手六社による中小鉱山の整理統合、国家資本による中小鉱山の買収等によって強化された。しかし各鉱山とも、探鉱を後回しにして高品位鉱までも無計画的に採鉱したために原鉱品位が次第に低下していった。品位低下にともない処理費用が高騰し、収益率が下落していった。そこで政府は、一九四三年にすでに国際決済手段としての意義を大きく失っていた金を採掘する金山を次々に休廃止し、その資材と労働力を他の金属鉱山に再配置することによって、増産を強行していった。三井鉱山は、戦時下において、政府資金を導入したり朝鮮人や俘虜労働者を酷使したり防止設備を設置せず農民を犠牲にし続けたりすることによって大量採掘、大量選鉱、大量精錬を達成にし、巨額の利潤を獲得していった。

戦後の一九五〇年、財閥解体によって三井鉱山株式会社から金属部門が分離され、神岡鉱業株式会社が設立された（一九五二年に三井金属鉱業株式会社に変更）。この「金石分離」により旧三井鉱山がもっていた石炭、金属兼営からくる経営安定のメリットがなくなり、一定の打撃となったことは確かであるが、それ以上ではなかった。三井鉱山に関して言えば、「金石分離」によって、鉛、亜鉛生産分野における独占的地位がゆらぐことはなかった。そして同時に「金石分離」が行われた時期は、朝鮮特需と亜鉛鉄板需要の急増で急成長をとげた時期でもあった。ただし、朝鮮特需ブームの終了後、戦後亜鉛が一貫して高収益をもたらしていた分野であったため競争が起こり、日本鉱業等が新しくこの分野に進出し、既存の三井、三菱の主導的地位も低下しはじめ、これに対抗するため、各社が設備拡大をおこない、生産過剰をきたすようになった。このような状況に対応しながら、三井金属は戦後も一貫した成長をとげた。特に一九六〇年代の高度経済成長期における伸び率は著しい。戦後三井金属は、高度経済成長下で、従業員減少のもとでの設備拡大、技術革新、合理化によって資本蓄積を成し遂げた。採鉱、運搬、選鉱等の部門における機械の大型化、自動化によって大幅な省力化、直接費の低下が実現し、また生産量が増加した。そして生産量の増加に対応して廃物の量も増大した。

戦後の特筆すべき事件としては、一九四五年の鹿間堆積場の決壊や一九五六年の和佐保堆積場の決壊があり、堆積場を乗り越えた大量の廃滓により大きな被害が生じている。このような異常時は別として、一九六〇年までに完成した第一から第三までのダムで汚染水の流速が低下することによって、排水中の比較的粗い粒子が沈殿する効果が生じた。堆積場や処理法の改善によって、高度経済成長期には戦時中ほどの農漁業被害の激化をみていないが、微粒子を主体とする汚染水はダムから農業用水路に出続けたため、高度経済成長期も被害が続いた。一九六七年に神通川で実施された亜鉛とカドミウムの汚染度調査の数値が、一九四三年当時の亜鉛および推定されるカドミウムの数値とあまり変わらなかったことが報告されている。専門家としてイタイイタイ病問題に長期に関わってきた倉知三夫は、一八九〇年頃から一九〇九年までの比重選鉱法の期間に約一四七トンのカドミウムが、一九一〇年からの浮遊選鉱法の期間に約四四七トンのカドミウムが、一九四三年から始まった亜鉛電解工場から約二六〇トンのカドミウムが、イタイイタイ病裁判判決後に発生源対策を行うようになった一九七二年までの間に高原川から神通川へ流下したと算定している（松波 2002）。

一九六八年に三井金属を相手に提訴されたイタイイタイ病裁判では、右で述べてきた三井の約一〇〇年におよぶ加害の歴史が明らかにされた（倉知・利根川・畑 1979）。すなわち、三井が被害者の犠牲と戦争とによって巨大な富を築いてきたこと、しかも被害者の要求を財力と政治力で抑圧してきたこと、イタイイタイ病という社会的殺人に至る数々の罪状を犯してきたこと、三井が一貫して防止設備の設置を怠ってきたこと、もし被害者の要求を取り入れ十分な防止設備をなしたならば、イタイイタイ病は発生しなかったであろうことが示された。

四大公害事件の一つに数えられているため、高度経済成長期に突然始まった問題だとみられる向きもあるが、神通川にカドミウムが最も排出されたのは戦時中なのであって、戦後にも基本的に同様の企業体質が温存されたことで、イタイイタイ病が高度経済成長期にようやく広く社会的に問題化したとみるべきであろう。神岡鉱山で採鉱された鉛や亜鉛が軍需物資として貴重な意味をもっていたことからも、イタイイタイ病は軍事ときわめて関係が深い問題である。現代においては、近代兵器システムの生産に不可欠のレア・メタルが同様の問題をはらんでいるといえよう。

(4) 土呂久鉱害と毒ガス労災

江戸時代に銀山としてにぎわった宮崎県の土呂久鉱山は、明治になると銅と鉛を細々と採掘しただけで、一九〇三年から休山の状態が続いていた。それまで廃石として捨てられていた砒素の鉱石に目をつけ、一九二〇年に亜砒酸という毒物の製造を始めたのが大分県からきた業者であった。一九三三年までは鉱山師が経営する亜砒酸専業の小鉱山であったが、それから一九四一年まで軍用機製造の中島飛行機の子会社が錫を主、亜砒酸を副次的に生産した中規模鉱山の時代が続く。戦時中に国策会社の所有に移ったあと、戦後は解体された中島財閥を離れた中島鉱山が小規模に銅や鉛や亜砒酸を生産し、一九六二年に閉山されている。

土呂久の自治組織である和合会の議事録には、鉱山操業による農作物の被害や家畜への被害が煙害として記録されている。しかし、鉱山労働者や地域住民による健康被害の訴えは、当事者の記録としては残されていない。砒素中毒による健康被害に光が当てられるには、被害の発生から半世紀後の一九七一年の地元小学校教師らによる報告まで待たなければならなかった。この報告によって噴出した地域住民の健康被害を訴える声が事実として認められるには、さらに長い歳月を必要とした。原因は、主に行政が被害を矮小化し、事件を埋め戻そうとしたからである。

土呂久鉱山による被害は亜砒焼きによって引き起こされた。亜砒焼きとは、硫砒鉄鉱を焙焼し鉱石中の砒素を亜砒酸の形で取り出す方法で、土呂久では原始的な方法で亜砒焼きが行われていた。戦前は炭焼き窯に似た石築の窯で鉱石を焼き、気化した亜砒酸を収砒室と呼ばれる石室で結晶化させて回収した。戦後は、鉱石を連続して焙焼できるように改良した炉が建てられたが、基本的な構造は同じであった。未回収の亜砒酸は大気中に排出されて大気を汚染した。さらに焼き殻は野積みにされたり河川に投棄されたりした。その結果、静かな山村に砒素をはじめとした重金属等による環境汚染が引き起こされた[18]（土呂久を記録する会編 1993）。

土呂久鉱害の最大の特殊性は、被害を引き起こした亜砒酸が、毒ガスという秘密性がきわめて高い兵器に使用される物質であったことにあろう。軍にとって重要な物質だったがゆえに、労働者や地域住民をどんなに犠牲にしてでも亜砒酸の生産は続けられた。明治政府成立以来の富国強兵ともあわさって、戦時中には僻遠の村くらい潰しても構わないという方針がとられた[19]。秘密性に加えて、戦時という時代的背景や僻遠の地という地理的特徴から発した差別性が土呂久鉱害を隠されたものにしてきた。公害病として認定された土呂久鉱毒や島根県の笹ヶ谷鉱毒は、歴史の闇に消えようとする幾多の鉱害事件の中で幸いにも光が当てられた稀なケースであった。しかし、これらのケースにおいても、社会的に問題化した時期には被害者はほとんど亡くなっていた。

土呂久で砒素中毒を引き起こした亜砒酸という物質は、一方で戦時中、広島の大久野島の忠海兵器製造所で生産された糜爛性の毒ガス「きい二号」（ルイサイト）とくしゃみ性の毒ガス「あか一号」（ジフェニール・シアンアルシン）の原料となったが、原料の運搬、毒ガスの生産、装塡、そして廃棄の各過程で次々と労災を生じさせた（中国新聞「毒ガスの島」取材班 1996）。

一九三七年に日中戦争が始まると、軍需動員の実施によって毒ガスの生産は急増した。忠海兵器製造所の従業員数も二〇四五人に膨張し、製造所として本格的活動を開始するに至った。工室の機械は二四時間動いており、そのうち一五時間は労働者も働いていたという。しかも排風器が故障して工室内に毒ガスの白煙が充満していたとしても製造は続けさせられた。日産何トンというノルマと流れ作業のため、自分の担当の作業を停滞させることはできなかった。女子工員は事務や雑役、筒類の仕上げや完成部品の作業を主とし、毒ガス製造にはあたらなかったが、毒ガス汚染のため陰部に傷害を生じた女性も多かった。赤筒の大増産が始まる一方で男子工員の出征が相次ぎ、女子工員が赤筒の塡実をすることもあった。どす黒くどろりとした毒ガス液を扱う仕事は危険だった（武田 1987）。

同様の労災は、核兵器の製造現場でも生じている（春名 1985）。また、今後、核兵器の解体作業や核兵器製造工場の閉鎖作業においての放射線被曝も問題になっていくだろう（吉田 1998）。

(5) 四日市公害

石油化学工業は、第二次世界大戦後の世界の産業構造の変革と激しい経済成長とを人類に経験させた近代産業の代表的な一部門であった。この経済成長が、現代の先進工業国が経験している「豊かな社会」を生み出した。この「豊かさ」とは、日常的な生活を支えている財貨の供給の豊かさのことである。財貨を年々再生産していく仕組みは、高度に分業化された生産活動とその協業の体系によってできあがっている。社会の仕組みが現代のような形で開始されたのは、産業革命以来のことであり、現代もなお全地球的な規模に拡大されている。

新しい材料としての合成繊維、合成ゴム、プラスチック等の工業化の初期においては、その原料は石炭からのアセチレン、石炭タールからのベンゼン、あるいは澱粉の発酵から得られたエチルアルコールからのエチレン等であった。しかし、第二次世界大戦が勃発すると、それら高分子材料への要求が軍需品の材料、あるいは天然材料の輸入の途絶によって急速に高まり、その大量生産の技術が米国とドイツで確立されていく。その中で、米国においては、分解ガスの利用技術の展開と結びついて、原料を石油に求めていくことが積極的に推進されていく。石油化学工業の基礎は、米国における国家的計画としての合成ゴムの開発を契機に確立される。そして戦後は、これらの石油化学の技術が開放され、大戦中に開発された合成繊維、プラスチックをはじめ、アンモニア、合成洗剤、溶剤等の多くの化学製品が、天然ガスや分解ガスを原料とする石油化学工業へと展開していった（渡辺・佐伯 1984）。

エチレンをはじめとする各成分の総合利用が可能になってくると、エチレンの生産を中心として、それらの誘導品工場をそのまわりに配置するコンビナートが必然的に成立してくる。石油化学の原料はガスや液体であり、これらをパイプラインで輸送することが有利であり、ここから石油精製や電力を含めた石油化学コンビナートが生まれ、集中生産の技術体系が確立することになる。石油化学の技術の展開が一応終了し、総合利用のパターンが一定化した段階では、もはや新しい技術の開発によって利潤を生むことは難しくなり、企業の方向は生産の大規模化によるコスト・メリットの追求となる。日本ではこの傾向が一九六〇年代後半から顕著に現れた。企業間競争力や国際競争力をつけるために、規模の経済を求めて大規模化していくことになる。集中化、大量生産によるコスト・ダウンによって、石油化学製品の価格は急速に低下し、新しく登場したプラスチック等の材料を確実に市場に浸透させ、天然物を代替するとともに、新たな独自の需要分野を開拓し、量的な急成長を遂げることになった。こうした大規模化によるコスト低下と総合利用の圧力が、一方的に生産側が需要をつくっていく体制を生み、使い捨て製品、ワン・ウェイ容器、過剰包装等の需要分野の拡大となっていく。これは同時に化学製品への代替的転換を促し、コストが見合わないからという理由だけで既存製品を排除していく。こうして、大量生産、大量消費、大量廃棄の石油化学の技術体系が確立していくことになる（渡辺・佐伯 1984）。

石油化学コンビナートによる公害が日本で最も問題になったのが四日市である。四日市は伝統的な産業の町であり、漁村であったが、一八八二年の綿紡工場、一九〇六年の毛織工場の進出でその近代化がはじまった。昭和年代に入り石油精製工場、化学工場が建設されたが、第二次世界大戦前から戦中にかけて海軍燃料廠が建設されて本格的な重化学工業化がはじまる。戦後の一九四九年、太平洋岸における石油精製工場の再建が許可され、国際製油企業のシェル系の昭和石油の製油工場がスタートする。この地域は、一九五五年の閣議了解事項に基づく三菱グループへの旧海軍燃料廠跡の払下げとともに[20]、新設の三菱油化、昭和四日市石油等が、既設の中部電力、三菱化成等とともに、四日市塩浜地区の石油・電力・化学のコンビナートを形成した。そしてこれらの工場群が排出する主に硫黄酸化物によって、四日市の住民に生じさせられた喘息が主に問題となった。経済効果を求めて集中、大規模化した工場群によって引き起こされた公害であった点で、四日市公害はきわめて現代的な特徴をもっていた。

石油化学工業をはじめとする化学工業が有するその他の特徴として、資源・エネルギー多消費型という点があげられる。そのため大規模になればなるほど、水や原料である石炭や石油の枯渇という問題に直面することになる。その一方で、プラスチック類等の大量生産、大量消費、大量廃棄によってゴミ問題も引き起こしてきた。大規模化という特徴と関連して、研究開発が個人の独創から大型研究へかわった。こういった研究開発の中には政府の支援を受けたものも多く、これらの支援が軍事と深く関わっていることは第一節でみたとおりである。また、工場が合理化され自動化が進むにつれて、仕事が面白くなくなるという傾向が現れている。[21] もう一つ、海工場におけるコンビナート化が、山工場におけるゴースト・タウン化を引き起こした点に触れておきたい。電気化学工業や石炭化学工業は、その原料たる電気（主にダムによる水力発電）や石炭が山で得られることが多かったため、山に工場が建てられることが多かった。しかし、原料転換、プロセス転換によって石油化学工業に転換するという一種のスクラップ・アンド・ビルド方式がとられたため、山工場の周辺に成立していた町村が見棄てられることになった（渡辺・林 1974）。

石油化学工業が現代に投げかける環境問題として、最も重要なのは、化学物質の問題であろう。化学技術の進歩は、生き物になじみのない構造や性質をもつ新しい化学物質を次々と生み出し、それを製品として市場に送り出した。それらはそれぞれ優れた特性をもつために、各種の素材、添加剤、薬品、洗剤等として、あらゆる生活分野で用いられるようになった。しかし、これらの新製品のなかには有効性というプラスの側面とともに、危険性、有害性というマイナスの側面をもつものもあった。これらが大量生産され、大量に消費されるようになると、有効性よりもマイナスの側面が急激に顕在化するようになり、公害の発生源となった。その典型的な例が、PCBである。[22] PCBは優れた安定性、溶解性、接着性、絶縁性等の特質をもつために、絶縁油、コンデンサー、塗料等の広い需要分野をもつに至ったが、一九六八年にダーク油事件とカネミ油症事件を発生させて使用禁止となった。新しい化学製品の有効性の裏面にある危険性については、PCB以外にも続々と明らかにされた。現在では化学物質による複合汚染も問題視されている。また、煙突のないクリーンな産業で、環境汚染や労災とはほど遠い印象をもたせるマイクロエレクトロニクス産業も、実際には製品になるまでに数百もの化学物質が使われ、化学的集約度が最も高い産業とも言われている。ハイテク機器を供給する現代の重要産業である情報技術産業においても深刻な土壌汚染や地下水汚染が引き起こされている（吉田 2001）。

水俣病をはじめとして本節で触れられなかった公害は多数にのぼるが、以上にみてきたように、公害史研究の第一人者である飯島伸子をして、「一国でこれほどに産業に原因がある深刻な健康被害事件が起きた国は、世界のどこにも存在しない。一九七〇年以降の日本人の生活水準の向上は、こうした多数の人柱の存在によって支えられている」（飯島・舩橋 2006）と言わしめる状況が日本では生じたのである[23]。そして、これらの産業公害の多くは、軍事と深く関係していたのである。

4　現代社会と軍事

以上、補論1では経済との関連に焦点をあてながら、世界の軍事技術の発展史、日本における特殊性、そして日本における主に軍事と関係する労災、公害・環境問題についてみてきた。これらの内容から指摘できることをまとめることが本節の課題である。

第一に、軍事技術は生への蔑視の上に発展してきたことがあげられる。物理的環境を制圧するために初めて動力機械が大規模に導入されたのは鉱業であり、近代技術が鉱業と軍事で進んだのは、それらの背後に生への蔑視が存在したからであった。このような生への蔑視こそが軍事の最大の特徴であり、ここから生の破壊、標準化、軍隊の機械化、労働の機械化、そして人間の機械化という問題が派生している。軍事環境問題の分析においては、政府の失敗論、公害輸出論、公共財論、受益受苦圏論、迷惑施設論といった見方も可能で、それぞれの分析結果が得られる。しかし、軍事が生の破壊を目的としているという点を捉えなければ、それぞれの分析結果は問題の本質から外れていくだろう。

第二に、軍事と資本主義との相性が非常に良好だったことがあげられる。万物が貨幣と交換できるようになると、抽象という手段を用いて権力が探求されるようになった。貨幣は権力の源泉となり、戦争、鉱山、大規模生産といった大きな利潤を獲得できる行為が目指されるようになっていった。個人が保有できる食料や肉体的快楽の量には限界があるが、貨幣においては生物的限界や生態的制約は取り外される。そのため、膨張のための膨張が始まる。新たな市場の獲得を目指した帝国主義戦争がその最たるものである。市場の拡大に伴って、軍事もグローバルな広がりをもつようになった。第二次世界大戦後の現代社会は国際的なかかわりの中で分析されなければならず、とくに米国を無視して日本を分析することはできなくなっている。

第三に、軍事的要素が日常の生活に様々な形で入り込む状態が生み出されたことがあげられる。これは、とくに両世界大戦後の現代技術の方向性が、軍産学複合体によって決められてきたことによっている。両世界大戦を契機として軍事技術に対して政府による意図的な発明が行われるようになり、第二次世界大戦後にこの方式が固定化された。一企業にはとても負えない巨額の政府資金による研究開発の結果として、毒ガスや原爆や弾道ミサイル等が生み出され、それらの技術がＰＣＢや原子力発電や通信衛星やコンピューターに応用された。この結果、とくに第二次世界大戦後に軍事経済が各国に誕生した。軍事経済というのは、国民経済が全面的に軍事化しているような戦時経済や戦争経済のことをいうのではなく、すでに平時に軍需生産の一定の割合が国民経済の中に定着している状態、あるいは軍事上の目的のために戦略物資が貯蔵されたり、経済、科学、外交を統合したような高いレベルの戦略上の目的から、広く軍事産業の基礎となるような重化学工業の高度成長がはかられたりしている状態を指している[24]（小椋・島 1968）。

第四に、原爆や宇宙開発を代表として、近現代技術の発展が人間の生にとって意味をもたず、むしろそれを破壊するものとなっていることがあげられる。エルンスト・フリードリッヒ・シューマッハーは、このような近現代技術の特徴を、①大規模化・画一化、②複雑化・専門化、③資本の巨額化・独占化、④暴力化といった面からとらえた（シューマッハー 1986）。この傾向は、まず鉱業と軍事の分野ではじめられ、産業革命期を経て、両世界大戦期以降に政府や軍産学複合体によってこれまでと比較にならないほど促された。軍事的支配のシステムが資本主義と結びつきながら、人間的前提を無視した形で、機械化と自動化がおしすすめられた。その結果、近現代技術は、自然や人間からの影響をできるだけ排除しようとするものになっていったし、また環境や人間にとって破壊的な要素を多くもつようになっていった[25]。時代を経る中で農業から鉱工業へ生産の重点が移っていったが、それに伴い、とくに鉱業や化学工業で悲惨な労災や公害が発生したのはこのためである。産業革命以降、取り出されるエネルギー量は増え、蒸気機関とその付属機械の成就した仕事は莫大であったが、同様に、それに伴う損失も測り知れないほどであった。エネルギー多消費型社会、大量廃棄物社会が創出された一方で、各種の資源を取りつくされた地方はゴースト・タウンとなった。

第五に、秘密主義が促進されたことである。これは、近現代技術の特徴とも関係している。すなわち、大規模化、複雑化、独占化、暴力化が進むにつれ、一般の人々にとって技術は遠いものとなり（利用はできるが制御したり生産・修理したりできるものは少ない）、それぞれの技術を評価することが難しくなった[26]。一般の人々が意識しないうちに、一般の人々の欲求とは無関係に技術が発展させられているのが現代である。ルイス・マンフォードは、現代の軍事技術を批判した晩年の著作の中で、「すべての全体主義体制の秘密とは秘密主義そのものなのである。専制的権力を行使する一番よい方法は、情報をこまぎれに分割することによって、個人や集団のコミュニケーションを制限することである。そうすれば、それぞれの個人に知らされるのは、真理全体のほんの一部分にしかすぎなくなる」（マンフォード 1973）と述べている。

以上で指摘してきたことから明らかなように、一般に馴染みのない分野にさせられてきたが、近代化の恩恵を受けてきた現代社会の問題を考察する上で、軍事というのは、あらゆる問題と深い関連をもつようなきわめて重大な分野である。したがって、軍事とは、マニアや平和活動家だけが関心をもつ特殊な分野であるべきではなく、多くの人々が関心を寄せ、研究者も研究を深めていくべき分野なのである。

長い間、敵国から自国民を守る軍事による国家安全保障政策は、高度の公共性を有する公共政策だとされてきた。また、戦争そのものの破壊や修理、ますます複雑で高価になる新しい兵器の発明と製造によって、生産、消費が刺激され雇用が維持されてきた。しかし、これらのメリットが認められるとしても、とくに冷戦終結以降の現代においては、軍事を高度の公共性を有する公共政策だと無条件に断定することはできなくなっている。というのは、軍事に付随しているデメリット、すなわち資源の枯渇、環境汚染、多数の死傷者等が存在するからである。これらはすべて、軍事的支配のシステムに不可避の副産物であって、現代社会の有害な流出物である。

補論1第三節では、広義の軍事環境問題、すなわち軍事的支配のシステムが間接的に引き起こした労災や公害・環境問題をみた。これら広義の軍事環境問題の中にも隠された被害が多く存在していたと思われるが、それ以上に、狭義の軍事環境問題、すなわち軍事活動によって直接的に引き起こされる環境問題は、軍事による国家安全保障の名の下に隠匿されてきた。しかし、東西の緊張関係が緩和されていくにつれて、それまで一般の人々が知ることのなかった狭義の軍事環境問題の実態が徐々に明らかにされてきた。本書の本文部分は、狭義の軍事環境問題を取り上げることによって、軍事による国家安全保障政策の公共性を評価する判断材料のひとつを提供しようとするものである。

注

（1）利子の取り扱いにみられるように、キリスト教（カトリック）の教義には貨幣獲得を単に追及するような態度に対して強い抵抗がある。これは、『ヴェニスの商人』でみられる通りである。中世の半ばまでは市場化による弊害は、宗教や教学で押さえ込まれていた。

（2）マンフォード（1972）は、同様の考え方から産業革命がイギリスで最初に生じた理由を指摘している。すなわち、イギリスは中世時代を通じてヨーロッパの後進国の一つであり、羊毛産地の中心としての原料国にすぎなかったが、そのために新しい方法や過程に対する抵抗が他の国よりも少なかったし、過去との訣別においても棄てるべきものが少なかったので、蒸気機関の導入が容易であったのだろうとしている。

（3）毒ガスは化学兵器とも呼ばれるが、本来化学兵器という言葉には、毒ガスだけではなく、焼夷剤や枯葉剤、発煙剤等も含まれる。

（4）このことに関連して、「組織人の特徴的な点は、彼が仕える機械にできる限りせいいっぱい対応している。したがって機械的手段のなかに投影された部分的人格は、逆に、これに協調しないような生物としての、または人間としての機能をすべて消去することによって、その投影像を再強化する。機械的規律という刻印がすべての人間部品の顔に印されている。計画の遵守、命令への盲従、『責任転嫁』、個人として他人のことにはまきこまれないこと、反応を目先のいわば机上のことだけに限ること、たとえどんなに重大なことであっても、関連する人間的な顧慮はいっさいしないこと、命令の出所を質問したり、その究極目的についてたずねたりけっしてしないこと、どんな不合理な指揮であってもこれによく従うこと、受持ちの仕事についてその価値や適切性を判断しないこと、最後に、仕事の迅速な処理に干渉するような感情、情報、理性の道徳的疑念を排除すること――こういったものが官僚の標準的義務なのである。また、これらが、集団的オートメーション体制内で事実上自動人形となった組織人の出世条件である。つまり、組織人のモデルとは機械そのものなのだ。そして、機構がますます完全になるにしたがって、これを操作するに必要な生の残留部分はさらにわずかになり、無意味なものになっていく」とマンフォード（1973）は述べている。

（5）第一次世界大戦中にアメリカのGNPは約二倍となり、一九二〇年の国勢調査では史上初めて都市居住者が人口の半分を超えた。第一次世界大戦中に多くのアメリカ人が味わってしまった大量生産と都市居住によって開けた新しい可能性とは、平和がきたからといって捨て去るにはあまりにも幻惑的であったとマクニール（2002）は指摘している。一方で、おそらく第一次世界大戦がアメリカにもたらした最も大きな影響は、アメリカ農業の主流が家族経営の農場からアグリビジネスに交代する動きに決定的な勢いをつけたことであったろうとしている。政府に保証された高い農産物価格は増産を促し、トラクター等の農業機械への多額の投資を引き起こした。

（6）科学技術の軍事化については、星野（1968）も参照されたい。

(7) 明治政府がいかに軍事を優先していたかをあらわすエピソードに鉄道建設がある。明治維新後鉄道の創設が問題になったとき、山県有朋をはじめ軍部がその敷設計画に参加し、たとえば中山道—東海道幹線計画においては、一八八三年に山県の「建議」が採用された。また、その後の鉄道国有化も、軍事的観点から主に遂行された。

(8) アンモニア合成は、一九世紀的な化学工業と明確に区別される近代化学工業へと飛躍する画期的な技術であった。その違いは、①それまでの経験的な工業ではなく、きわめて理論的な化学理論を基礎とした工業であったこと、②管理された最適条件での化学反応を必要としたこと、③工程が連続化したこと、④触媒が必要とされたこと、⑤厳密な反応条件を与えるような生産体系を形成するためにエンジニアリングが重要になったこと、⑥巨大な装置産業としてコンビナート化が必然となったこと、⑦資本の有機的構成の高い大規模産業として、したがって、巨大な資本を必要とする産業となったことである。結果的に言えば、合成アンモニア工業を企業化した企業が少なくとも第二次世界大戦後にいたるまで日本の化学工業界の中心的企業であったという歴史は、この部門が日本化学工業の形成史のなかで占める地位の重要性を示すものである（渡辺 1967）。

(9) たとえば、軍によるいわゆる教育注文制度があった。教育注文とは、将来有事の際において即応の生産態勢がとれるように計画されたものであった。つまり、技術未開発の軍需製品について数量と期間を限定した上で、教育的に、あるいは実験的に民間企業に対して注文を発する制度で、設備（多くはパイロット・プラント程度）を民間企業に準備させる代わりに製品は軍によって著しく高価格にて買い上げる保証を与えるという制度であった。軍はこの方式によって軍需品の生産技術を民間企業に温存、定着させておき、有事にはそれらを活用しようとしていた（下谷 2008）。

(10) 日本の化学工業資本は、労働力の技術装備の改善による労働生産性の増加を目指すのではなく、賃金切下げ、労働時間の延長、労働集約化によって一層の利潤を獲得しようとした。また、日本の化学工業資本にとっては毒性物質に対する防御費用は不要支出であった。装置の整備や換気施設の設置その他によって有毒性物質を排除することが可能でありながら、職工を犠牲とする労働環境改善施設の節約が当然のようにおこなわれていた。このような劣悪な労働環境の中で労災は増大した。また、多種多様な職業病も広範に発生した。しかも、労賃を切下げるため、職工を熟練工から未熟練工に切替える過程で、徐々に女工や幼年工を増やしていった（中村 1959）。くわえて、最低限の労働力保護規定さえも、軍需会社法成立以降においては遵守する必要がなくなったのである。

(11) 化学肥料の増産、供給と相まって、戦後、日本でも農薬が大量に輸入され使用されるようになった。有機燐系の農薬が一九三八年にナチス・ドイツのもとで研究・開発され、それが応用されて神経性ガスが生み出された（和気 1966）。このように農薬の中には毒ガス兵器と化学構造がよく似たものもあり、人体や環境に深刻な影響を及ぼすものが存在している。

詳しくは、カーソン（1987）やバンデンボッシュ（1984）等を参照されたい。

（12）一九五二年、朝鮮戦争のため米軍の砲弾への需要が大きくなり、日本の企業から納入される砲弾の性能を検査するための試射場が必要となった。試射場として選定されたのが内灘砂丘であり、ここに内灘闘争が起こされた。一九五三年に接収反対派が勝利し、一時試射場が使用不能となり、受注企業の生産計画に大きな影響を及ぼした（経済団体連合会防衛生産委員会 1964）。試射場が使用できない限り砲弾の納入ができないという事態に至り、日本政府は巨額の補償関係諸費も含めたあらゆる手段で反対闘争をおさえつけ、試射場設置を成就させた。日本の産業の基礎を確立するという目的のために、内灘の農業や漁業が犠牲にされた（安藤 1956）。

（13）国土総合開発法が一九五〇年に施行されて以降に全国で次々進められたダム建設も、このような文脈とあわせて考えられる必要がある。

（14）とはいえ、ここで取り上げる労災、公害は、実際に生じたもののほんの一握りにすぎない。どれほど多くの犠牲が払われたかについては、飯島（1977）を参照されたい。

（15）囚人労働は、日本資本主義の創始期に低賃金でしかも大量の労働力を確保する政策として、明治政府によって主に北海道開拓や九州の炭鉱採掘で利用された。そこでは、自由民権運動で逮捕された民権家たちが強制労働にかりだされて死んでいった。

（16）三池における囚人労働は、官営開始直後の一八七三年に石炭運搬に五〇人（全坑夫に占める率は四％）を使役したのがはじまりである。一八八三年には四四二人、一八八九年には一四六三人に増員されて、三池炭鉱夫のほぼ七〇％に達して労働力の基幹を構成するまでになっている。三井経営初年から約一〇年間は史料がないために不明だが、一八九八年八三八人、一九〇二年二七六人、一九一三年一八〇人と漸減しながら、一九三〇年まで囚人使役が続いた（森・原田 1999）。

（17）鉱山保安局炭鉱課長を務め、後に三池炭鉱災害裁判で証言にもたった荒木忍は、以下のように語っている（森・原田 1999）。「三川斜坑は、あれはあれで最高の設計なんです。炭鉱設計のときは、何年間掘って撤退するかという計算をしたうえで、坑道も維持関係もすべて消耗品として設計する。『安くあげること』という経営方針の発想が根にある、使い捨ての発想です。その意味では東洋一の炭鉱です。それでも太平洋戦争前まではうまくいった。ところが、戦争中は炭鉱が国家統制になり、戦後は傾斜生産方式になった。鉄鋼も電力も石炭がほしいから、政府はいろんな増産奨励金を出して石炭を掘らせた。そのうえ、掘れば掘るだけ補助金が入ってくるようになった。そこで三井さんの性格が変わってきた。設計上の技術バランスとか、効率よく掘るなんて考えはなくなって、ひたすら補助金を儲けるために大量に掘る方向に驀進ですよ。炭鉱の若返りとか技術革新なんてしない。補助金をとるための炭鉱延命策だけにとらわれて、立坑開削のために出た補助金は排気に使うし、海上に人工島をつくったが、これも排気用でした。冷房をして炭を掘るためです。そんな経営で坑道が延長されて炭鉱現場が深部へ向かった。そのために炭価はますます高くなった。そうなると製鉄業がそっぽをむいて安い海外炭を使うようになった。さすがの政府も、私企業の三井鉱山へこれ以上の税金を使うことはできないということになり閉山になった。公的資金の補助金がなければとっくの昔に閉山していますよ。政治と企業の結びつきはどの産業でもあるでしょうが、石炭業界はとくに露骨です。三井さんはとくにひどい」。

(18) 被害者の中には、鉱山と向かい合った農家に生まれ、一〇歳のときから亜砒焼きの煙の中で暮らし、換金作物である椎茸、蜜蜂、竹林や牛馬が毒煙にやられ、やむなく現金収入を求めて鉱山に働きに出たとき、鉱毒被害の元凶の亜砒焼き労働をやらされたという者もいた(土呂久を記録する会編 1993)。

(19) 一九四一年頃、和合会が亜砒酸焼きを中止に追い込むことに決めたとき、その動きを知った福岡鉱山監督局の係官が和合会の代表を呼び出し次のように言ったという。「地下資源を少しでも余計にとらねば、お国のためにならんじゃないか。内地で必要なものは内地でつくる。それが国策に従うことだ。非常時には、部落のひとつやふたつつぶれても鉱山が残ればよい」(土呂久を記録する会編 1993)。

(20) 石油問題では、日米経済協力という観点から、復旧した場合には当時の太平洋原油処理能力の約三〇%に相当する雄大な設備であった四日市海軍燃料廠の活用問題についての試案が作成された。すなわち、米軍の需要充足を第一義とし、残余分をもって日本の国内需要に向けるとされた(経済団体連合会防衛生産委員会 1964)。四日市海軍燃料廠は米国の極東戦略のなかで重要な意義をもたされていた。日米経済協力の観点から米軍に供給する石油製品を確保するために、独占資本に払下げられた海軍燃料廠の復旧からはじまる四日市の石油コンビナートが公害を引き起こすことになった。

(21) 化学工場のオペレーターの心理状態として、「平常はエアコンのきいた快適な制御室に漫画雑誌を持ち込むほど単調で、たいくつをもてあます。だが、A君の頭の片隅にはいつもばくぜんとした不安が巣食って離れない。いったんアラームが鳴ると、A君は一瞬のうちにさまざまな可能性をてさぐりし、情報を選別し、決断しなければならない」というものが紹介されている(渡辺・林 1974)。分業の導入以来、労働そのものの中に自由の歓喜が失われたと指摘したのはジョン・ラスキンであるが(大熊 1927)、化学工場ではこのことがいっそう促進された形で現れている。

(22) PCBは軍事と非常に密接に関連した物質である。第一次世界大戦で毒ガスをつくるために塩素が大量に製造されたが、終戦後、毒ガスは必要なくなった。塩素のはけ口が求められたのだが、そこで研究開発されたものの一つにPCBがあった。特に防火という性質から第二次世界戦争中に用途を広げたPCBであったが、終戦に伴い、供給過剰に苦しむことになった。この状態を解消するために、戦後、軍用に開発された様々な用途がそのまま民間にもちこまれ、広範囲に使用されることになった。また、農薬の効力持続剤、効力増強剤といったまったく新しい用途も次々に考案され、売り込まれていった（磯野 1975）。

（23）水の汚染や大気汚染が生じにくい自然条件を備えている日本において激しい公害が発生した歴史的条件として、宇井（1985）は、①既存の支配権力に対抗した独自の倫理性をもたず、利益と成長のためには何をしてもよいという企業の態度、②富国強兵を最優先する国家・地方自治体の政治・行政の態度、③公害防止技術を切り離して、生産に役立つ技術のみを外国より積極的に導入したこと、④国際的な社会思想の問題として、市民革命を経ることなく近代化したために、個人の尊厳と人権思想の確立とが遅れたことをあげている。また、「帝国主義的膨張政策は必然的に日本周辺における植民地進出と侵略戦争をもたらしたが、そこでの人命の無視は、公害被害者の人権無視と共通するものであった。近代工業生産の中での労働者の権利無視もまた、これに対応した現象である」と指摘している。

（24）軍事経済と経済の軍事化とは関連をもっている。経済の軍事化は、予算に占める軍事費の割合、鉱工業生産に占める軍需生産の割合で計られるのが普通である。しかし、そういった経済的な指標だけではなくて、国民経済の方向を規定しているような軍事戦略との関連を考えることが重要である（小椋・島 1968）。

（25）近代化の過程においては、常に工業が優先され、農業はその発展の犠牲にされてきた。日本では特にこの傾向が著しかった。近代化が農業の原理をもう少し取り入れていたなら、労災や公害の様相はかなり違ったものになっていただろう。

（26）本書（特に第三章）において、情報公開の重要性が説かれている。しかし、技術の高度化によって人々が技術と関わることが少なくなり、しかも国家安全保障や特許等という面から情報が公開されづらいのであれば、原発や宇宙開発といったことに多くの人々が関心をもつことは困難なように思われる。実際、特に東日本大震災前においては、原発や宇宙開発に対してリアリティをもてないという意見も聞かれた。情報公開は重要であるが、同時に、秘密主義を促す大規模化、複雑化、独占化、暴力化という特徴をもつ技術自体をできる限り避けるようにする取り組みが必要なのではないか。

補論2

沖縄における軍事環境問題

補論2では、日本において米軍が常時使用できる専用施設の約七五%が集中しており、過重な負担を負わされている沖縄における軍事環境問題を概観してみる。沖縄県には、二〇〇七年三月末現在三三施設、約二万三三〇〇ヘクタールの米軍基地があり、県土面積の一〇・二%を占めている。狭い面積に過度の基地が所在するため、沖縄県では米軍基地による様々な社会問題が発生している。環境問題だけとりあげても、嘉手納基地や普天間基地の軍用機騒音、基地汚染、原子力潜水艦の寄港、劣化ウラン弾の誤射、普天間基地代替施設建設等限りなく存在する。沖縄では、現在も不発弾が日常的に発見される。沖縄戦を経験し、現在も軍事基地によって苦しめられているという意味では、沖縄ほど軍事環境問題を歴史的に経験してきた地域は少ない。

補論2では最初に沖縄に米軍基地が集中するようになった経緯をごく簡単に記し、その後、在日米軍再編後の沖縄で生じさせられている様々な軍事環境問題をみていくこととする。

1　沖縄への米軍基地の集中

一六〇九年の薩摩侵攻により政治、経済面で実質的には島津の従属国とされていたが、琉球王国は一方で中国と朝貢、冊封、遣使関係を続けていた。このような近代以前的な冊封体制に終止符を打ったのが、欧米列強の外圧を受けて実施された琉球処分であり、一八七九年に明治政府によって琉球王国は強引に消滅させられ、沖縄県が設置された。琉球王国の人々にとって民族統一、農民解放といった側面があったにせよ、琉球処分の直接的な動機は、明治政府が近代国家としてスタートするために領土を画定する必要があったためであり、東アジアに植民地を確保していく拠点として琉球王国を組み入れるためであった。近代日本の大陸進出の拠点として、沖縄は成立当初から軍事的に重要な地位を与えられていた（金城 1978）。

琉球処分以後の沖縄の近代は、明治以後の日本の近代の最底辺もしくは辺境に位置づけられたため、特有の矛盾と特質を付与され、差別を受けてきた。たとえば、先島住民を苦しめた人頭税、生産者に転嫁された砂糖消費税、沖縄人を檻に入れて「展示」したという大阪博覧会人類館事件、標準語強制と方言使用の禁止等、その事例に事欠かない。補論1第三節でみたように欧米に遅れて資本主義化の途についた日本は、人口の圧倒的部分を占める農民に多大な犠牲を強要しつつ、上から強行的に資本主義を育成していったが、沖縄はその矛盾を集中的かつ最悪の形で受けた。このような状況の中で、沖縄は「日本」との均質化に向けて歩んでいくこととなった(1)（金城 1978）。

琉球処分から数えて六六年後、琉球処分と並ぶ近現代史の大事件、沖縄戦が起こった。アジア太平洋戦争末期の一九四五年四月から、日本で唯一、数十万人の民衆の日常生活の場において、大規模な地上戦が行われた。沖縄戦では、本土出身の約六万五〇〇〇人の兵士と、沖縄でかき集められた約三万人の即製の兵士と、一般民間人約九万四〇〇〇人が犠牲になった。そのほかに、朝鮮半島から軍夫や従軍慰安婦として強制連行されてきた約一万人の人々が犠牲になったといわれているが、その数はいまなお明らかになっていない（新崎 2005）。沖縄戦はすべてを破壊しつくした。琉球処分が琉球の前近代体制を終わらせたものであったとすれば、沖縄戦はその前近代的な主な痕跡（文化財等）さえも地上から完全にかき消してしまった。戦前の首里には首里城を中心に二七個の国宝指定の建築物があったが、それらも貴重な自然や城下町ともども壊滅させられた。

五月末には首里城の地下に築かれた司令部も持ちこたえられなくなっており、この時点で沖縄戦の勝敗は決していた。しかし日本軍は、敗残兵をかき集め、司令部を放棄して南へ落ち延びた。これは沖縄戦が、できるだけ本土決戦の時間を稼ぎ、あわよくば、国体維持（天皇制の維持）を条件とする和平交渉への道を探るための捨石作戦だったからである。そして、この作戦を遂行していくなかで、日本軍はスパイ容疑、集団自決、ガマ追い出し、食料強奪等によって沖縄の人々を手にかけていった。沖縄戦の最大の特徴は、軍隊の論理がなによりも優先したことによって戦闘員よりも非戦闘員の死者数が多いということであり、そこには様々な沖縄差別も存在していた（石原 1992）。

戦後、米連邦政府の沖縄問題に対する放置によって、現地軍政府は急を要する経済復興政策の策定さえできぬまま数年を空費し、戦後混乱を長引かせる結果を招いた。これに加えて、民生を担当する軍政府要員の質は低く、軍隊の規律は弛緩し、占領者意識をむき出しにした軍政への反発は次第に鬱積していった(2)。こうした状況に転機をもたらしたのが一九四九年からの極東情勢の急変（ソ連の原爆実験成功、中国での共産主義革命の成功、朝鮮戦争の勃発）、すなわち冷戦の始まりだった。一九四九年五月、トルーマン米大統領は、沖縄基地を長期的に保有し拡大強化していく方針を公式の政策として採用した。米軍部はただちに沖縄基地の建設計画に着手し、一九四九年一〇月、沖縄基地建設のために五八〇〇万ドルの予算を通過させた。この軍工事ブームを契機に、沖縄経済は急速に基地経済に変質していった（中野・新崎 1976）。

以上のような沖縄をめぐる状況の深刻化の中で、沖縄の存在自体に基本的な変更をもたらしたものは、一九五一年九月に調印されたサンフランシスコ講和条約であり、同時に調印された日米安全保障条約である。この日に日本は六年間にわたる被占領状態から解放されることが決定した。しかし、一方で、沖縄は米国の信託統治の下に置かれることとなった。敗戦後の日本社会の世論は平和憲法を歓迎し、軍事に対してきわめて批判的であったが、他方で極東の状況は緊迫の度を強めていた。こうした状況の中で、米国は沖縄を極東の軍事基地として確保しようとし、日本政府は本土の非軍事化の代償として沖縄を米軍の統治下に置くのはやむをえないとした(3)。分離支配に対して沖縄の人々は日本復帰運動を起こしたが、日本政府はこれを無視し、日本国民もこの運動に強い関心を抱かなかった(隅谷 1998)。

日本経済の戦後経済復興において、沖縄は重要な役割を果たした。すなわち、基地建設に投下するドル資金でもって沖縄の戦後経済復興を図り、沖縄で必要とされる諸物資を優先的に日本から輸入させる政策をとらせることによって、沖縄に投下するドル資金は日本の輸出産業を育成させるとともに日本の外貨蓄積に貢献した。これは米主導で実施された。当時、米国の対日占領政策は、東西冷戦を背景に軍事経済化を目指した日本の経済復興を図ることを課題にしていたことは補論1で触れたとおりである。しかし、日本は敗戦により海外市場を失っていただけでなく、外交権の喪失によって外国貿易が途絶していたため、企業はその販路を縮小されて苦境に陥っていた。したがって、沖縄のドル資金を日本からの輸入に振り向けることにすれば、それは日本経済の復興に直結するという点が注目された。事実、早くも一九五〇年には大量の物資が日本から輸入された。これには住民が基地建設工事等で稼いだドル資金と沖縄へのガリオアが充当された(牧野 1992)。ガリオアが打ち切られた後もこのような関係は復帰まで続き、たとえば、一九七〇年、沖縄の国民総生産が七億四四〇〇万ドルの時、日本からの輸入が四億四四〇〇万ドル、すなわち約六〇%を占めていた(隅谷 1998)。これは、沖縄経済と日本経済の深い結びつきを示すとともに、米国の徹底した軍事基地保有優先政策の下で軍工事や米兵向けのサービス業以外の産業が沖縄でいかに育成されなかったかを示している。

一九五七年六月に行われた岸信介首相とアイゼンハワー米大統領との会談で、米側は、日本から一切の地上戦闘部隊を撤退させることを約束した。それは、東京にあった米極東軍司令部を廃止し、極東全域の米軍をハワイの太平洋軍に統合するという軍事戦略再編成の一環だったが、それを利用して、日本国民の反米感情を沈めようとした。日本から撤退した地上戦闘部隊、とりわけ海兵隊は「日本ではない沖縄」に移駐した。一九五二年の日米安全保障条約の成立から、一九六〇年にこの条約が改定される頃までに、日本本土の米軍基地は約四分の一に減少した。しかし、沖縄の米軍基地は約二倍に増えた。この結果、一九六〇年代には、沖縄と日本本土にほぼ同じ規模の米軍基地が存在することになった（新崎 2005）。日米安全保障体制を維持するために沖縄が利用されたのである。

沖縄は一九七二年に日本に返還されることになるが、返還が合意された一九六九年頃から、本土の米軍基地は急速に減少し始める。たとえば、一九六八年三月末現在約三万ヘクタールだった米軍基地が、沖縄が日本に復帰した時点では、約一万九六〇〇ヘクタール（沖縄は約二万八八六〇ヘクタール）になっている。そして、一九七四年一二月までに、日本本土の米軍基地は九七〇二ヘクタール（沖縄は二万六五六九ヘクタール）になり、沖縄と日本本土の基地の比率はほぼ三対一となった。つまり、日本全体の米軍基地（専用施設）の約七五％が国土面積の〇・六％の沖縄に集中しているという状況が生まれた。言い換えれば、沖縄返還を挟む数年間で日本本土の米軍基地は約三分の一に減少したが、沖縄の米軍基地は数％しか減らなかった。すなわち、旧安全保障条約の改定過程におけるのと同様、沖縄返還に際しても、平和憲法の下への復帰を求めた沖縄に基地を集中させる形で、日本全体の米軍基地の整理統合が行われた（新崎 2005）。本土並み基地撤去という復帰に際しての沖縄民衆の要望は無視され、逆に本土と同様に自衛隊が配備されることになった。しかも沖縄では、米軍の世界戦略の実行のために、住民の生活よりも米軍の活動が優先されることが日米政府によって認められていた。

沖縄には米軍専用施設が集中しているにもかかわらず、その後も返還が本土と比べて進まなかった。沖縄では一九九五年九月の少女暴行事件を契機に、一九九六年一二月のSACO最終報告が合意され、米軍施設および区域の整理・統合が目指されてきたが、二〇〇七年三月現在の米軍専用施設面積は本土で約七九〇〇ヘクタール、沖縄で約二万三三〇〇ヘクタールであり、返還率はそれぞれ五九・六%、一八・七%となっている。沖縄では移設条件付き返還合意が多く、返還合意から返還までの作業が容易に進まないといった事情がある（沖縄県総務部知事公室基地対策課 2008a）。辺野古への普天間基地移設問題は、この典型例である。

最後に、在日米軍再編が始まる以前における沖縄で生じた主な軍事環境問題をみておく。[4] 在沖米軍による基地汚染は、米軍占領下時代から報告されている。一九四七年、伊平屋で基地汚染による砒素中毒事件が起こり、八名が死亡している。一九六九年七月にはVX神経ガスの漏出事故が起こり、二五人が被毒している。返還後も深刻な汚染は続き、たとえば一九七五年四月には牧港米軍基地から六価クロムが流出し五人が被害を受けた。この他にも復帰前後を問わずたびたび油漏れ事故が起き、深刻な基地汚染を生じさせてきた（福地 1996）。にもかかわらず、軍事優先の時代背景もあり基地汚染の対策はほとんどとられてこなかった。

基地汚染が重大な社会問題として取り上げられ、米軍が公式に対処しなければならなくなった初めての事件が、一九九二年一月に発覚した嘉手納基地におけるPCB汚染事件である。米情報自由法によって公開された資料によれば、嘉手納基地内で一九八六年と一九八八年にPCBオイルの漏出事故が生じ、ドラム缶約五〇〇個分の土壌が汚染された。政治問題となったため、一九九二年三月から四月にかけて、米軍はPCBを除去した。PCBの環境基準は、日本では土壌中で検出されないことであったのに対し、米国では土壌中で二五ppmであった。嘉手納基地のPCBの汚染除去に際しては米国の基準が適用され、土壌中のPCBが二五ppm以下になったとして米軍は汚染除去を終了させた（梅林 1994）。嘉手納基地のPCB汚染問題を通じて、米軍基地内では、日本の国内法が適用されず、汚染除去水準に関して日本政府、周辺自治体、周辺住民の意見がまったく考慮されないことが明らかになった。

二〇〇一年二月、具志川市のキャンプ・コートニーでクレー射撃訓練が行われていたことが明らかになった。米軍の実施した環境調査報告書によれば、一九九九年までの三五年間で使用された推定量約四九トンの鉛弾が周辺海域に散在している。二〇〇三年九月、沖縄県は独自に鉛汚染の調査を行うために米軍に立ち入りを求めたが、米司令官によって拒否された。日米合同委員会を通しても立入調査を求めたが、事件発覚から約一〇年経った二〇一〇年になっても調整中とのことである（世一 2010）。

近年、基地汚染で特に重大な問題となっているのは米軍から返還された基地跡地における汚染であるが、これについては、第四章第三節で別途取り上げた。

軍用機関係では、一九五九年六月に、石川市の宮森小学校に米軍ジェット機が墜落し、生徒一一人を含む死者一七人、重軽傷者一二一人を出す大惨事が引き起こされた。一九六八年二月、ベトナム戦争の影響でB52戦略爆撃機が嘉手納基地に飛来し常駐化しはじめたことから、以降軍用機騒音が激化した。一九六八年一一月にはそのB52が離陸に失敗し大爆発を起こした。核貯蔵庫付近における墜落事故は、多くの民衆に恐怖を与えた（中野・新崎 1976）。

以上みてきたように、沖縄は自身の意向を無視され続けたまま常に日本の犠牲とされてきた。そして、過剰に集中させられた在沖米軍基地における軍事環境問題は、日本本土以上に苛烈な形で現れた。そのような沖縄の現在の状況を以下でみていく。

2 在日米軍再編と沖縄

二〇〇一年の「9・11」は、国際的な安全保障環境の一大転機となった。米国や西欧諸国で同様の攻撃を防ぐための緊急的な対応が検討されるようになり、それまでと異なった軍事戦略がとられるようになった。安全保障戦略の変化の直接的な影響が二〇〇一年一〇月のアフガニスタンにおけるアル・カイダ掃討作戦であるし、二〇〇三年三月のイラク戦争である。特にイラク戦争では、米国の国家安全保障にとっての重大な脅威をなくすために、テロを撲滅させ大量破壊兵器を廃棄させるという名目で、多数の国々の反対を無視して米国は開戦に踏み切り、人間破壊だけでなく、深刻な環境破壊をも引き起こした。

テロ攻撃をはじめとする新しい脅威に対して、現在の米軍の態勢は在来型の航空、海、陸上戦力による攻撃による脅威にいまだ重点をおいていると、二〇〇六年の「米軍戦力構成の四年次見直し」(Quadrennial Defense Review) では判断されている。冷戦中に肥大化した米軍組織と戦力構成を、冷戦後の安全保障環境と二一世紀の世界に合わせたものに改変する必要性だとして主張されたのが、「米軍再編」(transformation) である (江畑 2006)。兵器システムを含む装備や米軍の組織の変革をすすめるとともに、国内外の米軍部隊の配置と部隊構成の米軍再編にブッシュ政権は着手した。この文脈で在日米軍再編も進んでいる。

日米の軍事関係は、敗戦後の一九五一年に締結された日米安全保障条約によって成立したが、特に冷戦終結後において、日米安全保障体制の意義を問い直す機運がある (都留 1996)。にもかかわらず、日米両政府は、日米安全保障体制を強化するために在日米軍再編をすすめており、二〇〇五年一〇月二九日には「日米同盟：未来のための変革と再編」(いわゆる中間報告) を、二〇〇六年五月一日には「再編実施のための日米のロード・マップ」(いわゆる最終報告) を発表した。集団的自衛権行使の問題、在日米軍と自衛隊との協力関係の変容、米軍による自衛隊基地使用円滑化、自治体の頭越しの合意等、多くの問題が指摘されている (梅林 2006)。また、二〇〇七年一月に普天間基地所属の海兵隊ヘリ部隊がベトナム戦争から四〇年ぶりに戦闘地域 (イラク) へ派遣される等 (Marines Corps Bases Japan 2007)、「9・11」以降、以前にも増して在日米軍基地が米国戦略の中に組み込まれ、かつ戦争のために使用されている。

在日米軍再編の最終報告で盛り込まれた米軍再編の内容で、沖縄の米軍基地に関する主なものとして、①嘉手納基地所属のF-15戦闘機の訓練本土移転、②嘉手納基地以南の相当規模の土地返還、③二〇一四年までの普天間基地代替施設の建設がある。それらに加えて、北部訓練場のヘリパッド移設問題をとりあげる。というのは、この問題が在日米軍再編と深く関わっているとみられるし、また深刻な自然破壊を引き起こしかねないからである。以下では、軍用機騒音・墜落（嘉手納基地と普天間基地）、基地汚染（普天間基地と嘉手納基地）、軍事基地建設による自然破壊（名護市辺野古と東村高江区）に焦点を絞って、在日米軍基地再編と関連する沖縄の軍事環境問題の実態を明らかにしていく。

3　軍用機騒音・墜落

(1)　嘉手納基地

沖縄島中部に位置する嘉手納町は、その恵まれた地理的条件から陸海交通路の要衝であり、戦前には県立農林学校をはじめ、警察署、大型分密糖工場等が所在する教育、文化、経済の中心地としての役割を果たしていた。しかし、一九四四年に日本軍に土地を接収され陸軍沖縄中基地が建設されたこともあって、沖縄戦において最初の上陸地点となり、住家をはじめ生産施設や貴重な文化遺産のすべてを破壊された。一九五〇年に朝鮮戦争が勃発すると、嘉手納基地が「極東最大の空軍基地」として位置づけられることとなり、町面積の八三％が基地のために接収されてしまい今日に至っている。「沖縄の縮図」と呼ばれる嘉手納町は、基地のために地域活性化の主柱となる生産活動の整備やまちづくりが妨げられ、同時に恒常的に発生する軍用機騒音・墜落の被害を受けてきた（嘉手納町役場 2004）。

一九九八年度から二〇〇九年度までの嘉手納地区と屋良地区の騒音データを表補-1に示した。嘉手納地区と

年度）

2005	2006	2007	2008	2009
22,047	21,315	18,786	23,074	25,170
20分	19分	16分	19分	22分
1,770	1,813	2,194	4,231	4,992
37,877	38,731	32,549	39,357	39,785
42分	37分	36分	35分	34分
3,808	3,912	2,801	3,271	3,250

の注5を参照されたい.

は嘉手納町役場や嘉手納町民会館等が集まる嘉手納町の中心地区であり、屋良地区とは嘉手納地区の東部に位置する軍用機の航空路付近の地区である。特徴的なのは、二〇〇一年度以降深夜・未明騒音が激増していることで、多くの年度で嘉手納地区でも屋良地区でも二〇〇〇年度以前の約一・五倍以上になっている。特に二〇〇八年度以降の増加は顕著で、二〇〇九年度の嘉手納地区の深夜・未明騒音測定回数は四九九二回であり、一日平均一三～一四回にも達する。[5] 眠りについている時間帯に毎日一三～一四回も目を覚まさせられるような騒音が測定されているということである。二〇〇六年五月一日から一二月二八日にかけて嘉手納町基地渉外課の職員が行った被害聞き取り調査によると、屋良地区に住む一〇〇世帯のうち、軍用機騒音の「被害を非常に受けている」と七二世帯が答えており、「少し被害を受けている」と答えた世帯とあわせると九五世帯になる[6]（嘉手納町役場 2007）。そのうち、七一世帯が深夜・未明騒音による被害があると答えている。騒音回数の増加の原因は、①外来機（戦闘機）の増加と、②それに伴い戦闘機と一緒に飛来する大型機の移駐及びエンジン・テストの増加のためだとみられている。「9・11」による米軍の訓練強化によって、特に深夜・未明の被害が深刻化している。[7]

二〇〇七年三月から嘉手納基地のF‐15戦闘機の訓練が本土に移転しているが、嘉手納地区、屋良地区の年間騒音測定回数の推移を見ても、大きく騒音回数が減少したということはない。二〇〇七年度こそ年間騒音測定回数は減少しているが、二〇〇八年度、二〇〇九年度には二〇〇六年度以前と同様かそれ以上の騒音が測定されている。本土への訓練移転は沖縄の負担軽減のためだとされているが、効果はほとんど現れていない。

(2) 普天間基地

普天間基地でも深刻な軍用機（ヘリが中心）騒音が測定されている。たとえ

表補-1　嘉手納地区と屋良地区の軍用機騒音（1998-2009

	年度	1998	1999	2000	2001	2002	2003	2004
嘉手納地区	年間測定回数	20,393	21,320	19,334	23,416	20,868	23,463	21,660
	1日平均累積時間	21分	26分	18分	22分	21分	23分	20分
	年間測定回数（22～6時）	1,065	977	1,063	1,841	1,767	1,745	1,667
屋良地区	年間測定回数	－	－	34,153	39,351	40,175	41,245	38,951
	1日平均累積時間	－	－	39分	48分	61分	51分	49分
	年間測定回数（22～6時）	－	－	2,210	3,116	3,784	3,376	2,970

出所）嘉手納町役場基地渉外課提供資料より作成．軍用機騒音の測定回数の定義については，本文
注）1日平均累積時間は，30秒以上切り上げ，30秒未満切り捨ててしてある．

ば、二〇〇九年度に新城では一万七五九三回、上大謝名では二万八七八回の騒音が測定されている（沖縄県文化環境部環境保全課 2010）。加えて、在日米軍再編と関連してだとみられる新たな被害が発生し始めている。二〇〇七年五月から七月にかけて普天間基地所属外のＦＡ-18戦闘機が五回も飛来し、これまでになかったタッチ・アンド・ゴー訓練を行った。また、二〇一〇年一〇月五日には、嘉手納基地滑走路改修工事に伴う普天間基地への目的地変更訓練として、嘉手納基地所属のＦ-15戦闘機二機によって上大謝名で一二三・六デシベルの騒音が記録された。これは過去五年間の最大値である。一〇〇デシベルを超える激烈な騒音を生じさせるジェット戦闘機の離着陸によって、これまで以上に生活が脅かされることとなっている。嘉手納基地でも基地所属外の外来機による騒音が大きな問題となっているが、これは米軍再編によって陸軍・空軍・海軍・海兵隊間の区別が弱められたことや、米軍機の基地間空域移動に日本側がなんら制限を設けられていないこと等が原因だと考えられる。

一九四五年四月に米軍によって強制的に土地を取り上げられたという歴史的経緯もあり、普天間基地の周辺には一九九六年のＳＡＣＯ最終報告で世界一危険な基地であるとされるほど住宅が密集している。沖縄県では、本土復帰後の一九七二年から二〇〇二年一二月末までに二一七件の墜落、緊急着陸、部品落下等の事故が発生しているが（嘉手納町役場 2004）、そのうち一七件は普天間基地所属機の墜落事故であり、普天間第二小学校からわずか二〇〇メートル余の場所に墜落し、あわや大惨事という事件もその中には含まれている。二〇〇

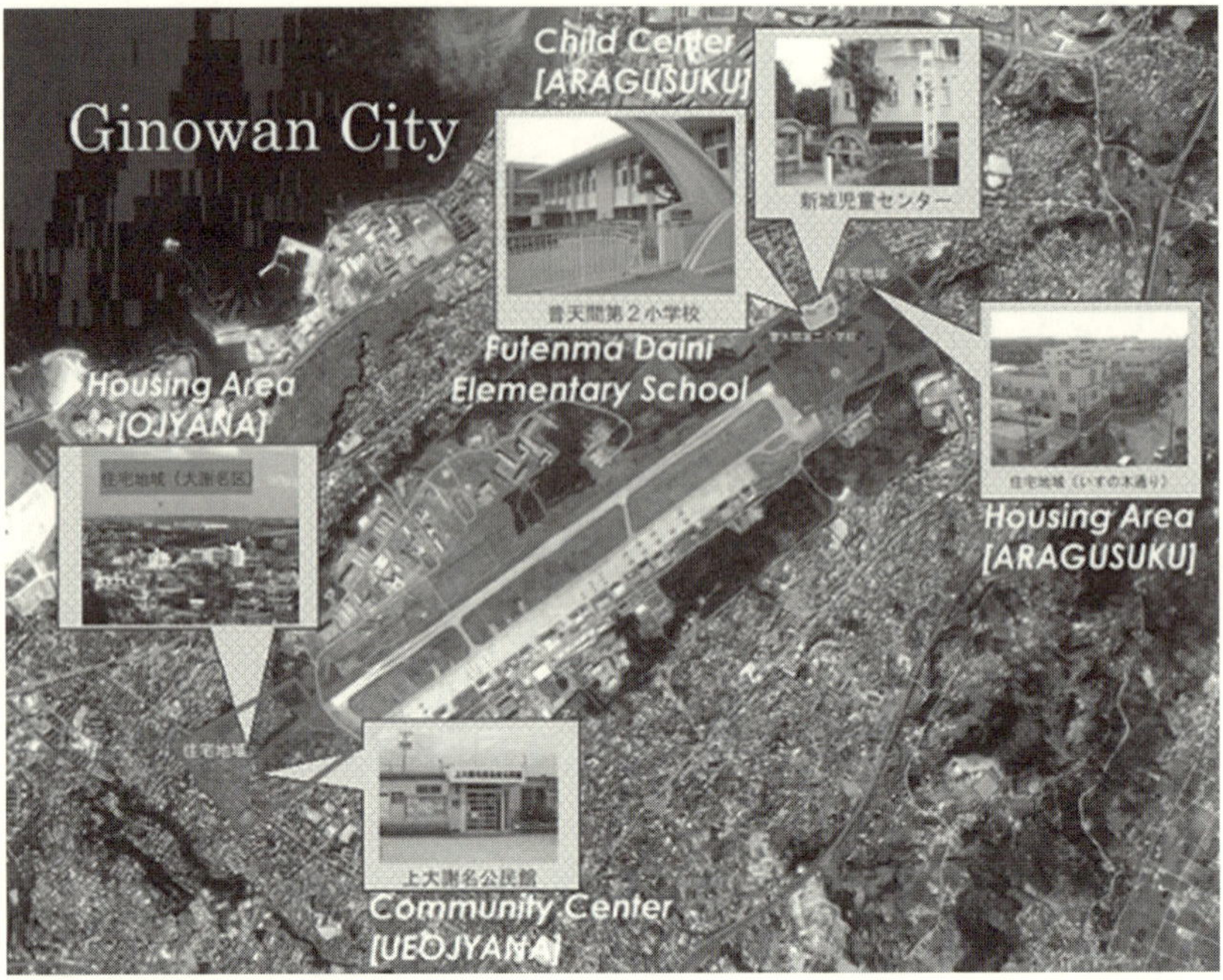

出所）宜野湾市基地渉外課提供資料.

図補-1　普天間基地周辺の利用禁止区域

四年八月一三日に発生した沖縄国際大学へり墜落事故もまた、周辺住民に大きな恐怖感を与えた。

　これらの事態を重くみた宜野湾市が二〇〇六年一一月一日に出したものが「普天間飛行場の安全不適格宣言」である。これは、米国内の海軍及び海兵隊の基地に適用されているＡＩＣＵＺプログラムの安全基準に照らしたとき、[8]普天間基地周辺の多大な区域が利用禁止区域や事故危険区域に含まれるということを指摘した宣言である（図補-1）。軍用機事故が発生する可能性が高いために米国内では利用禁止区域での住宅や小学校や公民館等の建設は禁止されているにもかかわらず、普天間基地周辺にはそれらの施設が幾つも存在している。米軍が国内外でダブル・スタンダードをとっていることにより、[9]普天間基地周辺では、米国内ではありえない事態が生じ、それが日常となってしまっている。

ＳＡＣＯ最終合意で返還が合意されていたにもかかわらず、代替施設が確保できていないとして返還が当初の期限（二〇〇三年一二月）を超えて大幅に遅れている。そのため、普天間周辺住民は今も米国内では許可されていない危険な区域で、軍用機騒音・墜落による被害に悩まされている。移設先が確保できていないとして遅らせられてきたが、危険除去のためには一刻も早い基地閉鎖が必要である。

4　基地汚染

(1)　普天間基地

米情報自由法を利用し、二〇〇六年五月三〇日に普天間基地の汚染情報に関する資料の公開を、海兵隊司令部や海兵隊司令官らに請求した[10]。資料は二〇〇六年一一月二一日に在日海兵隊によって公開された。「普天間基地での、もしくは普天間基地に隣接する場所での、米国内で法的に規制されているＰＣＢ、ＤＤＴをはじめとする諸々の有害物質の漏出、排出、放出に関して叙述、議論されたすべての文書」の公開を求めたが、汚染情報が一括管理されていないためとして、当時海兵隊司令官らが集めることができた汚染物質漏出事故の情報しか明らかにされなかった。

汚染物質漏出事故の一部とはいえ、米情報自由法を利用することによって、普天間基地において日本政府、沖縄県、宜野湾市の把握していない汚染漏出事故が生じていることが初めて明らかになった（表補-2）。一九九九年八月三一日の事故報告をはじめとして、二〇〇六年五月一八日までに一八件の事故が生じている[11]。汚染物質のほとんどは燃料であり、その中でもＪＰ-5と呼ばれるジェット燃料が多い。ＪＰ-5はＣＨ-53Ｅシースタリオン等の普天間基地常駐ヘリの燃料としても使用されている。事故の直接的な原因としては、バルブをはじめとする装置の機能不全、パイプやポンプの破損、燃料補給時の漏出が多い。たとえば、二〇〇〇年七月九日や二〇〇

表補-2　普天間基地の汚染物質漏出事故（1999年8月31日～2006年5月18日）

日付	漏出場所	汚染物質	漏出量（ガロン）
1999/ 8/31	建築物261	POL，燃料	1
2000/ 2/ 7	建築物520	JP-5	10
2000/ 2/24	格納庫525	JP-5	不明
2000/ 2/24	格納庫525	JP-5	55
2000/ 3/22	建築物539	JP-5	60
2000/ 6/14	格納庫525	不明	不明
2000/ 7/ 9	格納庫525	JP-5	1,000
2000/ 7/12	建築物682，道路	ディーゼル	4
2000/ 8/26	建築物608，622	JP-5	180
2000/12/13	建築物608	JP-5	2,640
2001/ 1/ 8	建築物622	JP-5	110
2001/ 4/26	建築物602	フルオレセイン染料	不明
2001/12/ 4	建築物539	JP-5	750
2002/ 4/17	不明	燃料	30
2002/ 7/26	建築物510	JP-5	110
2005/ 7/ 8	建築物608	AFFF	500
2005/10/17	建築物740	JP-5	300
2006/ 5/18	格納庫533	燃料	15

出所）2006年11月21日に情報公開された在日海兵隊の資料より作成．
注）1ガロンは3.785リットル．

〇年一二月一三日に起こった比較的大量のJP-5漏出事故では、バルブの機能不全によってJP-5が地下貯蔵タンクからあふれ出した。

第三章第三節において横田基地における汚染物質漏出事故が普天間基地と同様に明らかになっているが、そこではほぼ同時期（一九九九年九月三〇日から二〇〇六年五月一〇日）に九〇件の事故が起きている。横田基地よりも普天間基地の方が激しく使用されていることを考えると、普天間基地の事故が一八件というのは余りにも少なく、事故報告されていないものも含めて、かなりの事故は在日海兵隊の責任者にも把握されずにいるものとみられる。また、横田基地の場合には一〇〇〇ガロンを超えるような漏出があった事故に関しては詳細な報告書が作成されるのであるが、空軍と海兵隊とでの指示書の内容に違いがあるためか、普天間基地ではそのような規定がないとみられる。そのため、情報公開された資料からも普天間基地の汚染物質漏出事故の詳細を把握することができなかった。

SACO最終報告における同意があるため、普天間基地は将来返還される可能性が極めて高い。第四章をみれば明らかなように、深刻な汚染が残されていた場合、普天間基地の跡地利用は大きく阻害される。また、日米地位協定の条項によって、汚染除去費用を日本政府が負担することになる。以上のことを考えれば、不十分ではあるが今回明らかになった情報を手がかりに、現在把握されていないものも含めて米軍に汚染情報の提供を求めるとともに、立入調査の実現を通して包括的な汚染情報を日本側が返還前に入手できるように、日本政府・沖縄県・宜野湾市は努力すべきであろう。

(2) 嘉手納基地

二〇〇七年五月二五日から四日間にわたって、嘉手納基地でジェット燃料(JP-8)が流れ続け、覆土式のタンクを伝って土壌が汚染されるという事故が発生した。事故の原因は、①送油管のバルブ閉め忘れ、②勤務交代の際の不十分な作業状況報告による不適切な燃料タンクの継続使用、③燃料過剰供給時の警報に対する不適切な対応であると米軍は説明している。約四〇〇〇ガロンのジェット燃料が漏出し、わずかな量とされているが土壌に浸透したか揮発したかで一部は回収されなかった。

この事故で明らかになった問題点の一つとして、地元自治体への連絡の遅れがある。米側から外務省や那覇防衛施設局(二〇〇七年九月一日より沖縄防衛局に改称)に連絡があったのが五月三一日、那覇防衛施設局から嘉手納町に説明があったのは事故発生から一週間が経過した六月一日であった。この事件は明らかにされたものの、普天間基地の情報公開資料からもわかるように、ほとんどの事故は日本側には知らされないままという状況が今も続いている。嘉手納基地でも普天間基地と同様に深刻な汚染がこの他にも多数発生していると考えて間違いない。これ以降にも、たとえば、二〇〇九年三月の普天間基地での約八〇〇ガロンのジェット燃料漏出事故や、二〇一〇年九月の嘉手納基地での約七八〇ガロンのジェット燃料漏出事故が明らかになり問題となった。

もう一つの問題点として、ジェット燃料の環境への影響の可能性があげられる。米軍は、燃料漏れの起こった地域にある雨水排水路から集められた水を検査し汚染物質が検出されなかったとしているが、長期的には水源を汚染する可能性がある。嘉手納基地内には那覇市等の中南部七市町村へ水を供給している地下水がある。現在のところ地下水の水からは異常は出ていないとされているが、長期的な影響を否定することはできない。嘉手納町の屋良地区では、一九六七年一〇月四日にジェット燃料汚染によって「燃える井戸」事件が起こっており、現在も使用できない井戸が多数ある。一度地下水源が汚染されてしまえば、その汚染除去は困難である。

軍用機騒音からもわかるように、在日米軍再編によって嘉手納基地の負担が軽くなることはなかった。米軍の活動規模が縮小されない以上、水道水として取水している嘉手納基地の地下水汚染を防ぐためには、今までより厳しい規制を行うことが不可欠である。

5　軍事基地建設による自然破壊

(1)　名護市辺野古

一九九六年のSACO最終報告で普天間基地の移設先が沖縄島の東海岸と記された。これに対して一九九七年一二月二一日に名護市民投票が実施され、投票総数の五二％（反対票数一万六二五四）の市民が海上へリポート案に無条件反対を表明した。にもかかわらず、日本政府は北部地域の振興や普天間基地移転先周辺地域の振興等の方針を示しつつ、沖縄島東海岸への普天間基地移設を進めようとしてきた（川瀬 2010）。一九九九年一一月二二日には、辺野古沿岸域が移設候補地として公表された。名護市の中心から離れた東海岸にある辺野古では、二〇〇四年四月一九日未明に那覇防衛施設局が海底の地質を調べるボーリング調査に現れて以来、法律に違反した調査を認めることはできないとして、二〇一一年三月末現在もテント村での座り込み、海上調査阻止行動が市民らによって続けられている。(12)

米軍、日本政府、県、市、自然保護団体、市民らの思惑が絡み合って、在日米軍再編で普天間基地移設問題はめまぐるしく動いてきた。沖縄県のレッドデータブックで絶滅危惧種ＩＡ類に指定されており国の天然記念物でもあるジュゴンへの基地建設による悪影響や、そのことへの社会的批判の高まりを理由としてか[13]、当初の辺野古沖案は廃案とされた。代わりに二〇〇六年五月一日の在日米軍再編の最終報告で示されたのがキャンプ・シュワブ沿岸にＶ字型滑走路を造る案であった。辺野古沖案やＶ字型案のほかにもいくつか代替案が検討されたが、いずれもジュゴンや辺野古サンゴ礁生態系に重大な影響を与えるとされている（日本自然保護協会 2007）。にもかかわらず、那覇防衛施設局は、このＶ字型案を進めるために、二〇〇七年五月一八日から環境影響評価法に則らない環境現況調査を実施した。辺野古では在日米軍再編の最終報告に示された二〇一四年供用開始という軍事の論理が優先された結果、環境影響評価法の精神が様々な形で徹底的に踏みにじられてきた（桜井 2010）。

辺野古のジュゴンや生態系を守るため、現地での反対運動とは別に、米国裁判所で「沖縄ジュゴン訴訟」が二〇〇三年九月二六日に提訴されている。この訴訟で根拠法とされている米国の文化財保護法（National Historic Preservation Act）では、国家をこえて米軍を訴える際に不可欠である域外適用が明記されており、在日米軍が引き起こした問題でも米国裁判所で訴えることができるというメリットがある。訴訟の主な争点は、①ジュゴンが米文化財保護法の保護対象となるのか、②普天間基地代替施設の建設にＤＯＤが直接的もしくは間接的に関与しているのか、③代替施設の建設によってジュゴンに悪影響が及ぶのかである（関根 2004）。本訴訟は、二〇〇五年三月一日の中間判断で本訴訟を却下しないことが明らかにされたため、実質審議に入り、二〇〇七年九月一七日に結審した。二〇〇八年一月二四日には中間判決が下され、そこでは、代替施設建設に対するＤＯＤの関与が認定された上で、米文化財保護法の定める「文化財（本件ではジュゴン）に直接的な悪影響を及ぼさないように配慮する義務」をＤＯＤが怠ったことが認定され、ＤＯＤの違法行為が確認された。この結果、ジュゴンに及ぼす影響を回避または緩和するために、歴史的遺産保存に携わる日本の関係当局、当該影響を受ける地域社会や集団、および、適当な専門知識をもった団体と協議する義務がＤＯＤに負わせられることとなった（新垣2008）。二〇一一年三月末現在、最終判決は下されていないが、最終判決ではジュゴンの保護の手続きをＤＯＤに求める命令が出されることはほぼ間違いないとされており、判決が確定すれば、協議が終わるまでは代替施設建設工事は実施できないということになる。しかも、ジュゴンに悪影響を与えず代替施設を建設することはきわめて困難であるので、結果的に普天間基地代替施設建設計画の抜本的な見直しにつながる可能性がある（籠橋2010）。中間判決しか下されておらず控訴の可能性もあるため不確定な要素はあるが、沖縄ジュゴン訴訟は環境の立場から軍事活動が制限されうることを明確に示した。

(2) 東村高江区

琉球列島における固有種の多さの理由は、①琉球列島が熱帯アジアの生物分布の北限にあたっていること、②天敵の少ないこと等によって大陸で滅びた種が生き残っていること、③大陸から分離して以後の琉球列島において特異な進化をしたことと言われている（伊藤1995）。琉球列島のなかでも沖縄島北部に広がるやんばるの森は特に生物多様性の豊かな場所で、この森で死に絶えればもはや地球上から消えてしまう貴重な種が多数生息している。しかし一九七二年の本土復帰以後、①北部の山地にダムを造り、そこから中南部の基地へ水を送るという米軍が始めた「北水南送」方式が生活用水にも適用されることで、多くのダムが建設されたり、②やんばるの山の真ん中を南北に縦断する国林道が造成されたりすることで、やんばるの自然は徹底的に破壊されてきた（奥間川流域保護基金2006）。ダムや林道の造成等には、沖縄振興開発特別措置法に基づく高率補助金が利用されており、やんばるの自然の破壊と米軍基地の存在とは無関係ではなかった。一方で、皮肉なことではあるが、米軍基地である北部訓練場でだけ自然林が残され、結果として野生生物の避難場所の役割を担ってきた。

ヤンバルクイナや絶滅危惧種ⅠＡ類のノグチゲラを含めて、固有種（固有亜種を含む）二三種、沖縄レッドデータブック記載種が一八八種も生息している北部訓練場の半分返還・移設が合意されたのは、SACO最終報告でであった。返還される北部訓練場にあったヘリパッドの移設先となったのが、東村高江区周辺であった。一九九九年六月の「琉球列島動植物分布調査チーム」によるヘリパッド移設計画見直しの要求を受けて移設計画が止まっていたのだが、二〇〇六年二月、地元へは何の連絡もないまま新たなヘリパッド移設計画が那覇防衛施設局によって公表された。二〇〇七年七月三日には一方的に工事が着手され、地元での反対運動が続いている[14]。

東村高江区は、人口一五〇人ほどの小さな集落である。ベトナム戦争開戦三年前より高江区の人々は北部訓練場に取り囲まれての生活を強いられてきたが、在日米軍再編と絡んでと思われるヘリパッド移設によって更なる負担が課されようとしている。高江区の場合、北部訓練場の土地が国有のため、基地によるうまみも少ない。また振興策の補助金も東村にまず入ったあと、人数割りされて高江区に入ってくるだけである。地元の反対にもかかわらず、かけがえのない自然を有し、また中南部に暮らす県民の大切な水がめであるやんばるの森が、軍事による国家安全保障政策のためとして破壊、汚染されようとしている。

6　沖縄における反対運動

沖縄の基地負担を軽減することが在日米軍再編の目的の一つであるとされていたが、これまで見てきたように、沖縄では依然深刻な軍事環境問題が発生していることが明らかになった。軍用機騒音や軍事基地建設による自然破壊を見る限り、沖縄の米軍基地における軍事環境問題はむしろ悪化しているとさえいえる。日米政府は、日米安全保障条約に基づく日米同盟をさらに強固なものとするために、沖縄戦以降過剰な犠牲を常に強いられてきた沖縄の人々の安全を再び脅かしている。

このような日米両政府の姿勢に対して、座り込みやジュゴン訴訟等の他にも、沖縄では様々な反対運動が起こっている。嘉手納基地では、一九八二年二月二六日に周辺住民九〇七人によって嘉手納爆音訴訟が提訴された。一九九四年二月二四日の地裁判決、一九九八年五月二二日の高裁判決では、ともに軍用機騒音の違法性が指摘され総額約一三億七〇〇〇万円の損害賠償が認められた。損害賠償が認められても差止めが認められず深刻な被害が続いたことから、二〇〇〇年三月二七日に周辺住民約五五〇〇人によって新嘉手納爆音訴訟が提訴された。二〇〇九年二月七日の高裁判決でも再度軍用機騒音の違法性が指摘され、日本政府に対し約五六億二二〇〇万円の損害賠償が命じられた[15]。また、当時の市長が「基地は金のなる木」と発言する等、軍用機騒音訴訟の提訴でさえ困難な状況であった普天間基地でも、二〇〇二年一〇月二九日に約四〇〇人の原告によって普天間爆音訴訟が提訴された（普天間米軍基地から爆音をなくす訴訟団 2004）。二〇一〇年七月二九日の高裁判決では、①米軍ヘリコプター特有の低周波音と心身への被害との因果関係が初めて認定された点と、②各種航空機騒音訴訟で三〇年以上固定され続けていた損害賠償額がほぼ二倍に引き上げられた点（W値七五～八〇の区域で日額二〇〇円、W値八〇～八五の区域で日額四〇〇円[16]）とで画期的な判決を原告は勝ち取った。沖縄の軍用機騒音訴訟で興味深いのは、判決内容に沖縄の歴史が考慮されていることである。環境を破壊し生活を脅かす軍用機騒音・墜落に対して、基地周辺住民の多くが声を出す状況が生まれてきている。

ただし、ここで日本の問題に、国内法がなんら効果を発揮していない現状は異常である点を指摘しておきたい。米情報自由法や米文化財保護法も含めて、在日米軍基地の軍事環境問題に取り組むためには米国の制度に頼らざるをえない状況になっている。日本の基地周辺住民の安全を守るために、在日米軍基地の軍事環境問題に効果を発揮できるなんらかの手段を日本側がもつ必要がある。

たとえ軍事による国家安全保障政策が高度の公共性を有する活動であったとしても、基地周辺の住民の安全や生活を無条件に脅かすことは許されない。基本的人権や環境を守るのも、国の重要な役割である。加えて、軍事環境問題の場合、被害軽減のためには、地方自治体や地元の人々の声を反映させる制度の構築が必要である。というのは、軍事環境問題によって被害を直接受けるのはほとんどの場合、基地周辺の住民だからである。

地元の声は重要であるが、沖縄の米軍基地の軍事環境問題を沖縄だけの問題としてはならない。辺野古や高江区といった、中央から離れた地域に国家安全保障上の矛盾が押し付けられようとしている。その結果、特に中南部の県民にとって重要な水源が汚染されようとしているし、また、ジュゴンやノグチゲラをはじめとする人類全体にとって貴重な生態系が破壊されようとしている。そういった点からも、沖縄県民、本土の人々もこの問題に無関心であることはできない。在日米軍再編が進められているいまこそ、環境の観点から軍事に枠をはめ、沖縄戦以来続けられてきた米軍基地強化の流れを変えるべきである。イラクでの作戦に加担するような軍事基地に依存する沖縄を脱却し、豊かな自然や独自の文化をいかす沖縄を目指すべきではないだろうか。

沖縄のような狭い場所に、環境を無視しなければ運用できない基地があること自体が問題である。日本政府は、辺野古区や高江区にわずかなお金を落とすことで、国家安全保障という国全体の政策をおしすすめようとしている。辺野古や高江の問題をそれらの地域の人たちだけの問題としないで、また沖縄の諸問題を沖縄だけの問題としないで、本土の人がどのように関わり、支援していけるかが重要である。一部の人々に負担を押し付けなければ成立しないような安全保障のあり方にも疑問を持つべきでないか。現在沖縄で生じている問題は、沖縄が軍事基地を拒否すれば解決するというものでなく、国家安全保障のあり方自体を日本全体、世界全体で考え直さねばならないことを示している。普天間問題とは、「沖縄問題」ではなく、「本土問題」であり、「日米安保問題」であるというのは、上記の意味からなのである（宮本・西谷・遠藤 2010）。

注

（1） この点と関連して金城（1978）は、「明治以後の近代日本のアジア観の本流は、前代までの隣交と先進文明の保持者としての中国・朝鮮に対する畏敬から、一転して蔑視と敵対へと向きをかえていった。日本の『近代』を否応なく共有することとなった沖縄においても、以前の中国や朝鮮等との独自の隣交の伝統は、琉球処分の時点で断絶した。たとえそれが、首里王府＝支配階級を主体とした伝統であったとしても、なにひとつ民主的レベルで転生させえず、断絶されたまま置き去りにされ、やがて忘れられ、あげく日本の支配者ともども、蔑視と敵対というアジア観にわが身を委ねていったのは、沖縄にとって二重に不幸であったといえないか。琉球処分は、近代日本への開国であったと同時に、そのことのゆえに、沖縄の中国や朝鮮など東アジア諸国に対する鎖国を意味していたといえよう」と述べている。

（2）一九四九年一一月二八日号の『タイム』に、「さる九月に終る過去六ヶ月間に米軍兵士は、殺人二九、強姦一八、強盗一六、傷害三三というおどろくべき数の犯罪を犯した」という当時の占領米軍の実態が記されている（中野・新崎 1976）。沖縄の人々はその後も米犯罪に苦しむこととなる。そして特に初期においては泣き寝入りさせられることが多かった。

（3）ただし、軍事技術が高度に発達し、また冷戦の終結で国際情勢が劇的に変化した結果、米軍の軍事戦略が大幅に変更された現在においても、これまでのような規模で沖縄に米軍基地が必要かについては異論も多い。たとえば、屋良（2009）や宮本・西谷・遠藤（2010）を参照されたい。他の国では見られないほどの手厚い待遇（思いやり予算、騒音の損害賠償、各種補助金）を日本が米軍に提供しているため、在日米軍は全駐留経費の約二五％を負担するだけで済んでいる。世界的にみても日本の米軍駐留経費負担額は際立って高い。基地を提供している国すべての二〇〇二年の米軍駐留経費負担額が八三億九七一六億ドルだったが、そのうちの四四億一一三四億ドル（五二・五％）は日本が負担したものだった（DOD 2004）。

（4）軍事環境問題と呼べるかは微妙であるが、最も大きな事故は、一九四八年八月、伊江島の波止場で米軍の弾薬処理船が爆発事故を起こし、死者一〇六人を出した事故である。

（5）沖縄県による軍用機騒音の測定方法と嘉手納町のそれとには大きな違いがある。沖縄県の測定方法では、騒音が発生したと測定器が認識するためには、①暗騒音（静かな状態）から一〇デシベル以上高い音が生じること、②騒音が五秒以上続くこと、③軍用機が離着陸の際に発する識別信号をキャッチすることのすべてを満たさなければならない。しかし、嘉手納基地で頻繁に行われているエンジン・テストは、識別信号が発せられないため、騒音としてカウントされない。嘉手納町の測定方法では、騒音による被害状況を町民の実感に近い形で把握するために、七〇デシベル以上、五秒以上の継続音をすべてカウントしている。測定方法の違いにより、屋良地区（県の測定地点は屋良A）の年間騒音測定回数では、嘉手納町の結果の方が一万回以上多い（ただし、嘉手納地区ではエンジン・テスト音等も測定対象としていることから、県の騒音測定結果を見る限り（沖縄県文化環境部環境保全課 2010）、両者の結果に大きな差はないようである）。また、騒音が継続している限りどんなにうるさくても騒音測定数は一回となってしまうため、数機の軍用機が連続して離着陸する場合には、騒音のひどさは騒音回数に反映されない。この点に対応するためには、一日平均累積時間をあわせて見る必要がある。

(6) この被害聞き取り調査では、「妻の耳が悪くなり手術したが、音の大きさに耳が痛いと耳を押さえている。できることなら静かなところに行きたいが、経済的にそれもできない」、「深夜・早朝に一度起こされると眠れない、睡眠不足で昼寝をしようと思うが、ゆっくり休むことができない。精神的被害が大きい」、「子供たちは、こんな環境で生活できないと町から出て行った」をはじめとする具体的な意見も集められている。

(7) 嘉手納基地や普天間基地では一九九六年三月二八日に騒音防止協定が締結された。全国初の騒音防止協定が一九六三年に締結された厚木基地と比べると三三年遅れている。騒音防止協定に深夜・未明飛行の制限やアフターバーナーの使用禁止規定があるにもかかわらず、それらは守られていない。軍用機騒音が改善されない理由として、騒音防止協定の中に「運用上の所要のために必要とされ」れば米軍が自由に活動してよいという但し書きがあることがあげられる。但し書きの運用次第でどのようにでもできるため、協定締結後も深刻な軍用機騒音被害が続いている。本土では協定締結によって夜間離着陸訓練が減少する等一定の効果が出ているが、沖縄では相変わらず騒音が続いていて、運用上の差別を感じる。

(8) AICUZについては、第二章第三節で詳述している。

(9) 軍事環境問題におけるダブル・スタンダードは米国内外だけにとどまらず、様々な段階で存在する。軍事環境問題が生じている点では、米国内も本土も沖縄も同じである。しかし、米国の内と外では米軍の対応が異なり、米国外でもヨーロッパとアジア、アジアでも韓国と日本、日本でも本土と沖縄、沖縄でも南部と北部、北部の名護市や東村でも、名護市西側と辺野古区あるいは東村の他の区と高江区というように重層的な差別があり、最終的に社会の見えにくいところに問題が集約されている。

(10) 情報公開の手続きをローレンス・レペタ大宮法科大学院教授(当時)に全面的に依頼した。

(11) この問題は二〇〇九年四月二三日の参院外交防衛委員会で取り上げられており、そこで中曽根弘文国務大臣が事故件数について「多少件数が違うところがございますけれども」と答弁しているが、具体的な件数を答えていない。そのため、本書でも当初の論文で示した件数をそのまま用いた。件数が違ってしまったのは、公表された資料がまとまっていなかったり、コピーの質が悪かったりするためだと思われる。

(12) 辺野古の座り込みの最新状況は、「ちゅら海をまもれ!沖縄・辺野古で座り込み中!」(http://blog.livedoor.jp/kitihantai555/#)や「辺野古浜通信」(http://henoko.ti-da.net/)等のHPで知ることができる。

(13) 絶滅危惧種ⅠA類とは、「沖縄県では、ごく近い将来における野生での絶滅の可能性が極めて高いもの」を指す。

(14) 高江では環境影響評価とはいえない不十分な環境影響評価を免罪符として工事が強行されている。さらに事業者の政府(沖縄防衛局)は非暴力で反対する住民(当初の申し立てには八歳の子どもも含まれていた)に対し、二〇〇八年一一月、通行妨害禁止仮処分の申し立てを那覇地裁に対して行った(二〇一〇年一月二九日より本訴訟に移行)。新たな基地負担に反対する住民らの活動を封じるために、政府が積極的に司法を利用したおそらく初めてのケースである。高江の座り込みの最新状況は、「やんばる東村 高江の現状」(http://takae.ti-da.net/)等のHPで知ることができる。

(15) 軍用機の飛行差止めを求めた最高裁への上告審は、二〇一一年一月二九日に棄却された。二〇一一年四月二八日には、二万人を超える原告によって国内最大規模の新たな訴訟(第三次嘉手納基地爆音差止訴訟)が提訴された。

(16) W値については、第二章の注4を参照されたい。

おわりに――環境経済学の視点からの若干の考察

補論1で詳述しているが、鉱業は軍事とあいまって、生への蔑視を特徴とする近代技術を広く社会に普及させていきながら、資本主義の発展に貢献した。近代技術の普及とともに、鉱業が資本主義の発展に影響を与えたと思われる点として、マンフォードは、人々が希少性や労働時間を重視するようになったことをあげている。金やダイヤモンドが希少なこと、地下から鉄を取り出して精錬するまでになされる多大な仕事量といったことが、経済価値の標準になる向きがあったと指摘している（マンフォード 1972）。

しかし、希少性や労働時間といった要素が市場での交換価値に影響を与えるとしても、市場で高価に取引されるものが、人間の生活にとって必ずしも意義深いものであるとは限らない。ますます高度化する軍事兵器は非常に高価であるが、本書でみてきたように、それによって引き起こされる人間や環境への悪影響は計り知れないほど大きい。この点に関連して、経済の目的は単に貨幣の蓄積や交換性の財産のみに関係したものではなく、幸福にして健全なる生活の維持、換言すれば生命であると述べたのはラスキンであった。すなわち、価値とは、生活、健康に有効であるものであり、真の富とは、人間生活に役立ち人間の能力を増加するもので、真珠や金のようなものではなく、空気や日光や清浄であると述べている。清浄な水や心地よい街並みや汚染されることなく育った農産物が本来的に備えている人間の肉体や精神の本質を維持し、ときに高める特殊な力にラスキンは価値の源泉をみて、それを本質価値（intrinsic virtue）と名づけた（大熊 1927）。

経済発展の指標として未だに国内総生産（ＧＤＰ）等が利用されることが多い。しかし、これは、一定期間内

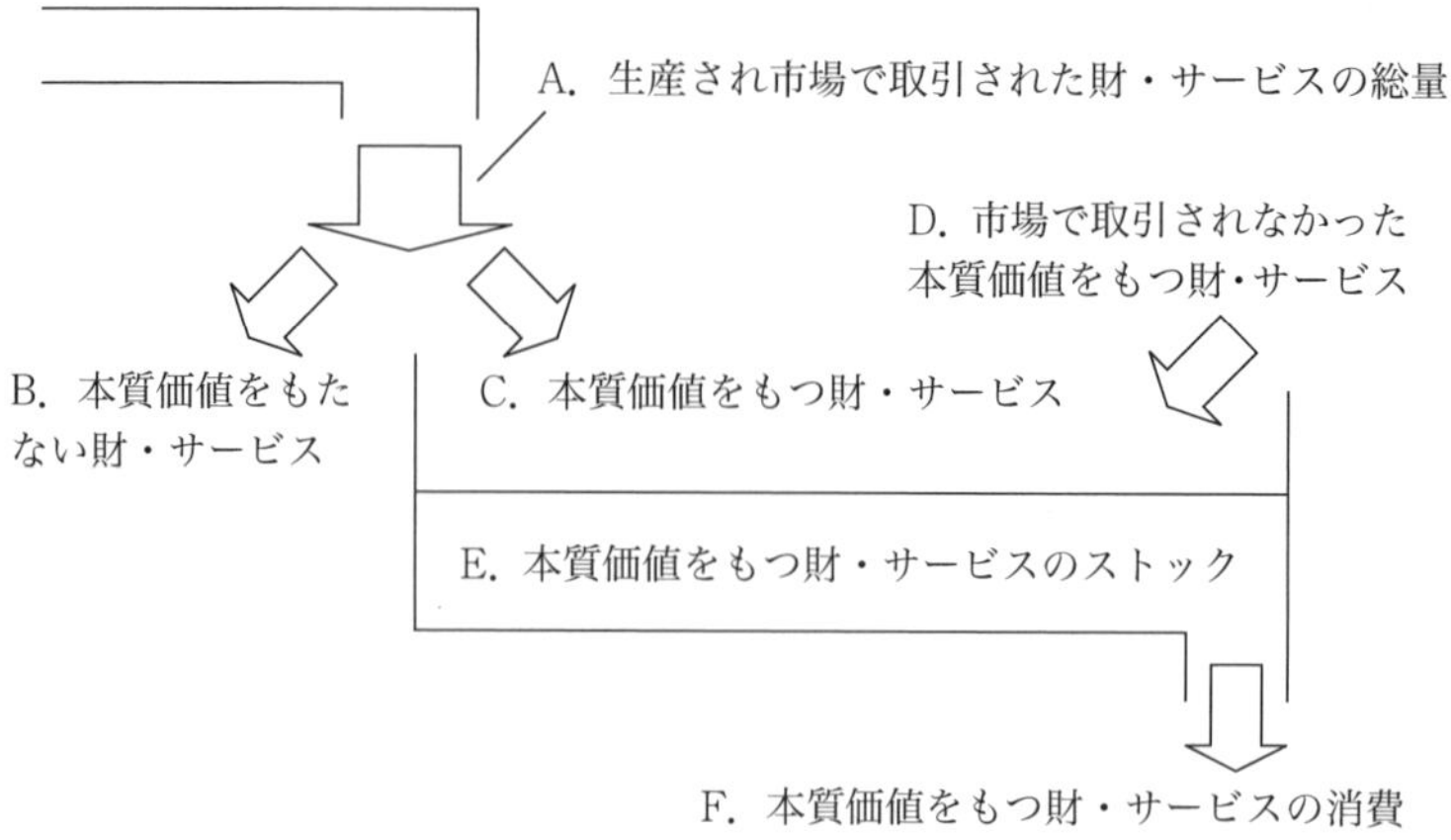

出所）筆者作成.

本質価値をもつ財とサービスのストックに関する概念図

に国内で生産され市場で取引された財・サービスの総額にすぎず、清浄な空気からのサービスといった市場で取引されない財・サービスは含まれないうえ、財・サービスが人間や環境にとってどのような影響を与えるのかはまったく考慮されていない。つまり、単に市場で取引された財・サービスの量を増加させることが経済発展とみられる向きがある。近代化によってGDPはそれまでと比較にならないほど増加し財やサービスの選択肢は広がったが、多くの人々が指摘しているように、失われたものも莫大で、幸福にして健全なる生活の維持という意味では後退したといえる。補論1で示したように、近現代技術の発展は人間の生の向上にとって全体としては大きな役割を果たしたとは言えず、むしろ生を破壊するものになってきた。中世以前につくり出された美しい景観は各地で失われたし、公害・環境問題も引き起こされた。そして、本書で取り上げてきた軍事環境問題ではこのことが最も先鋭に現われた。

産業革命以後、生産され市場で取引された財・サービスの総量（図のA）を増やすことが特に重視されるようになったが、これは改められる必要がある。というのは、財・サービスの量的な増加だけでは、人間的生を高めていけないことがもはや明らかだからである。必要なのは、（市場で取引されたか否かにかかわりなく）本質価値をもつ財・サービス（C＋D）を多く生産することであり、もたない財・サービス（B）の生産を可能な限り削減していくことである。そして、本質価値をもつ財・サービスの消費（F）よりもC＋Dを大きくすることによって、本質価値をもつ財・サービスのストック（E）を増やしていくことがよりよい社会を実現させていくうえで重要となる。これまでは一定期間内にどれだけの量の財・サービスを生産するかというフロー面の大小が重視されていたが、これからはどれだけの量の本質価値をもつ財・サービスが社会に蓄積されているかというストック面の大小が重視されることが必要である。軍事は多大な雇用をもたらしたかもしれないが、そこから生産される多くは本質価値をもたない財・サービス（B）だったし、浪費や破壊や汚染によって本質価値をもつ財・サービスのストック（E）は急速に消尽されていった。

原技術とは、おおよそ一〇〇〇年から一七五〇年にまたがる時代に主要な位置を占めた技術で、それは、水や風といった動力と主に木材とを利用しながら小規模で分散化した社会の形成を支援した。産業革命後、原技術は近代技術に取って代わられていくのであるが、マンフォードは以下のように原技術期を高く評価している。すなわち、多少要約すれば、「今日利用可能の馬力に比べるなら、原技術期に利用できた馬力は少ない。しかしどれだけ多量の生のエネルギーが取り入れられたか、それがどれだけ長持ちする商品の生産に取り入れられたかこそが重要である。原技術期のエネルギーは煙になって消えてしまわず、すぐ大量の屑の山になってしまわなかった。村落と庭園とが続いて見通せる秩序ある風景や美しい都市や芸術・文化を作り出した。また原技術期はエネルギーを欠いていなかったのと同じく時間にもこと欠いていなかった。カトリック教の諸国ではこの時期一年に完全に一〇〇日もの休日を楽しんでいた。原技術期文明の目標は、一八世紀に頽廃にいたるまでは、力そのものというより、生活の深化にあった」（マンフォード 1972）と述べている。マンフォードの上記の主張は、本質価値をもつ財・サービスのストックを増加させることの重要さを端的に表している。人間や社会の発展のために、エネルギーを大量に消費する必要はないし、生への蔑視を特徴とする技術をわざわざ利用する必要もない。生命を第一に考える技術や産業をいかにして発展させていけるか、本質価値をもつ財・サービスをどれだけ蓄積していけるかが、環境経済学の重大な課題となっていくのではないだろうか[1]。環境軍縮と環境に配慮した跡地利用とが環境保全国家では必要となると述べたが、これは上記の考え方をベースにしている。

くわえて、以上であげたラスキンもマンフォードも、個々人の意識のあり方を重視していることに注目したい。ラスキンは、有効である価値の生産には必要なものが二つあるとしている。それは、第一に本質価値をもつ財・サービスの生産、第二にそれを使用する能力の生産である。すなわち、本質価値をもつ財・サービスとこれを享受する能力とがあいまって有効価値（富）が存在すると考えた。ここで指摘しておきたいのは、ラスキンが彼の理想の社会を実現するために、個々人に享受能力を高めることを求めたことである。また、ラスキンの社会思想家としての特徴として、近代産業生活の原因及び諸結果に対する道徳的、審美的批判だけでなく、社会的害悪と不正に対する個人的責任感の強調があったことが指摘されている（大熊 1927）。

一方、マンフォードは、「人間が生み出した力と機械を支配し、必要ならば抑制するために十分なほど、人間自身の本質を理解できる人間を創り出すこと、これが技術の中心問題である」（マンフォード 1973）と述べている。技術が人間の生から離れたところで際限なく発展させられていっていることへの警鐘であるが、同時に個々人の成長を求めている。

また別の箇所では、「今日、社会が麻痺しているとすれば、それは手段がないからではなく、目的が欠如しているからなのである」（マンフォード 1974）と述べている。これと関連して、「今日幾多の事柄が都市の役割の把握や、共同社会生活の基礎的手段の変革を邪魔している。過去数世紀、産業の機械的編成化と専制国家の創設とのために、大多数の人びとは機械的勝利や、搾取的資本主義形態や、権力政治などの一般的な雛形に適合しにくい諸事実のもつ重要性について盲目的になってしまった。人びとはいつも人格、共同生活、都市などの実在（生命的なもの）を抽象物と見なし、他方、貨幣、信用状、政治主権などの抽象物（機械的なもの）を、あたかも人間の習慣から独立した実体をもつ、具体的な現実であるかのように思いがちである」（マンフォード 1974）と指摘している。軍事環境問題を解決していくためには、根本的には、どれだけ多くの人々が機械的なものより生命的なものを大切にできるようになるかということにかかってくるのではないだろうか。

最後に、本書の方向性を決める際に最も参考になった一言を記して本書を閉じたいと思う。「権力体系についてもっとも注目すべきものは、人間の要求、規準、目標に対する故意の無関心である。権力体系がもっとも快調に稼動するのは、歴史的にみて、生態学的、文化的、人間的な砂漠においてである」（マンフォード 1973）。

注

（1） 多少要約してあるが、民芸運動を指導した柳宗悦の以下の主張も環境経済学のあり方を考えるときに非常に参考になる。「よいものであればあるほど、たくさんあってよい。水とか空気とかは少ないときに価値があるというより、実はありあまるほどあるがゆえにさらに尊い。少ないゆえに価値が増した場合は、異常な変態的な場合であって、むしろ不幸を意味する。最も必要なものは、最もたくさんあってよく、したがって多いということに積極的価値がある。水や空気がありあまるほどあることほど、感謝してよいことはない。このことを忘れて、少なくなるとき、初めて感謝するのは、恩を忘れたしるしである。また、最も必要なものが最もたくさんある場合、それが平凡化してくるということは、果たして嘆くべきことではなく、賛嘆すべきことである。最も大切なものが最も当たり前なものになるなら、われわれが最上の事情に入っていることを告げるであろう。真に優れたものが平凡となるときほど高度の文化はない」（柳 1948）。

参考文献

青山貞一（1992）「湾岸戦争と大気汚染」『公害研究』第二一巻第三号、九―一五頁。

昭島市企画部基地・渉外担当『横田基地航空機騒音調査結果』各年版。

新垣勉（2008）「ジュゴン訴訟判決の意義」『軍縮問題資料』第三三〇号、六〇―六九頁。

新崎盛暉（2005）『沖縄現代史　新版』岩波新書。

安藤敏夫（1956）「内灘村における農業の再編成」『政経月誌』第三九号、二六―三四頁。

飯島伸子（1974-1975）「日本公害史研究ノート〔1〕～〔5〕」『公害研究』第三巻第三号～第四巻第四号。

飯島伸子編（1977）『公害・労災・職業病年表』公害対策技術同友会。

飯島伸子・舩橋晴俊編著（2006）『新版　新潟水俣病問題』東信堂。

石原昌家（1992）「沖縄戦の諸相とその背景」琉球新報社編『新琉球史　近代・現代編』琉球新報社、二四九―二八三頁。

石丸紀興（1988）「『広島平和記念都市建設法』の制定過程とその特質」広島市公文書館『紀要』第一一号、一―五六頁。

磯野直秀（1975）『化学物質と人間』中公新書。

伊藤嘉昭（1995）『沖縄やんばるの森』岩波書店。

岩崎修（1988）「『軍事公共性至高論』批判」『法と民主主義』第二二四号、四六―五一頁。

宇井純編（1985）『技術と産業公害』国際連合大学。

宇井純（1991）「戦争は最大の公害」『沖縄大学地域研究所所報』第五号、四一―四二頁。

宇井純・大島堅一・原田正純・宮本憲一・除本理史・寺西俊一（2003）「〈座談会〉軍事と環境」『環境と公害』第三二巻第四号、一四―二一頁。

梅林宏道（1994）『情報公開法でとらえた沖縄の米軍』高文研。

梅林宏道（2002）『在日米軍』岩波新書。

梅林宏道（2003）「米国における基地閉鎖と環境回復」『環境と公害』第三二巻第四号、四―九頁。

梅林宏道（2006）『米軍再編　その狙いとは』岩波ブックレット第六七六号、岩波書店。

榎本信行・加藤健次（1997）「基地騒音公害と外国政府の責任」淡路剛久・寺西俊一編『公害環境法理論の新たな展開』日本評論社、二四一―二五二頁。

江畑謙介（1994）『兵器と戦略』朝日選書。

江畑謙介（2006）『新版　米軍再編』ビジネス社。

江見弘武（2005）『新横田基地公害訴訟控訴審判決文』東京高等裁判所。

大熊信行（1927）『社会思想家としてのラスキンとモリス』新潮社。

大島堅一（2003）「フィリピン・クラーク空軍基地跡地の環境汚染被害」『立命館国際地域研究』第二一号、六五―七七頁。

大島堅一（2004）「安全保障と環境問題」佐藤誠・安藤次男編『人間の安全保障』東信堂、一〇三―一二三頁。

大島堅一・除本理史・谷洋一・千暻娥・林公則・羅星仁（2003）「軍事活動と環境問題―『平和と環境保全の世紀』をめざして」日本環境会議・「アジア環境白書」編集委員会編『アジア環境白書 2003/04』東洋経済新報社、一七―五二頁。

大塚直（1995）「米国のスーパーファンド法の現状とわが国への示唆（1）」『ＮＢＬ』第五六二号、二六―三二頁。

沖縄県（1999）『沖縄県駐留軍用地等地権者意向調査報告書』。

沖縄県企画調整部（1977）『軍用地転用の現状と課題』。

沖縄県知事公室基地対策課（2008a）『沖縄の米軍基地』。

沖縄県知事公室基地対策課（2008b）『沖縄の米軍及び自衛隊基地（統計資料集）』。

沖縄県文化環境部環境保全課（2010）『平成21年度航空機騒音測定結果』。

奥間川流域保護基金（2006）『亜熱帯の自然　やんばる』。

小椋広勝・島恭彦編（1968）『戦争と経済』雄渾社。

小原敬士編（1971）『アメリカ軍産複合体の研究』日本国際問題研究所。

化学兵器ＣＡＲＥみらい基金編（2007）『ぼくは毒ガスの村で生まれた。』合同出版。

籠橋隆明（2010）「辺野古新基地建設は差し止め可能」『月刊社会民主』第六五六号、一一―一六頁。

カーソン、レイチェル（1987）青樹簗一訳『沈黙の春』新潮社（*Silent Spring*, 1962）。

嘉手納町役場（2004）『嘉手納町と基地』。

嘉手納町役場（2007）『嘉手納基地被害聞き取り調査』。

加藤一郎・森島昭夫・大塚直・柳憲一郎監修、安田火災海上保険・安田総合研究所編（1996）『土壌汚染と企業の責任』有斐閣。

カルディコット、ヘレン・アイゼンドラス、クレイグ（2009）植田那美・益岡賢訳『宇宙開発戦争』作品社（*War in Heaven：The Arms Race in Outer Space*, 2007）。

川瀬光義（2007）『幻想の自治体財政改革』日本経済評論社。

川瀬光義（2010）「基地維持財政政策の変貌と帰結」宮本憲一・川瀬光義編『沖縄論』岩波書店、六五－九四頁。

宜野湾市（2010）『関係地権者等の意向醸成・活動推進調査報告書』。

宜野湾市基地政策部基地渉外課編（2009）『宜野湾市と基地』。

木原正雄（1994）『日本の軍事産業』新日本出版社。

近畿弁護士会連合会・消費者保護委員会・大阪弁護士会・行政問題特別委員会編（1995）『開かれた政府を求めて』花伝社。

金城正篤（1978）『琉球処分論』タイムス選書。

久場雅彦（2000）「沖縄経済の持続的発展について」宮本憲一・佐々木雅幸編『沖縄　21世紀への挑戦』岩波書店、三一－五〇頁。

倉知三夫・利根川治夫・畑明郎編（1979）『三井資本とイタイイタイ病』大月書店。

来間泰男（1998）『沖縄経済の幻想と現実』日本経済評論社。

経済団体連合会防衛生産委員会（1964）『防衛生産委員会十年史』。

原子力空母の横須賀母港問題を考える市民の会（2003）『危険な原子力空母の母港を止めよう』。

国防総省（2003）梅林宏道監訳『日本環境管理基準』衆議院議員原陽子発行（*Japan Environmental Governing Standards*, 2002）。

小山弘健（1972）『図説世界軍事技術史』芳賀書店。

齋藤純一（2000）『公共性』岩波書店。

坂井昭夫（1976）『国際財政論』有斐閣。

坂井昭夫（1980）『公共経済学批判』中央経済社。

坂井昭夫（1984）『軍拡経済の構図』有斐閣選書R。

坂本義和（1982）『軍縮の政治学』岩波書店新書。

桜井国俊（2010）「環境問題から看た沖縄」宮本憲一・川瀬光義編『沖縄論』岩波書店、九七－一二六頁。

佐藤栄一（2001）「軍産複合体と武器輸出－東アジア国際情勢との関連で－」『軍縮問題資料』第二四四号、一五－二一頁。

佐藤昌一郎（1981）『地方自治体と軍事基地』新日本出版社。

佐藤誠（2004）「人間安全保障概念の検討」佐藤誠・安藤次男編『人間の安全保障』東信堂、五―二八頁。

産軍複合体研究会（1988）『アメリカの核軍拡と産軍複合体』新日本出版社。

島恭彦（1966）『軍事費』岩波新書。

下谷正弘（2008）『新興コンツェルンと財閥』日本経済評論社。

下谷正弘・長島修編著（1992）『戦時日本経済の研究』晃洋書房。

シューマッハー、E・F（1986）小島慶三・酒井懋訳『スモール・イズ・ビューティフル』講談社学術文庫（*Small is Beautiful*, 1973）。

鈴木滋（2004）「米本土における艦載機の夜間離発着訓練（NLP）をめぐる諸問題」『レファレンス』第六四三号、国立国会図書館調査及び立法考査局、四三―六九頁。

鈴木滋（2008）「米国における軍事施設周辺の土地利用対策」『レファレンス』第六九三号、国立国会図書館調査及び立法考査局、二七―四九頁。

鷲見友好（1993）『日米関係論』新日本出版社。

隅谷三喜男（1998）『沖縄の問いかけ』四谷ラウンド。

関根孝道（2004）「沖縄ジュゴンと環境正義」『総合政策研究』第一六号、関西学院大学総合政策学部研究会、一一―五二頁。

武田英子（1987）『地図から消された島』ドメス出版。

田中明・松村高夫編（1991）『七三一部隊作成資料　十五年戦争極秘資料集第29集』不二出版。

田中優（2006）『戦争って、環境問題と関係ないと思ってた』岩波ブックレット第六七五号、岩波書店。

中国新聞「毒ガスの島」取材班（1996）『毒ガスの島』中国新聞社。

中馬清福（1986）『軍事費を読む』岩波ブックレット第六八号、岩波書店。

土山實男（1989）「抑止失敗の外交政策理論」『国際政治』第九〇号、三三―五三頁。

都留重人（1996）『日米安保解消への道』岩波新書。

都留重人（2006）『市場には心がない』岩波書店。

寺西俊一（1991）「環境破壊からみた湾岸戦争」経済理論学会有志編『湾岸戦争を問う』八二―八三頁。

寺西俊一（1997）「〈環境被害〉論序説」淡路剛久・寺西俊一編『公害環境法理論の新たな展開』新日本評論社、九二―一〇四頁。

寺西俊一（2002）「環境問題への社会的費用論アプローチ」佐和隆光・植田和弘編『環境の経済理論』岩波書店、六五―九四頁。

寺西俊一（2003）「環境から軍事を問う」『環境と公害』第三三巻第四号、二一―三頁。

寺西俊一（2007）「環境被害論の新たな展開に向けて」『環境と公害』第三六巻第三号、一六―二一頁。

寺西俊一・大島堅一・除本理史（2004）「環境経済」『imidas 2004』集英社、八三四―八四〇頁。

東京都知事本局企画調整部企画調整課編（2008）『東京の米軍基地 2008』。

土呂久を記録する会編（1993）『記録・土呂久』本多企画。

永野いつ香・林公則（2010）「チチハル遺棄毒ガス事件はなぜ認知されにくいのか」『法と民主主義』第四四七号、五六―五八頁。

永野秀雄（2003）「軍と環境法」『人間環境論集』（法政大学人間環境学会）、六月（大学院特集号）、八三―一二〇頁。

中野好夫・新崎盛暉（1976）『沖縄戦後史』岩波新書。

中村隆寿（1936）『化学兵器の理論と実際』陸軍科学研究所高等官集会所。

中村忠一（1959）『日本化学工業史』東洋経済新報社。

西谷文和（2010）『オバマの戦争』せせらぎ出版。

日本学術会議（2001）『遺棄化学兵器の安全な廃棄技術に向けて』。

日本学術会議（2005）『老朽・遺棄化学兵器のリスク評価と安全な高度廃棄処理技術の開発』。

日本自然保護協会（2007）『沖縄島北部東海岸における海草藻場モニタリング調査報告書』日本自然保護協会報告書第九七号。

日本弁護士連合会編（1997）『アメリカ情報公開の現場から』花伝社。

蓮井誠一郎（1998）「環境安全保障の理論とその諸問題」『国際学研究科紀要』第五号、四三―六一頁。

蓮井誠一郎（1999）「戦争による環境破壊と環境安全保障の概念」『国際学研究科紀要』第六号、一一五―一三六頁。

蓮井誠一郎（2002）「環境安全保障」『平和研究』第二七号、六九―七九頁。

長谷川正安（1968）「恵庭裁判の憲法学的意義」『日本の裁判』日本評論社、一三九―一六〇頁。

林克也（1957）『日本軍事技術史』青木書店。

林公則（2005）「横田基地軍民共用化による経済波及効果の検証」横田基地の軍民共用化を考えるシンポジウム実行委員会編『横田基地の軍民共用化を考える』二一―九頁、四一―四八頁。

林公則（2006）「在沖米軍基地における汚染除去と跡地利用促進政策」『環境と公害』第三六巻第二号、五八―六四頁。

林公則（2011）「軍事基地跡地利用における地方自治体・周辺住民の役割」『都留文科大学研究紀要』第七四集（二〇一一年一

○月発刊予定)。
林公則・有銘佑理 (2010)「地位協定の環境条項をめぐる韓米の動き」『環境と公害』第四〇巻第一号、六四－七〇頁。
原朗 (2002)『復興期の日本経済』東京大学出版社。
春名幹男 (1985)『ヒバクシャ・イン・USA』岩波新書。
バンデンボッシュ、ロバート (1984) 矢野宏二訳『農薬の陰謀』社会思想社 (*The Pesticide Conspiracy*, 1978)。
阪中友久 (1989)「転換期の核抑止と軍備管理」『国際政治』第九〇号、一－一八頁。
飛行場周辺における環境整備の在り方に関する懇談会 (2002)『飛行場周辺における幅広い周辺対策の在り方に関する報告』。
福地曠昭 (1996)『基地と環境破壊』同時代社。
福丸馨一 (1979)「沖縄復帰の行財政構造」宮本憲一編『開発と自治の展望・沖縄』筑摩書房、二五三－二八六頁。
藤原帰一 (2002)『デモクラシーの帝国』岩波新書。
普天間米軍基地から爆音をなくす訴訟団 (2004)『静かな日々を返せ』普天間爆音訴訟リーフレット第一集。
星野芳郎編 (1968)『戦争と技術』雄渾社。
本間浩・櫻川明巧・松浦一夫・明日川融・永野秀雄・宋永仙・申範灤 (2003)『各国間地位協定の適用に関する比較論考察』内外出版。
牧野浩隆 (1992)「仕掛けとしてのアメリカの経済政策」琉球新報社編『新琉球史 近代・現代編』琉球新報社、三一五－三五七頁。
マクニール、ウィリアム・H (2002) 高橋均訳『戦争の世界史』刀水書房 (*The Pursuit of Power*, 1982)。
松波淳一 (2002)『新版 イタイイタイ病の記憶』桂書房。
松野誠也 (2005)『日本軍の毒ガス兵器』凱風社。
マンフォード、ルイス (1972) 生田勉訳『技術と文明』美術出版社 (*Technics and Civilization*, 1934)。
マンフォード、ルイス (1973) 生田勉・木原武一訳『権力のペンタゴン』河出書房新社 (*The Pentagon of Power*, 1970)。
マンフォード、ルイス (1974) 生田勉訳『都市の文化』鹿島研究所出版会 (*The Culture of Cities*, 1938)。
宮岡政雄 (2005)『砂川闘争の記録』御茶の水書房。
三宅弘 (1995)『情報公開ガイドブック』花伝社。
宮本憲一 (1974)「『公共性』の神話と環境権」『世界』第三四二号、五八－七一頁。
宮本憲一 (1979)「地域開発と復帰政策」宮本憲一編『開発と自治の展望・沖縄』筑摩書房、三－六四頁。

宮本憲一（1981）『現代資本主義と国家』岩波書店。

宮本憲一（1989）『環境経済学』岩波書店。

宮本憲一（1998）『公共政策のすすめ』有斐閣。

宮本憲一（2003）「公共事業の公共性」山口定・佐藤春吉・中島茂樹・小関素明編『新しい公共性』有斐閣、一七六―一九六頁。

宮本憲一（2007）『環境経済学〈新版〉』岩波書店。

宮本憲一（2010）「『沖縄政策』の評価と展望」宮本憲一・川瀬光義編『沖縄論』岩波書店、一一―三四頁。

宮本憲一・川瀬光義編（2010）『沖縄論』岩波書店。

宮本憲一・佐々木雅幸編（2000）『沖縄　21世紀への挑戦』岩波書店。

宮本憲一・西谷修・遠藤誠治編（2010）『普天間基地問題から何が見えてきたか』岩波書店。

武者小路公秀（2005）「『人間の安全保障』と『人権』との相補性」『平和研究』第三〇号、一―二〇頁。

森弘太・原田正純（1999）『三池炭鉱』日本放送出版協会。

柳宗悦（1948）「美と経済」『心』第一巻第一号～第三号。

屋良朝博（2009）『砂上の同盟』沖縄タイムス社。

世一良幸（2010）『米軍基地と環境問題』幻冬舎ルネッサンス新書。

除本理史（2002）「在比米軍基地による環境汚染問題―スービック海軍基地の事例―」ワーキング・ペーパー・シリーズ2002―E―01、東京経済大学学術研究センター。

除本理史（2007）『環境被害の責任と費用負担』有斐閣。

横須賀市企画調整部基地対策課（2009）『横須賀市と基地』。

横田基地公害訴訟団・横田基地公害訴訟弁護団（1994）『静かな夜を返せ』。

横田基地公害訴訟団・横田基地公害訴訟弁護団（2006）『静かな夜を』。

吉田文和（2001）『IT汚染』岩波新書。

吉田文彦（1995）『核解体』岩波新書。

吉見義明（2004）『毒ガス戦と日本軍』岩波書店。

読売新聞（1979）「汚染、広範囲に」一九七九年六月一三日。

琉球新報社（2004）『日米地位協定の考え方・増補版』高文研。

レンナー、ミカエル（1990）「経済転換－剣を鍬に打ち直す」レスター・R・ブラウン編著、松下和夫監訳『地球白書'90－'91』ダイヤモンド社（*State of the world 1990*, 1990）。

レンナー、ミカエル（1991）「軍事活動による環境破壊」レスター・R・ブラウン編著、加藤三郎監訳『地球白書 1991－1992』ダイヤモンド社、二一九－二五一頁（*State of the world 1991*, 1991）。

和気朗（1966）『生物化学兵器』中公新書。

渡辺徳二編（1968）『現代日本産業発達史　13　化学工業（上）』交詢社出版局。

渡辺徳二・佐伯康治（1984）『転機に立つ石油化学工業』岩波新書。

渡辺徳二・林雄二郎（1974）『日本の化学工業〈第四版〉』岩波新書。


二〇〇六年八月一〇日に情報公開された米太平洋空軍の資料。

二〇〇六年一一月二一日に情報公開された在日海兵隊の資料。

二〇〇九年四月一七日に北関東防衛局によって情報開示された行政文書。

Brewer, Thomas L. (1980) *American Foreign Policy*, Prentice-Hall, Inc.
Broder, John (1990) "Report Faults Pentagon on Toxic Cleanup" *Los Angeles Times*, July 11.
DOD (1997) *Japan Environmental Governing Standards* (*Third Issue*), Headquarters, U.S. Force Japan.
DOD (2004) *2004 Statistical Compendium on Allied Contributions to the Common Defense.*
DOD (2010) *Japan Environmental Governing Standards*, Headquarters, U.S. Forces Japan.
DOD & EPA (1994) *Restoration Advisory Board* (*RAB*) *Implementation Guidelines.*
Department of the Air Force (1999) *AICUZ Program Manager's Guide*, Air Force Handbook 32-7084.
Department of The Navy (2008) *Air Installations Compatible Use Zones Program*, OPNAVINST 11010.36C.
Dycus, Stephen (1996) *National Defense and the Environment*, University Press of New England.
GAO (1995a) *Environmental Cleanup : Case Studies of Six High Priority DOD Installations*, GAO/NSIAD-95-8.
GAO (1995b) *Military Bases : Environmental Impact at Closing Installations*, GAO/NSIAD-95-70.
GAO (1996) *Military Base Closures : Reducing High Costs of Environmental Cleanup Requires Difficult Choices*, GAO/NSIAD-96-172.

GAO (1998a) *Environmental Cleanup : DOD's Relative Risk Process*, GAO/NSIAD-98-79R.

GAO (1998b) *Military Bases : Status of Prior Base Realignment and Closure Rounds*, GAO/NSIAD-99-36.

GAO (2000) *Aviation and the Environment : FAA's Role in Major Airport Noise Programs*, GAO/RCED-00-98.

GAO (2001) *Environmental Liabilities : DOD Training Range Cleanup Cost Estimates Are Likely Understated*, GAO-01-479.

GAO (2002a) *Military Training : DOD Lacks a Comprehensive Plan to Manage Encroachment on Training Ranges*, GAO-02-614.

GAO (2002b) *MILITARY BASE CLOSURES : Progress in Completing Actions from Prior Realignments and Closures*, GAO-02-433.

GAO (2004) *MILITARY BASE CLOSURES : Assessment of DOD's 2004 Report on the Need for a Base Realignment and Closure Round*, GAO-04-760.

GAO (2005) *MILITARY BASE CLOSURES : Updated Status of Prior Base Realignments and Closures*, GAO-05-138.

GAO (2007) *Military Base Closures : Opportunities Exist to Improve Environmental Cleanup Cost Reporting and to Expedite Transfer of Unneeded Property*, GAO-07-166.

GAO (2008) *Military Training : Compliance with Environmental Laws Affects Some Training Activities, but DOD Has Not Made a Sound Business Case for Additional Environmental Exemptions*, GAO-08-407.

GAO (2009a) *Superfund : Greater EPA Enforcement and Reporting Are Needed to Enhance Cleanup at DOD Sites*, GAO-09-278.

GAO (2009b) *Military Base Realignments and Closures : Estimated Costs Have Increased While Savings Estimates Have Decreased Since Fiscal Year 2009*, GAO-10-98R.

GAO (2010) *Environmental Contamination : Information on the Funding and Cleanup Status of Defense Sites*, GAO-10-547T.

Hampton Roads Planning District Commission (2005) *Final Hampton Roads Joint Land Use Study*, EDAW.

Hansen, Kenneth N. (2004) *The Greening of Pentagon Brownfields*, Lexington Books.

International Physicians for the Prevention of Nuclear War and the Institute for Energy and Environmental Research (1991) *Radioactive Heaven and Earth*, The Apex Press (New York) and Zed Books (London).

Lachman, Beth E., Anny Wong, Susan A. Resetar (2007) *The Thin Green Line*, RAND.
Marines Corps Bases Japan (2007) "HMM-262 Marines deploy to first combat tour since Vietnam", *U.S. MARINES IN JAPAN*, 26 Jan. 2007.
Office of the Assistant Secretary of Defense (1995) *Community Guide to Base Reuse*, DOD.
Office of the Deputy under Secretary of Defense (2009) *Base Structure Report Fiscal Year 2009 Baseline*, DOD.
Office of the Under Secretary of Defense (2001) *Policy on Land Use Controls Associated with Environmental Restoration Activities*, DOD.
Office of the Under Secretary of Defense (2002) *Fiscal Year 2001 BRAC Environmental Restoration Analysis*, DOD.
Office of the Under Secretary of Defense (Comptroller) (2006) *National Defense Budget Estimates for FY 2007*, DOD.
Omitoogun, Wuyi and Elisabeth Skons (2006) "Military expenditure data : a 40-year overview", Edited by Stockholm International Peace Research Institute, *SIPRI Yearbook 2006 : Armaments, Disarmament and International Security*, Oxford University Press, pp. 269-294.
Pacific Air Forces (2000) *Environmental Incident Investigation Board (EIIB) Procedures*, PACAF Instruction 32-7001.
Phelps, Richard A. (1998) *Environmental Law for Department Defense Installations Overseas (Fourth Edition)*, U.S. Air Forces in Europe.
Seigel, Lenny, Gary Gohen and Ben Goldman (1991) *The U.S. Military's Toxic Legacy*, National Toxic Campaign Fund.
Sorenson, David S. (1998) *Shutting Down the Cold War*, St. Martin's Press.
Sorenson, David S. (2007) *Military Base Closure*, Praeger Security international.
Stockholm International Peace Research Institute (2010) *SIPRI Yearbook 2010 : Armaments, Disarmament and International Security*, Oxford University Press.
The Under Secretary of Defense (2003) *FY02 Defense Environmental Restoration Program Annual Report to Congress*, DOD.
The Under Secretary of Defense (2010) *Defense Environmental Programs Annual Report to Congress Fiscal Year 2009*, DOD.
Wilcox, William A., Jr. (2007) *The Modern Military and the Environment*, Government Institutes.

あとがき

本書を執筆するにあたって最も大事に考えたことは、軍事環境問題の解決という課題に対して、どのようなアプローチが最も本質に迫れるかということであった。というのは、軍事環境問題に対して様々なアプローチが可能であるが、たとえば、軍事基地を沖縄から本土もしくは米国内に移すという結論を導いてしまうようなアプローチは、軍事環境問題を解決させるのではなく、問題を別の場所に移しただけになってしまうのではないかと私には思われたからである。そこで、私が本書で一貫して貫いたのが、生への蔑視、生の破壊という見方であった。おわりにで最も明らかなように、この見方は、マンフォードやラスキンに負うところが大きい。

学問的にではないが、本書と関連して、私に大きな影響を与えた本をいくつか紹介したい。ミヒャエル・エンデの『モモ』、『はてしない物語』、『M・エンデが読んだ本』、『エンデの文明砂漠』、エーリッヒ・ケストナーの『ふたりのロッテ』、『わたしが子どもだったころ』、ジェイムズ・クリュスの『ロブスター岩礁の燈台』をまずあげたい。エンデ、ケストナー、クリュスは、ドイツ児童文学における代表的な三人の作家であるが、彼らはみな、ナチス・ドイツを経験している点で共通している。彼らは、戦争の悲惨さそのものを直接訴えるという方法ではなく、また大人を理性的に説得するという方法ではなく、児童文学を通して、戦争という過ちを繰り返させないことを目指した。現代社会では心を痛めつけられることが多いが、彼らの本は、心を豊かにしてくれる。心を豊かにした人々が、よりよい社会を実現していってくれることを願って彼らは児童文学を執筆し続けた。一般的には児童文学作家とされている三人だが、彼らの本は、子どもにとってと同様に大人にとっても有用である（子どもの時に読むのと大人になってから読むのでは、受け取るものは変わってくるけれど）。子どもにとってよいものは、大人にとってもよいものである。

右にあげた本の中で、私が最も好きなのが『モモ』である。最初に『モモ』を読んだ時に、私はモモのようになりたいと思ったのを覚えている。エンデは、『オリーブの森で語り合う』という対談本のなかで、「ふつうヒーローというのは、行動的な人間というのが相場だ。だからぼくは、人間の子どもにしようと思った。行為ではなく存在、たんにそこにいるだけでヒーローであるような子どもを描こうとした。モモはなにもしない」と述べている。エンデが『モモ』に込めたメッセージの一つとして、新しい英雄像の提示があった。エンデは、敵を多く殺す、相手に勝つ、多くを支配する、大金を得るのが英雄であるという考え方が受け入れられなくなりつつあるにもかかわらず、それに代わる英雄像が提示されてこなかったのが現代の問題であるとし、モモという英雄像を提示した。モモは「何もしない」が、そこにいるだけで場は和らぎ、喧嘩をしていた二人は仲直りをし、一緒にいる人たちは心地よく過ごせるようになる。自分がどのような人間になりたいのかを意識することは、自分が生きていきたい社会をイメージすることと同様に、とても大事なことではないだろうか。

そのほかには、ヘルマン・ヘッセの諸著作、特に『メルヒェン』や、灰谷健次郎の『兎の眼』、『太陽の子』、『わたしの出会った子どもたち』が心を豊かにしてくれた。軍事という分野に関わっていると心が滅入ることが多いが、そのなかで研究を続けてこられた一因として、これらの本の存在があったことは間違いない。

物事の見方、考え方、学問への取り組み方、世界観といった面で影響を受けたのは、ルドルフ・シュタイナーで、『ゲーテ的世界観の認識論要綱』、『自由の哲学』、『神智学』をあげておく。いろいろと書きたいことはあるが、ここでは『神智学』の「私は自分の主観的感情生活を感知させるような文体を用いていない。私は執筆中、感情の深みから発する情念を、乾燥した数学的文体によって鎮めた。しかしこのような文体こそが喚起者たりうる。なぜなら、読者は自分で自分の中に、熱と感情とを目覚めさせねばならないからである」という一節が、本書の執筆にとって意義深かったことだけ述べておく。

私が軍事環境問題に関わるようになったのは、元熊本学園大学教授の原田正純（敬称略、以下同様）、一橋大学教授の寺西俊一、立命館大学教授の大島堅一、大阪市立大学准教授の除本理史らに同行して、二〇〇二年八月に約二週間をかけて、フィリピンの元米軍基地で引き起こされている汚染被害の実態調査に参加するという貴重な機会を得て、そこでの深刻な被害を目撃したからである。その後も、各地で軍用機騒音被害に悩まされている方々、チチハル遺棄毒ガス事件の被害者の方々、またそれらの問題に真摯に取り組んできた方々とめぐりあい、お世話になってきた。被害者の方々とお会いし、その被害を目の当たりにするのは辛かったし、また現地で運動を続けてらっしゃる方々に対して、その場で力になれずに申し訳ない気持ちにもなった。そのような中、私なりのやり方で貢献したいと思い執筆したのが本書になる。医師のように病気を治すことはできないが、本書を通じて軍事に反対する一連の運動が現代社会にとってどのような意味をもつのかを明らかにすることで、各地の運動が単なる地域エゴや個人的な政治信条等と呼ばれるべきではないことを示したかったし、そのことを通じて今まで以上に運動に誇りをもっていただきたいと思いながら執筆した。

本書を一番読んで欲しかったのは、亡くなってしまっているが、広島の祖母である。祖母は女学生のときに大久野島へ連れて行かれ働かされることとなった。私にとっては優しい祖母で、「よく笑う子」だと言ってくれたこと等、忘れられない思い出がたくさんある。その祖母が、なぜ毒ガスによって身体を蝕まれ苦しまなければならなかったのか、なぜ戦争の加害者という意識で苦しまなければならなかったのかを知りたいと思うようになった。軍事環境問題に取り組むようになったのも、チチハル遺棄毒ガス事件に関心をもつようになったのも偶然的な要素が強いのだけれども、どこかでひきつけられるものがあったのかもしれない。その意味で、個人的にも軍事環境問題に取り組めたことは有難かった。

学問上で特にお世話になったのは、大学院時代の指導教官でいまでもゼミへの参加を許してくださっている寺西俊一、日本学術振興会特別研究員の受入教官となってくださっている早稲田大学教授の松岡俊二、学部時代の指導教官でその後も折に触れて指導してくださっている大島堅一である。この三方には、草稿に目を通していただき、有益なコメントをいただいた。くわえて、沖縄持続的発展研究会でご指導いただいた元滋賀大学学長の宮本憲一、大阪府立大学教授の川瀬光義や、フィリピンでの調査以来いつも気にかけてくださっている除本理史、長崎の原爆被爆者調査とゼミとでご指導いただいた元一橋大学教授の濱谷正晴にも大変お世話になった。また、論文を共に執筆した熊本学園大学博士課程の永野いつ香、元東京外国語大学学士課程の有銘佑理にも感謝したい。

資料提供等では、チチハル遺棄毒ガス弁護団の南典男、三坂彰彦、井堀哲、穂積匡史、新横田基地公害訴訟弁護団の中杉喜代司、小林善亮、「横田基地等の公害対策」を進める準備会の大野芳一、普天間爆音訴訟団の高橋年男、昭島市役所や宜野湾市役所や嘉手納町役場をはじめとする市町村基地関連課の方々に特にお世話になった。また、横田基地や普天間基地に対する基地汚染に関する情報公開請求では明治大学特任教授のローレンス・レペタに、情報公開請求のノウハウという点ではさい塾代表の梅林宏道にお世話になった。

金銭面では、学生支援機構、旭硝子奨学会、日本学術振興会にお世話になってきた。これらの制度がなければ、軍事環境問題という特殊な分野の研究を続けることは難しかっただろう。本書の出版に直接関わったという意味では、日本学術振興会に特にお世話になった。本研究は、日本学術振興会特別研究員奨励金（21・4066）の助成を受けたものである。

出版に関しては、日本経済評論社の清達二さんに全面的にお世話になった。親しくされている教授からの紹介があったとはいえ、業績が乏しい私の単著の出版を引き受けてくださったことに非常に感謝している。

出版に際して、これまで公刊した論文の本書での使用を快く許可していただいた。本書は以下の諸論文と博士（経済学）取得論文『軍事環境問題の政治経済分析』（二〇〇七年）とをベースに構成されている（発表年順。本書のために大幅に修正した論文もある）。

「米国における軍事基地閉鎖・民生転換政策」『環境経済・政策学会和文年報』第一〇号、二〇〇五年（大島堅一との共著）。

「米国内基地における汚染除去プログラム」『人間と環境』第三二巻第二号、二〇〇六年。

「基地と環境問題―横田基地公害訴訟高裁判決を中心に―」『環境情報科学』第三五巻第二号、二〇〇六年（大島堅一との共著）。

「基地汚染の被害、原因、責任論―横田基地を事例に―」一橋大学大学院経済学研究科ディスカッションペーパー No. 2007-3、二〇〇七年。

「在日米軍再編と沖縄の軍事環境問題」『環境と公害』第三七巻第三号、二〇〇八年。

「遺棄化学兵器による環境汚染」『季刊　自治と分権』第三二号、二〇〇八年。

「軍事基地汚染問題顕在化の歴史的考察」『季刊　経済理論』第四五巻第二号、二〇〇八年。

「平時の軍事環境問題からの安全保障の問い直し」『平和研究』第三三号、二〇〇八年。

「米軍基地跡地利用の阻害要因」宮本憲一・川瀬光義編『沖縄論―平和・環境・自治の島へ』岩波書店、二〇一〇年。

「横田基地騒音公害被害の社会的費用」『環境経済・政策研究』第三巻第二号、二〇一〇年。


なお、補論1と「おわりに」は書き下ろしである。

特殊な分野の研究をしているにもかかわらず、変わらず仲良くしてくれている多くの友人、拙い講義に耳を傾けてくれた学生たち、いつも私を応援してくれている両親や兄弟や親戚をはじめ、本書は、お名前を記さなかった多くの方々の支えによっている。皆様方に限りない感謝をしたい。

「一度も幸せを感じたことがない人も、幸福を想像することができなければならない。幸福を探し求めるためには、そのイメージをはっきりと摑んでいなければならないからだ。ちょうど、船の針路をたもつ船乗りが、北極星を必要とするように」と『風のうしろのしあわせ島』において述べたのはクリュスであるが、私もなんらかの形で、幸せを、また幸せのイメージを生み出せるようなことに携わっていきたい。

二〇一一年七月

林　公　則

索引

【あ行】

【か行】

【さ行】

【た行】

【な行】

【は行】

【ま行】

【や・ら・わ行】

【欧文】

[著者紹介]

林《はやし》　公《きみ》則《のり》

日本学術振興会特別研究員 PD．1979 年生まれ．一橋大学大学院博士課程（経済学研究科応用経済専攻）修了．主要著作に「米軍基地跡地利用の阻害要因」（共著，『沖縄論』岩波書店，2010 年），「横田基地騒音公害被害の社会的費用」『環境経済・政策研究』第 3 巻第 2 号，2010 年，「地位協定の環境条項をめぐる韓米の動き」（共著）『環境と公害』第 40 巻第 1 号，2010 年ほか．

軍事環境問題の政治経済学

2011 年 9 月 10 日　第 1 刷発行

定価（本体 4400 円＋税）

著　者　林　公　則

発行者　栗　原　哲　也

発行所　株式会社 日本経済評論社

〒101-0051 東京都千代田区神田神保町 3-2

電話 03-3230-1661　FAX 03-3265-2993

E-mail: info8188@nikkeihyo.co.jp

振替 00130-3-157198

装丁＊静野あゆみ　中央印刷・高地製本

ISBN 978-4-8188-2175-0